もくじ

算数2

東

新編

教科書ぴったりトレーニング

▶ 3分でまとめ動画

がくしゅうび　月　日

3分でまとめ

グラフと　ひょう

教科書　上8～11ページ　答え　2ページ

○や　数《かず》を　かきましょう。

めあて　グラフやひょうをかいたりよんだりできるようにしよう。　れんしゅう 1 2

グラフや　ひょうに　あらわすと、しらべた　ものの　数や　多《おお》い　少《すく》ないが　わかりやすく　なります。

1 15人の　すきな　くだものを　しらべました。すきな　くだものと　人数《にんずう》を、グラフと　ひょうに　あらわしましょう。

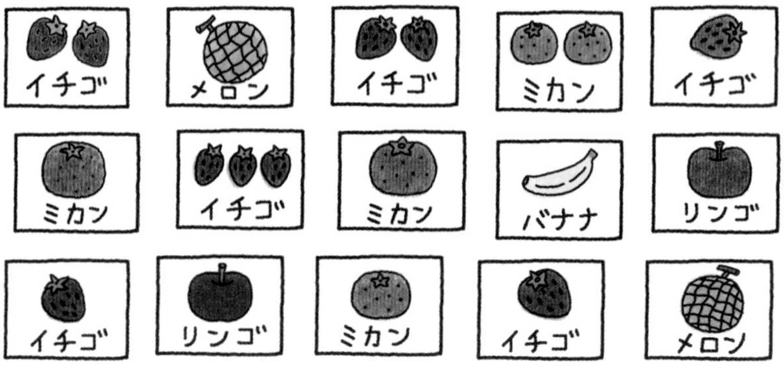

とき方 ▶ 上の　絵《え》に　｜つずつ　しるしを　つけながら、右の　グラフに　○を　かいて　いきます。

グラフに　かいた　○の　数は、しらべた　人の　人数と　合《あ》って　いるかな。

すきな　くだものと　人数

○				
○				
メロン	リンゴ	ミカン	バナナ	イチゴ

▶ 右の　グラフに　かいた　人数を、下の　ひょうに　あらわしましょう。

すきな　くだものと　人数

くだもの	メロン	リンゴ	ミカン	バナナ	イチゴ
人数	2				

イチゴが　すきな　人は　何人《なんにん》　いたかな？

メロンと　リンゴを　すきな　人の　人数は　同《おな》じだね。

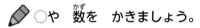

ぴったり2

れんしゅう

★できた　もんだいには、「た」を　かこう！★

でき ① た　でき ②

がくしゅうび　月　日

教科書　上8～11ページ　答え　2ページ

1 れいぞうこの　中の　野《や》さいを　しらべました。野さいの　しゅるいと　数を、グラフと　ひょうに　あらわしましょう。

教科書　9ページ 1

野さいの　しゅるいと　数

野さい	ダイコン	ネギ	キャベツ	キュウリ	トマト
数					

野さいの　しゅるいと　数

ダイコン	ネギ	キャベツ	キュウリ	トマト

2 ①で　かいた　グラフや　ひょうを　見て、つぎの　もんだいに　答《こた》えましょう。

教科書　10ページ 2、11ページ 3

① れいぞうこの　中で　いちばん　多い　野さいは　何ですか。

（　　　　　　）

② キャベツと　キュウリでは、どちらが　何こ　多いですか。

（＿＿＿＿＿＿　が　＿＿＿＿＿＿　多い。）

③ 数の　多い　少ないが　わかりやすいのは、グラフと　ひょうの　どちらですか。

（　　　　　　）

ヒント

① 野さいの　絵に　１つずつ　しるしを　つけながら、グラフに　○を　かきます。

1 グラフと　ひょう

時間 30 分

／100

ごうかく 80 点

教科書　上 8〜11 ページ　答え　2 ページ

知識・技能　／40点

1 よく出る どうぶつの　数《かず》を　しらべましょう。

1つ5点(40点)

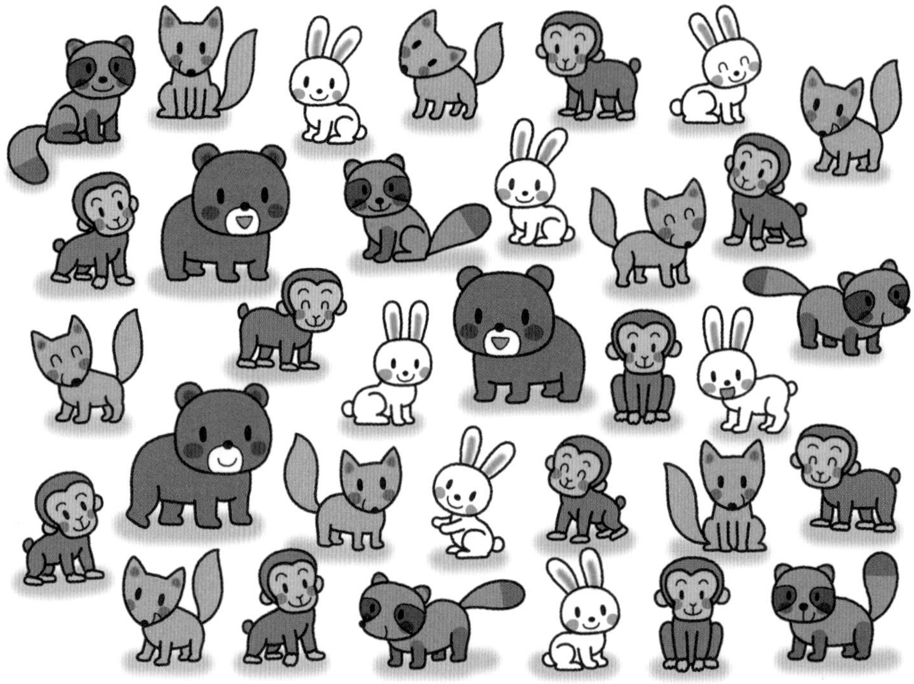

① どうぶつの　数を、○を　つかって
右の　グラフに　あらわしましょう。

どうぶつの　数

○				
○				
○				
くま	さる	たぬき	きつね	うさぎ

② どうぶつの　数を、下の　ひょうに
あらわしましょう。

どうぶつの　数

どうぶつ	くま	さる	たぬき	きつね	うさぎ
数	3				

思考・判断・表現　　／60点

2 よく出る　ゆうとさんの　クラスでは、みんなで　したい　あそびを　きめる　ために、1つずつ　きぼうを　出しました。みんなの　きぼうを　まとめた　グラフと　ひょうを　見て　答《こた》えましょう。　①、②は1つ15点、③は1つ10点(60点)

したい　あそびと　人数《にんずう》
1回《かい》め

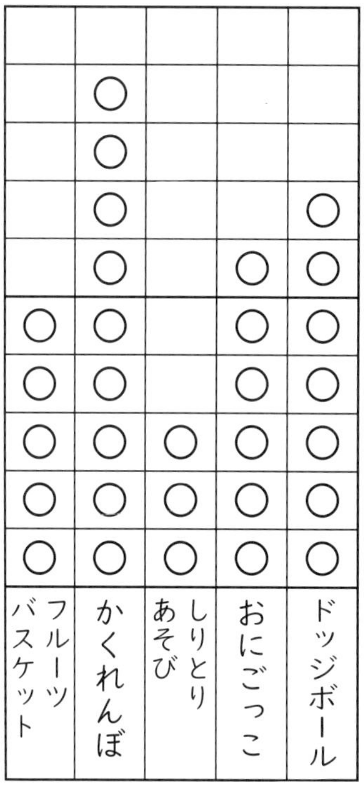

したい　あそびと　人数

したい あそび	フルーツ バスケット	かくれんぼ	しりとり あそび	おに ごっこ	ドッジ ボール
人数	5	9	3	6	7

① おにごっこを　えらんだ　人は、何人《なんにん》ですか。　(　　　　)

② えらんだ　人が　3人だった　あそびは　何ですか。　(　　　　)

③ 雨が　ふった　ときの　ことも　考《かんが》えて、もう　1回　みんなの　きぼうを　グラフに　まとめました。1回めと　2回めの　グラフを　見て、2人《ふたり》が　話《はなし》を　して　いる　あそびを　(　　)に　書《か》きましょう。

けんた
(　　　　　　)が　いいと　思《おも》います。雨の　ときも　体《たい》いくかんで　できるし、1回めも　2回めも　2ばんめに　人気《にんき》が　あるからです。

さくら
晴《は》れなら、1回めで　いちばん　多《おお》い　(　　　　　　)が　いいと　思います。雨なら、2回めで　いちばん　多い　(　　　　　　)が　いいと　思います。

したい　あそびと　人数
2回め

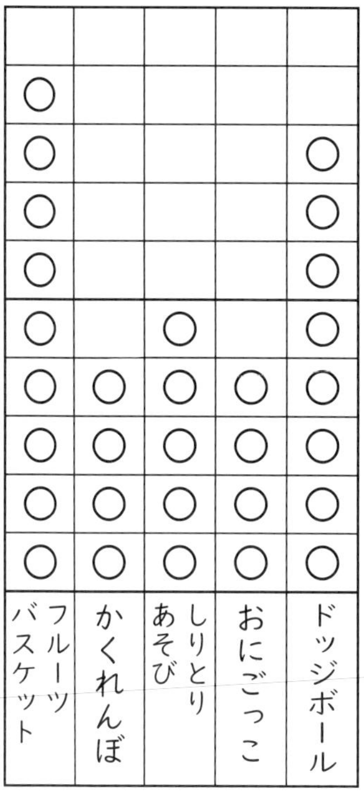

ふりかえり　①が　わからない　ときは、2ページの　1に　もどって　かくにんして　みよう。

2 たし算の　ひっ算

① たし算(1)
② たし算(2)

教科書　上12～19ページ　答え　3ページ

あてはまる　数《かず》を　書《か》きましょう。

めあて　2けたの数のたし算《ざん》を、ひっ算《さん》でできるようになろう。　れんしゅう ①②③④→

✪ひっ算では、くらいを　たてに　そろえて　書きます。
✪くらいごとに、一のくらい、十のくらいの　じゅんに　計算《けいさん》します。

1 つぎの　たし算を　ひっ算で　しましょう。

(1)　35＋21　　　(2)　36＋27

とき方

(1)

	十のくらい	一のくらい
	3	5
＋	2	1

くらいを　たてに　そろえて　書く。

	3	5
＋	2	1
		6

一のくらいの　計算
5＋1＝⑥

	3	5
＋	2	1
		6

十のくらいの　計算
3＋2＝⑤

(2)

	十のくらい	一のくらい
	3	6
＋	2	7

くらいを　たてに　そろえて　書く。

①

	3	6
＋	2	7
		3

一のくらいの　計算
6＋7＝⑴⑶
十のくらいに　①　くり上げる。

1

	3	6
＋	2	7
		3

十のくらいの　計算
くり上げた
1と　3で　④。
④＋2＝⑥

(2)は、ブロックで　たしかめよう。

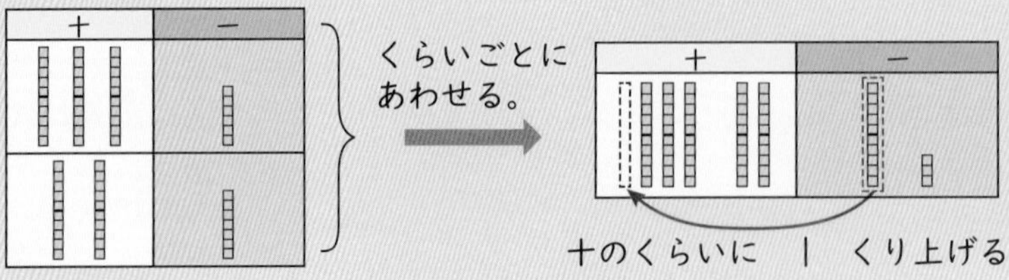

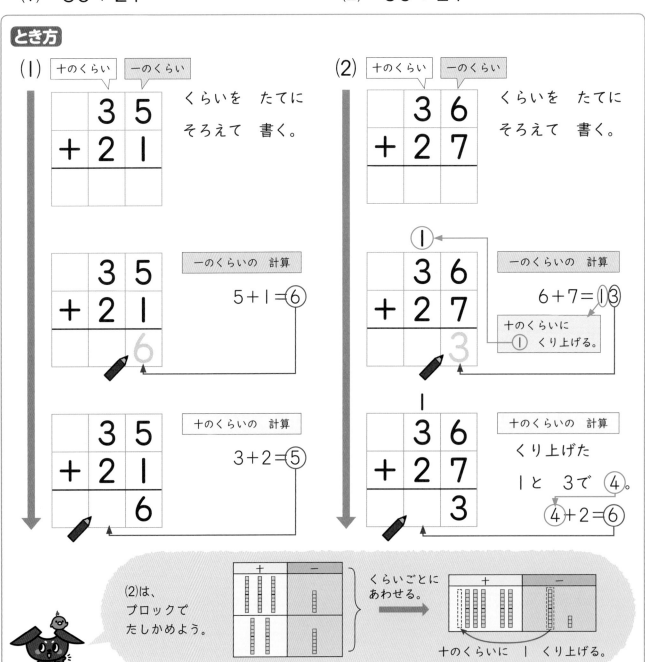

ぴったり2

れんしゅう

★できた　もんだいには、「た」を　かこう！★

でき 1　でき 2　でき 3　でき 4

がくしゅうび　　月　　日

教科書 上12～19ページ　答え 3ページ

1 計算を　しましょう。

教科書 13ページ 1、16ページ 2

① $\begin{array}{r} 24 \\ +21 \\ \hline \end{array}$　② $\begin{array}{r} 43 \\ +14 \\ \hline \end{array}$　③ $\begin{array}{r} 25 \\ +51 \\ \hline \end{array}$

④ $\begin{array}{r} 65 \\ +20 \\ \hline \end{array}$　⑤ $\begin{array}{r} 25 \\ +\ \ 3 \\ \hline \end{array}$　⑥ $\begin{array}{r} 80 \\ +\ \ 3 \\ \hline \end{array}$

くらいごとに
計算しよう。

2 計算を　しましょう。

教科書 17ページ 1、19ページ 2

① $\begin{array}{r} 58 \\ +14 \\ \hline \end{array}$　② $\begin{array}{r} 25 \\ +39 \\ \hline \end{array}$　③ $\begin{array}{r} 19 \\ +67 \\ \hline \end{array}$

④ $\begin{array}{r} 39 \\ +21 \\ \hline \end{array}$　⑤ $\begin{array}{r} 33 \\ +\ \ 9 \\ \hline \end{array}$　⑥ $\begin{array}{r} 5 \\ +85 \\ \hline \end{array}$

くり上がりに
気を　つけてね。

3 ひっ算で　しましょう。

教科書 16ページ 2、19ページ 2

① 41＋3　② 9＋70　③ 74＋7　④ 2＋48

＋		

＋		

＋		

＋		

4 みほさんは、65円の　クッキーと　28円の　ガムを　買《か》います。だい金は　いくらに　なりますか。

教科書 17ページ 1

しき

答《こた》え（　　　　　　）

ヒント
2 くり上げた　1を　小さく　書いて　おくと、まちがいを　ふせげます。
3 くらいを　そろえて　書きましょう。

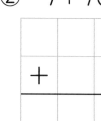

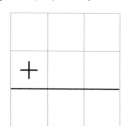

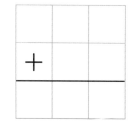

③ たし算の きまり

がくしゅうび 月 日

教科書 上20~21ページ　答え 3ページ

つぎの □ に あてはまる 数《かず》を 書《か》きましょう。

めあて たし算《ざん》のきまりがわかり、それをつかえるようにしよう。 れんしゅう ①②→

たし算の きまり

たされる数と たす数を 入れかえて 計算《けいさん》しても、答《こた》えは 同《おな》じに なります。

たされる数…	25		18
たす数………	+18		+25
答え…………	43		43

1 くだものは、ぜんぶで 何《なん》こ ありますか。

とき方 図《ず》に あらわしましょう。

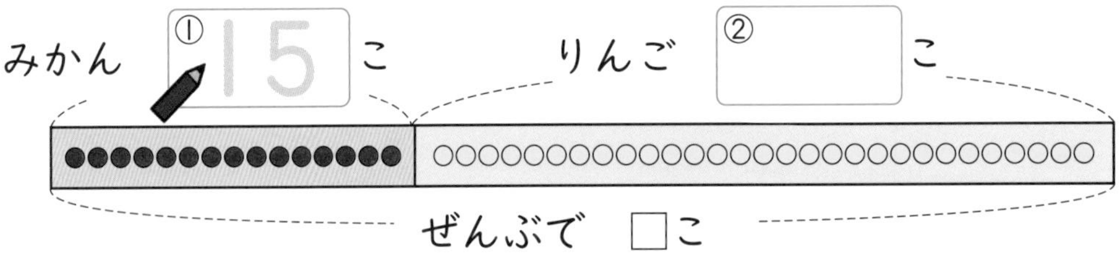

● みかんの 数に りんごの 数を たすと、

しき 15+29=③□
(15 みかん、29 りんご)

答え ④□ こ

● りんごの 数に みかんの 数を たすと、

しき 29+⑤□=⑥□
(29 りんご、⑤ みかん)

答え ⑦□ こ

たされる数と たす数を 入れかえて 計算しても、答えは 同じに なります。

					⑧		
たされる数		1	5				
たす数	+	2	9		+		
答え		4	4				

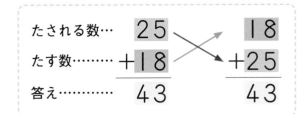

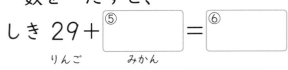

★できた　もんだいには、「た」を　かこう！★

できた ①　できた ②

がくしゅうび　月　日

教科書　上20〜21ページ　答え　3ページ

1 赤い　色紙《いろがみ》が　18まい、青い　色紙が　23まい　あります。
□に　あてはまる　数を　書きましょう。 教科書　20ページ 1

① 図に　あらわしましょう。

赤い　色紙 □ まい　青い　色紙 □ まい

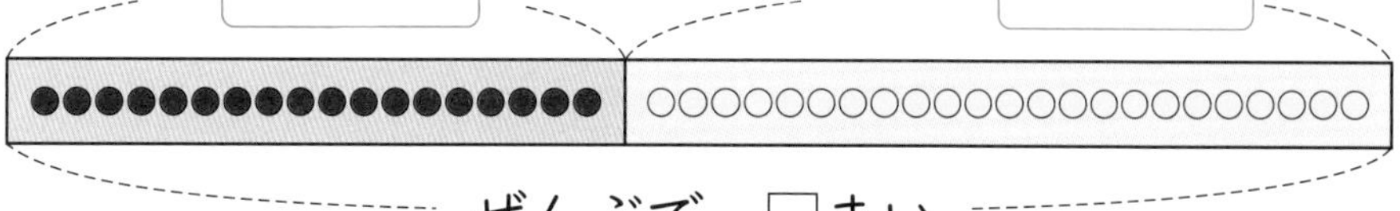

ぜんぶで □まい

② 色紙は、ぜんぶで　何まい　ありますか。　ひっ算《さん》

しき　赤い　色紙 □ ＋ 青い　色紙 □ ＝ ぜんぶで □

答え（　　　　）

③ たされる数と　たす数を　入れかえて
しきを　書いて、答えを　もとめましょう。　ひっ算

しき

答え（　　　　）

2 計算しなくても、答えが　同じに　なる　ことが　わかる
しきを　見つけて、線《せん》で　むすびましょう。 教科書　20ページ 1

36＋28　　17＋40　　65＋7

40＋17　　7＋65　　14＋70　　28＋36

ヒント
2 たされる数と　たす数を　入れかえた　たし算の　しきを
えらびます。

2 たし算の　ひっ算

時間 30分

／100

ごうかく 80点

教科書　上12〜23ページ　答え　4ページ

知識・技能　／60点

1 46+28の　計算《けいさん》を　します。□に　あてはまる　数《かず》を　書《か》きましょう。　1つ3点(15点)

一のくらい

	4	6
+	2	8

十のくらい

	4	6
+	2	8

❶ 一のくらいの　計算
6+8=14で、
一のくらいに　□　を　書き、
十のくらいに　□　くり上げる。

❷ 十のくらいの　計算
くり上げた　1と　4で　5。
5+□=□

❸ 46+28の　答《こた》えは、□

2 よく出る　計算を　しましょう。　1つ3点(18点)

① 14 +15

② 30 +45

③ 26 +70

④ 56 +29

⑤ 15 +45

⑥ 78 + 4

3 よく出る　ひっ算《さん》で　しましょう。　1つ3点(12点)

① 6+43　② 85+7　③ 9+79　④ 42+8

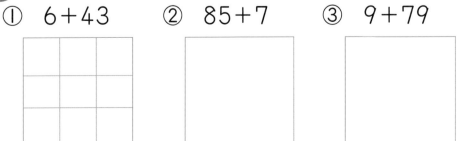

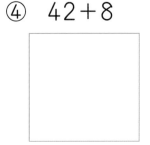

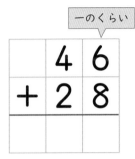

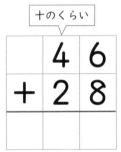

4 答えが　同《おな》じに　なる　しきを　線《せん》で　むすびましょう。

1つ5点(15点)

41+27	8+61	10+57	
61+8	8+69	57+10	27+41

思考・判断・表現　／40点

5 下の　ひっ算が　正しければ　○、まちがって　いれば　正しい　答えを　(　)に　書きましょう。

1つ5点(15点)

① 29+25

$$\begin{array}{r} 29 \\ +25 \\ \hline 44 \end{array}$$

(　　)

② 67+8

$$\begin{array}{r} 67 \\ +\ 8 \\ \hline 75 \end{array}$$

(　　)

③ 5+41

$$\begin{array}{r} 5 \\ +41 \\ \hline 91 \end{array}$$

(　　)

6 よく出る　ゆみさんは、シールを　37まい　もって　います。妹《いもうと》は、6まい　もって　います。
2人《ふたり》が　もって　いる　シールを　あわせると、ぜんぶで　何《なん》まいに　なりますか。

しき・答え　1つ5点(10点)

しき

答え(　　)

7 あめは　ぜんぶで　何こ　ありますか。
2とおりの　しきを　書いて、答えを　もとめましょう。

しき・答え　1つ5点(15点)

しき

しき

答え(　　)

ふろくの「計算せんもんドリル」1～3も　やって　みよう！

ふりかえり　1が　わからない　ときは、6ページの　1に　もどって　かくにんして　みよう。

3 ひき算の ひっ算

① ひき算(1)
② ひき算(2)

がくしゅうび 月 日

教科書 上24〜31ページ 答え 4ページ

あてはまる 数《かず》を 書《か》きましょう。

めあて 2けたの数のひき算《ざん》を、ひっ算《さん》でできるようになろう。 れんしゅう 1 2 3 4

✪ひっ算では、くらいを たてに そろえて 書きます。
✪くらいごとに、一のくらい、十のくらいの じゅんに 計算《けいさん》します。

1 つぎの ひき算を ひっ算で しましょう。

(1) 58－17　　(2) 56－37

とき方

(1)

十のくらい　一のくらい

	5	8
－	1	7

くらいを たてに そろえて 書く。

	5	8
－	1	7
		1

一のくらいの 計算
8－7＝①

	5	8
－	1	7
		1

十のくらいの 計算
5－1＝④

(2)

十のくらい　一のくらい

	5	6
－	3	7

くらいを たてに そろえて 書く。

4

	5	6
－	3	7
		9

一のくらいの 計算
6から 7は ひけないので、十のくらいから ① くり下げる。
①6－7＝⑨

4

	5	6
－	3	7
		9

十のくらいの 計算
1 くり下げたので ④。
④－3＝①

(2)は、ブロックで たしかめよう。

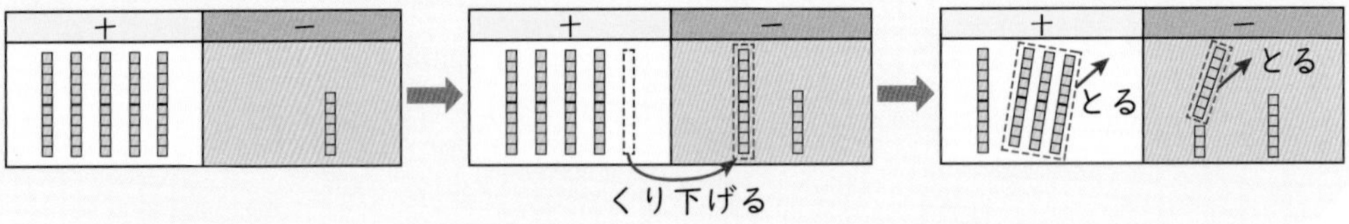

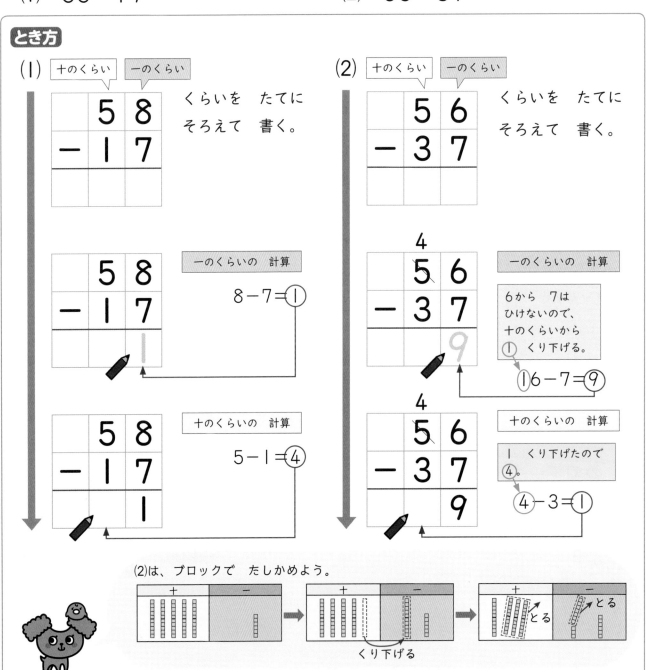

★できた もんだいには、「た」を かこう！★

できた ① ② ③ ④

がくしゅうび　月　日

教科書 上24～31ページ　答え 4ページ

1 計算を しましょう。

教科書 25ページ 1、28ページ 2

① $\begin{array}{r} 36 \\ -15 \\ \hline \end{array}$　② $\begin{array}{r} 49 \\ -30 \\ \hline \end{array}$　③ $\begin{array}{r} 57 \\ -24 \\ \hline \end{array}$

④ $\begin{array}{r} 65 \\ -30 \\ \hline \end{array}$　⑤ $\begin{array}{r} 48 \\ -\ \ 3 \\ \hline \end{array}$　⑥ $\begin{array}{r} 75 \\ -\ \ 5 \\ \hline \end{array}$

2 計算を しましょう。

教科書 29ページ 1、31ページ 2

① $\begin{array}{r} 63 \\ -27 \\ \hline \end{array}$　② $\begin{array}{r} 97 \\ -49 \\ \hline \end{array}$　③ $\begin{array}{r} 60 \\ -17 \\ \hline \end{array}$

④ $\begin{array}{r} 82 \\ -76 \\ \hline \end{array}$　⑤ $\begin{array}{r} 44 \\ -\ \ 9 \\ \hline \end{array}$　⑥ $\begin{array}{r} 50 \\ -\ \ 4 \\ \hline \end{array}$

十のくらいの
計算が 0 に
なったら、0 は
書かなくて いいよ。

3 ひっ算で しましょう。

教科書 31ページ 2

① 70−32　② 83−76　③ 26−8　④ 30−7

−		

4 96ページの 本を 87ページまで 読《よ》みました。あと 何《なん》ページ 読むと、ぜんぶ 読みおわりますか。

教科書 31ページ 2

しき

答《こた》え（　　　　）

ヒント
2 十のくらいから 1 くり下げて 計算します。
3 くらいを そろえて 書きましょう。

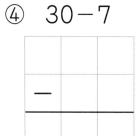

③ ひき算の　きまり

教科書　上32～33ページ　答え　5ページ

つぎの □ に　あてはまる　数《かず》を　書《か》きましょう。

めあて　ひき算《ざん》のきまりがわかり、それをつかえるようにしよう。　れんしゅう ① ②

ひき算の　きまり

ひき算の　答《こた》えに　ひく数を　たすと、ひかれる数に　なります。

ひかれる数…	32	15
ひく数………	−17	+17
答え…………	15	32

1 あめが　39こ　ありました。
何《なん》こか　食《た》べました。
今《いま》、18こ　のこって　います。
何こ　食べましたか。

とき方　図《ず》に　あらわしましょう。

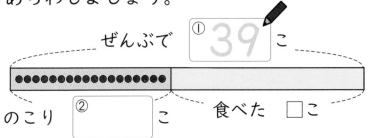

ぜんぶで ① 39 こ

のこり ② □ こ　　食べた □こ

しきを　書いて、答えを　もとめましょう。

しき　39−③ □ ＝④ □　　答え ⑤ □ こ

ひき算の　答えに
ひく数を　たすと、
ひかれる数に　なります。

					⑥		
ひかれる数		3	9				
ひく数	−	1	8		+		
答え		2	1				

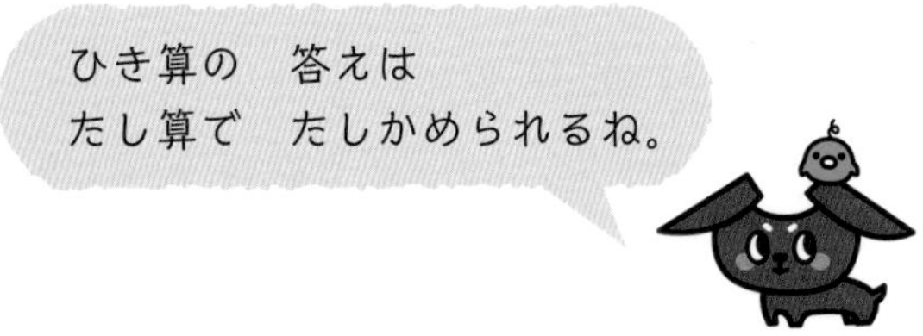

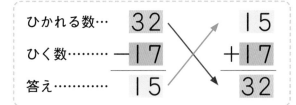

1 ひろとさんの クラスには、本が ぜんぶで 53さつ あります。今、17さつ のこって います。

教科書 32ページ 1

① 図に あらわしましょう。

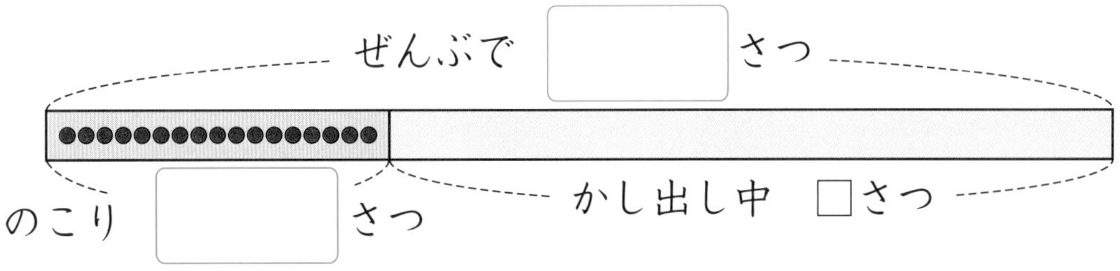

② かし出し中の 本は 何さつですか。

ひっ算《さん》

しき ぜんぶで □ － のこり □ ＝ かし出し中 □

答え （　　　　）

③ たし算を して 答えを たしかめましょう。

ひっ算

（　　　　）

2 下の ひき算の、答えの たしかめに なる たし算の しきは どれですか。線《せん》で むすびましょう。

教科書 32ページ 1

71－34	45－2	53－49

34＋71	43＋2	37＋34	4＋49

ヒント
2 ひき算の 答えに ひく数を たす たし算の しきを えらびましょう。

❸ ひき算の ひっ算

時間 **30** 分
／100
ごうかく **80** 点

教科書 上 24〜35 ページ ┃ 答え 5 ページ

知識・技能 ／60点

① 95−67の 計算を します。
　　□に あてはまる 数を 書きましょう。　　1つ4点(20点)

一のくらい

```
    9 5
  − 6 7
```

十のくらい

```
    9 5
  − 6 7
```

❶ 一のくらいの 計算
　5から 7は ひけないので、
　十のくらいから □ くり下げて
　15−7=□

❷ 十のくらいの 計算
　1 くり下げたので 8。
　8−□=□

❸ 95−67の 答えは、□

② よく出る 計算を しましょう。　　1つ3点(18点)

① 99 −35　　② 74 −50　　③ 25 − 5

④ 81 −34　　⑤ 90 −73　　⑥ 63 −56

③ ひっ算で しましょう。　　1つ3点(12点)
① 70−59　　② 67−58　　③ 52−7　　④ 40−4

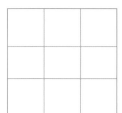

4 答えを　たしかめます。□に　あてはまる　数を　書きましょう。

1つ5点(10点)

① 56－41＝15
↓ たしかめ
15＋□＝56

②
```
  83            □
－24  たしかめ→ ＋24
  59            83
```

思考・判断・表現　／40点

5 下の　ひっ算が　正しければ　○、まちがって　いれば　正しい　答えを　(　)に　書きましょう。

1つ5点(20点)

① 76－34
```
  76
－34
  32
```
(　　)

② 95－87
```
  95
－87
  18
```
(　　)

③ 42－4
```
  42
－ 4
  38
```
(　　)

④ 82－13
```
  82
－13
  79
```
(　　)

6 よく出る 色紙《いろがみ》が、54 まい　あります。そのうち　38 まい　つかいました。
色紙は、何《なん》まい　のこって　いますか。

しき・答え　1つ5点(10点)

しき

答え(　　　　)

できたらスゴイ！

7 90 円で、24 円の　ガムと、下の　どれか　1 つを　買《か》います。どれが　買えますか。

(10点)

(　　　　)

ふろくの「計算せんもんドリル」4～6も　やって　みよう！

ふりかえり　1が　わからない　ときは、12 ページの　1に　もどって　かくにんして　みよう。

どんな　計算に　なるのかな？

教科書　上36ページ　答え　6ページ

1 公園《こうえん》に　鳥《とり》が　25わ　います。8わ　とんで　いくと、鳥は　何《なん》わに　なりますか。

しき

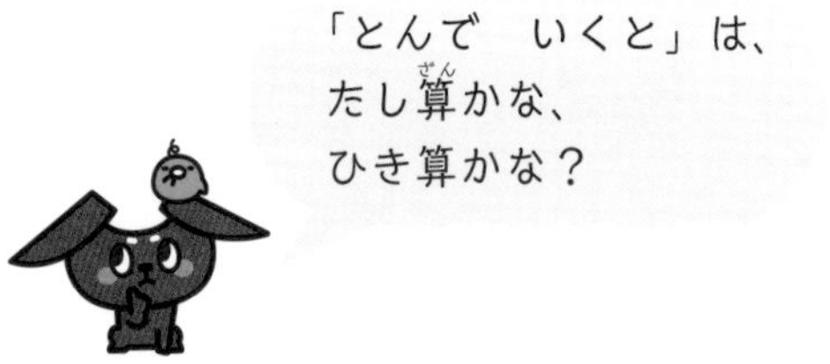

答《こた》え（　　　　　）

2 池《いけ》に、ボートが　14そう　出て　います。ボートは、あと　7そう　あります。ボートは、ぜんぶで　何そう　ありますか。

しき

答え（　　　　　）

3 公園に　おとなが　27人　います。公園に　いる　子どもは、公園に　いる　おとなより　15人　多《おお》いです。公園に　いる　子どもは　何人ですか。

しき

答え（　　　　　　　）

4 赤い　花が　36本、黄色《きいろ》い　花が　41本　あります。どちらが　何本　多いですか。

しき

答え（＿＿＿＿＿＿　花が　＿＿＿＿　本　多い。）

① 長さの　たんい

教科書　上37～45ページ　答え　6ページ

つぎの　□に　あてはまる　数《かず》を　書《か》きましょう。

めあて　cm《センチメートル》、mm《ミリメートル》をつかって、長《なが》さをあらわせるようにしよう。　れんしゅう ①②③④

- 長さは、1センチメートルが　いくつ分《ぶん》　あるかで　あらわし、センチメートルは　cmと　書きます。
- 1cmを　同《おな》じ　長さに、10に　分《わ》けた　1つ分の　長さを　1ミリメートルと　いい、1mmと　書きます。

1cm

1mm

1cm＝10mm

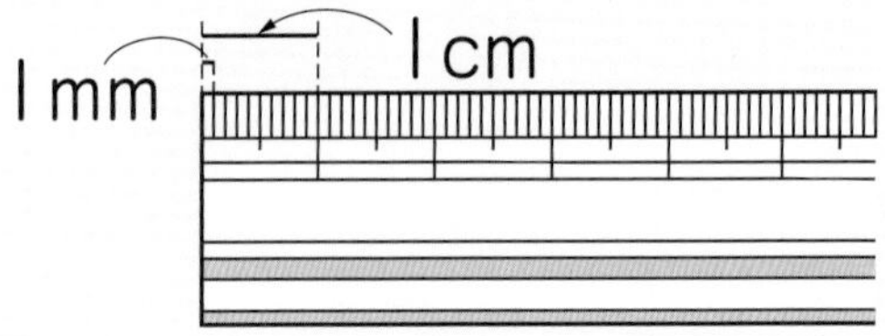

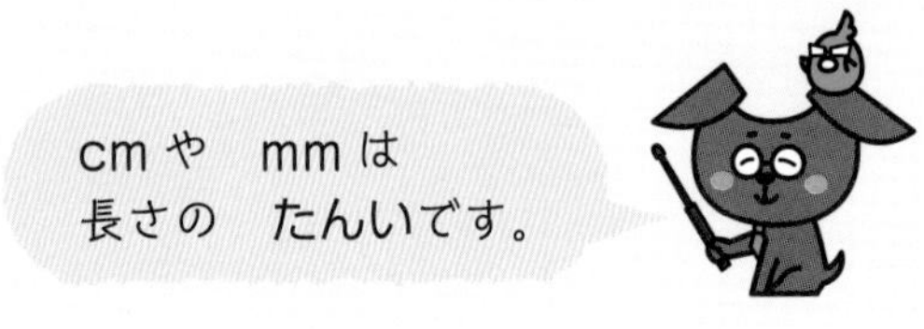

1 下の　直線《ちょくせん》の　長さは　何《なん》cmですか。

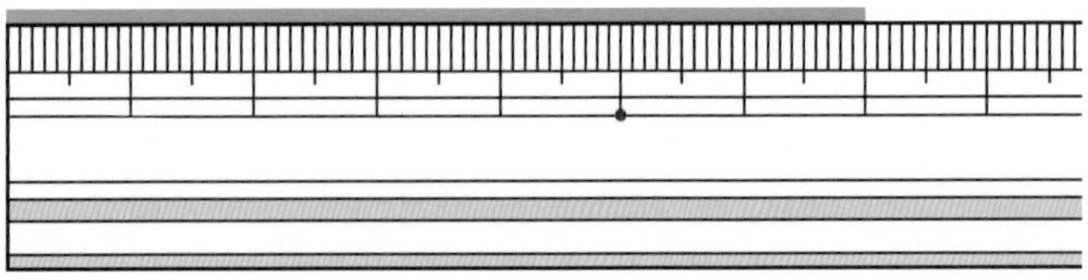

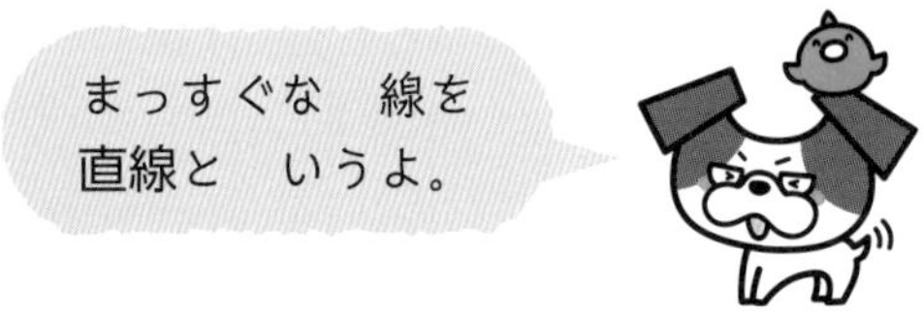

とき方　1cmの　めもりが　□つ分だから　□cmです。

2 下の　直線の　長さは　何cm何mmですか。また、何mmですか。

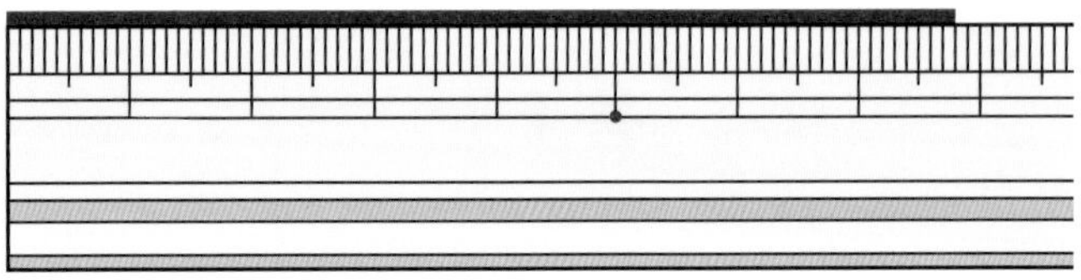

とき方　1cmが　7つ分で　①□cm、1mmが　8つ分で　②□mm、あわせて　③□cm④□mmです。
1cmは　⑤□mmだから、7cmは　⑥□mmです。
⑦□mmと　8mmを　あわせて　⑧□mmです。

★できた　もんだいには、「た」を　かこう！★

① でき　② でき　③ でき　④ でき

がくしゅうび　月　日

教科書　上37～45ページ　答え　6ページ

1 左はしから、㋐、㋑、㋒までの　長さは、それぞれ　どれだけですか。　教科書　41ページ2

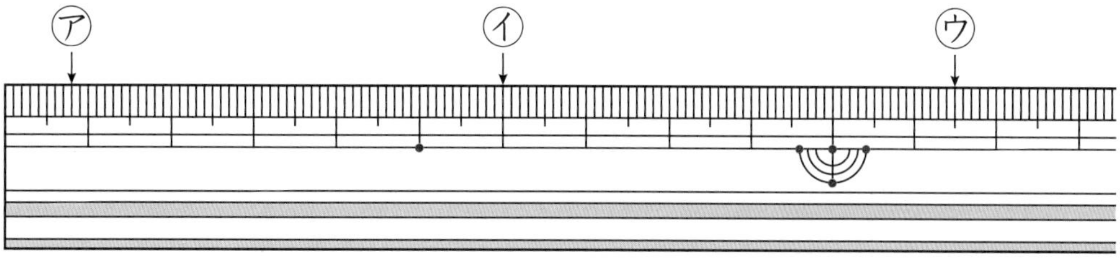

㋐（　　　　）　㋑（　　　　）　㋒（　　　　）

2 下の　直線の　長さは　何cm何mmですか。
また、何mmですか。　教科書　44ページ3

①

（　　　　）（　　　　）

②

（　　　　）（　　　　）

3 □に　あてはまる　数を　書きましょう。　教科書　44ページ3

① 4cm＝□mm

② 80mm＝□cm

③ 7cm6mm＝□mm

④ 38mm＝□cm□mm

4 つぎの　長さの　直線を　ひきましょう。　教科書　45ページ4

① 9cm　　② 6cm5mm

ヒント
1 ものさしの　小さい　めもりは　1mmです。
4 ① 9cm　はなして　2つの　点《てん》を　かき、直線で　つなぎます。

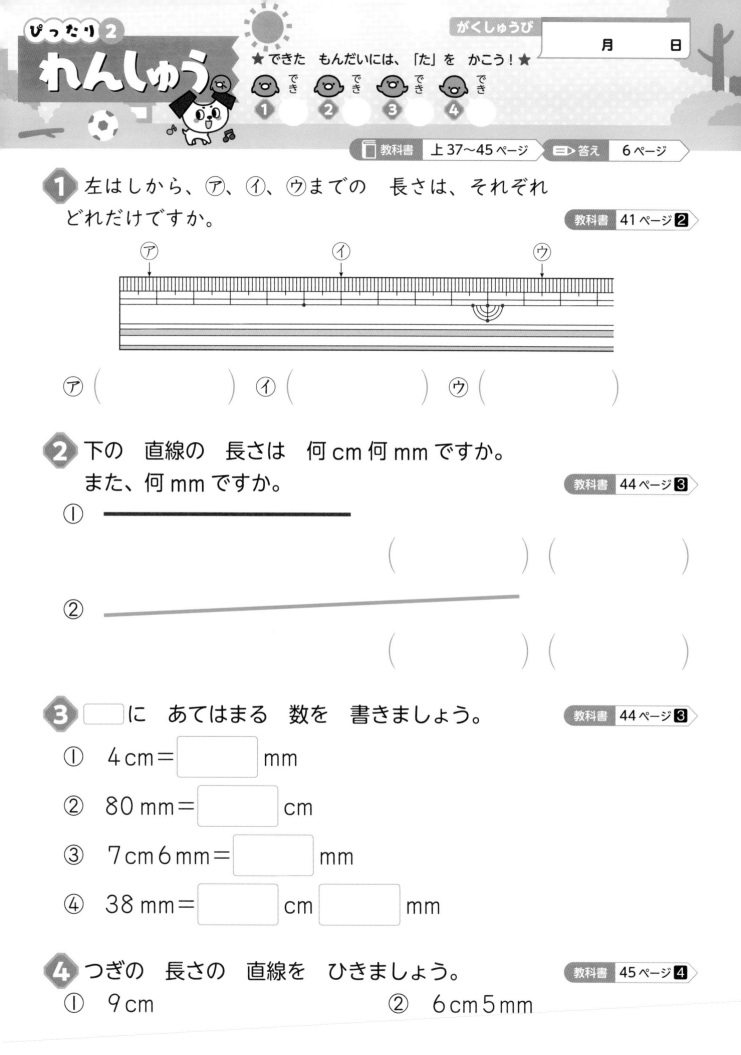

② 長さの 計算

つぎの □ に あてはまる 数《かず》や ことばを 書《か》きましょう。

めあて 長《なが》さのたし算《ざん》やひき算ができるようにしよう。 れんしゅう ❶❷→

- 長さも、たし算や ひき算を する ことが できます。
- 長さの 計算《けいさん》では、同《おな》じ たんいの 数どうしを 計算します。

1 赤の 線《せん》と 青の 線の 長さを くらべましょう。

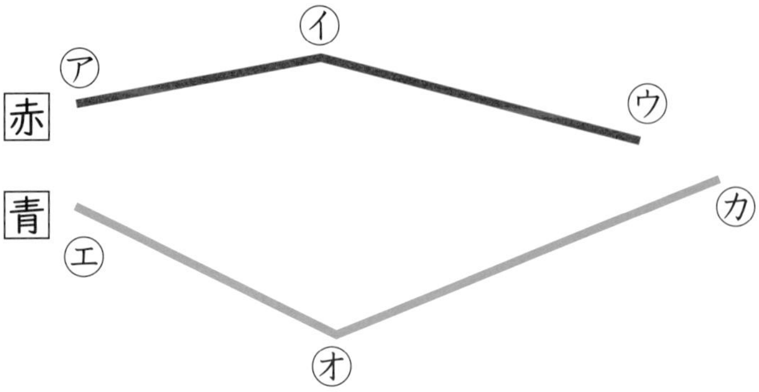

(1) 赤の 線の 長さは どれだけですか。

(2) 青の 線の 長さは どれだけですか。

(3) どちらの 線が どれだけ 長いでしょうか。

とき方 (1) ❶ ㋐から ㋑までを ものさしで はかると、3cm

❷ ㋑から ㋒までを ものさしで はかると、［①］cm

❸ あわせて、3cm＋［②］cm＝［③］cm

(2) ❶ ㋓から ㋔までを ものさしで はかると、

［④］cm［⑤］mm

❷ ㋔から ㋕までを ものさしで はかると、5cm

❸ あわせて、

［⑥］cm［⑦］mm＋5cm＝［⑧］cm［⑨］mm

(3) 青の 線の 長さから 赤の 線の 長さを ひきます。

［⑩］cm［⑪］mm－［⑫］cm＝［⑬］cm［⑭］mm

［⑮］の 線が［⑯］cm［⑰］mm 長いです。

がくしゅうび　　月　　日

★できた　もんだいには、「た」を　かこう！★

でき ❶　　でき ❷

教科書　上46ページ　　答え　7ページ

1 ㋐の　線の　長さと　㋑の　線の　長さを　くらべます。

教科書　46ページ 1

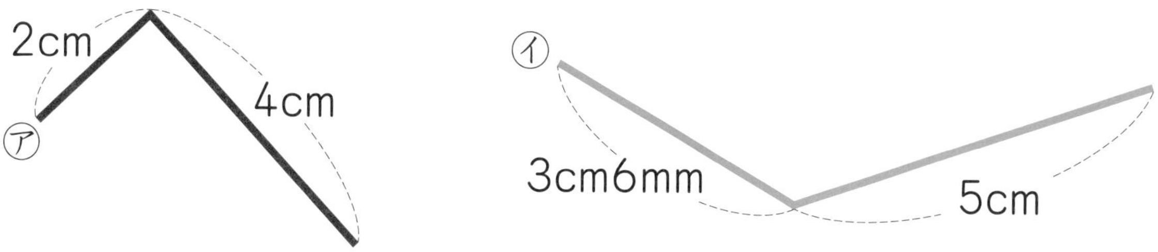

① ㋐の　線の　長さは　どれだけですか。

しき

［　　］cm＋［　　］cm＝［　　］cm

答《こた》え（　　　　　）

② ㋑の　線の　長さは　どれだけですか。

しき

答え（　　　　　）

よくよんで

③ どちらの　線が　どれだけ　長いでしょうか。

しき

長い　ほうから
みじかい　ほうを
ひくよ。

答え（＿＿＿＿の　線が　＿＿＿＿＿＿　長い。）

2 計算を　しましょう。

教科書　46ページ 1

① 2cm8mm＋7cm　　② 12cm4mm－8cm

③ 4mm＋3cm2mm　　④ 7cm5mm－3mm

ヒント
❷ ①・②　cm どうしを　たしたり　ひいたり　します。
③・④　mm どうしを　たしたり　ひいたり　します。

4 長さの　たんい

時間 30 分

／100

ごうかく 80 点

教科書 上37～49ページ　答え 7ページ

知識・技能　／60点

1 よく出る 長《なが》さは　どれだけですか。　1つ4点(12点)

① 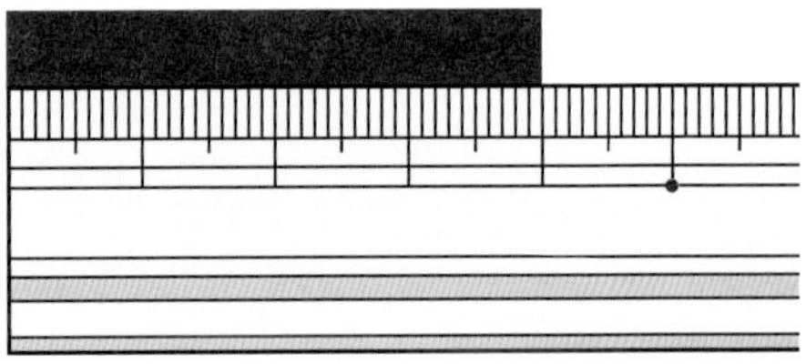

(　　　)

② 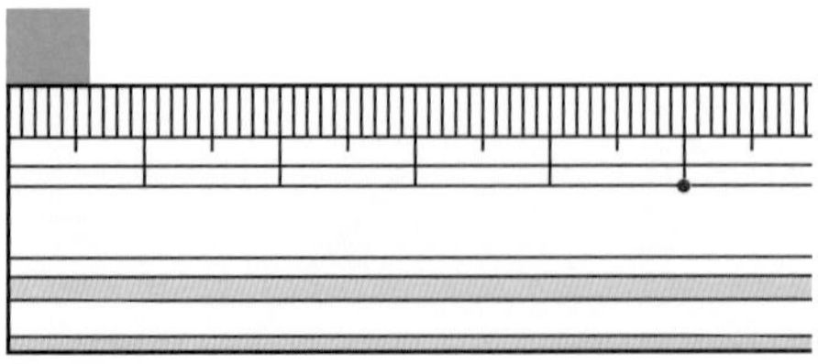

(　　　)

③ 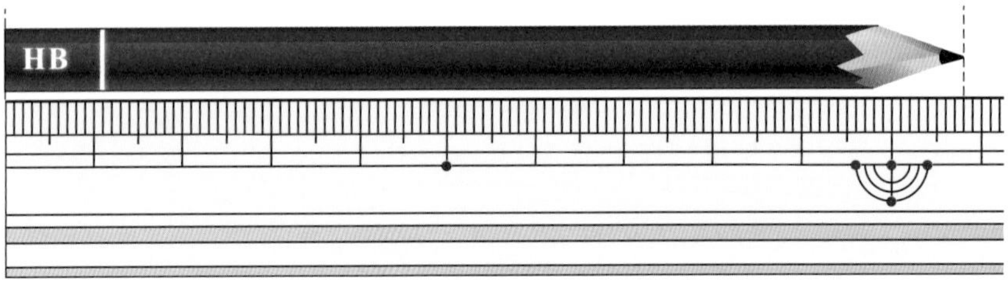

(　　　)

2 □に　あてはまる　数《かず》を　書《か》きましょう。　1つ4点(8点)

① 1cm＝□mm　② 7cm4mm＝□mm

3 長い　ほうに　○を　かきましょう。　1つ4点(8点)

① 2cm　7mm

(　　　)(　　　)

② 8cm　90mm

(　　　)(　　　)

4 □に　あてはまる　長さの　たんいを　書きましょう。　1つ4点(12点)

① 算数《さんすう》の　教科書《きょうかしょ》の　あつさ　5□

② ノートの　たての　長さ　25□

③ つくえの　よこの　長さ　67□

❺ 下の 直線の 長さは どれだけですか。 1つ5点(10点)

① _____

② ⟋

( ) ( )

❻ ものさしを つかって、つぎの 長さの 直線を ・の
ところから 右へ ひきましょう。 1つ5点(10点)

① 4cm ・

② 6cm2mm ・

思考・判断・表現 /40点

❼ 2本の テープが あります。あわせた 長さは どれだけですか。
しき・答え 1つ10点(20点)

8cm

9cm8mm

しき

答え ( )

できたらスゴイ！

❽ 長さが 12cm7mm の 赤い リボンと、15cm9mm の
白い リボンが あります。どちらの リボンが、どれだけ
長いでしょうか。
しき・答え 1つ10点(20点)

しき

答え (リボンが 長い。)

ふりかえり ❶①が わからない ときは、20ページの ❶に もどって かくにんして みよう。

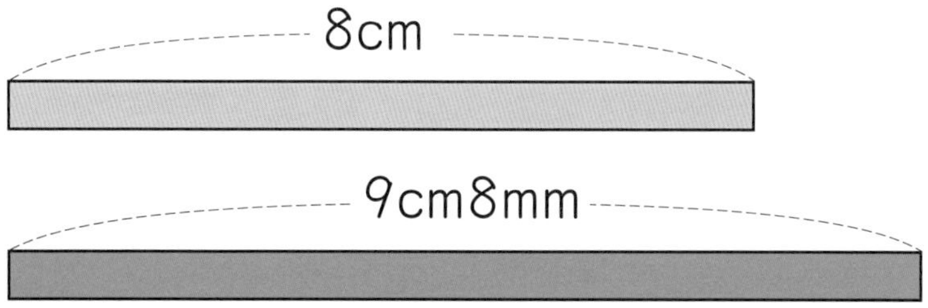

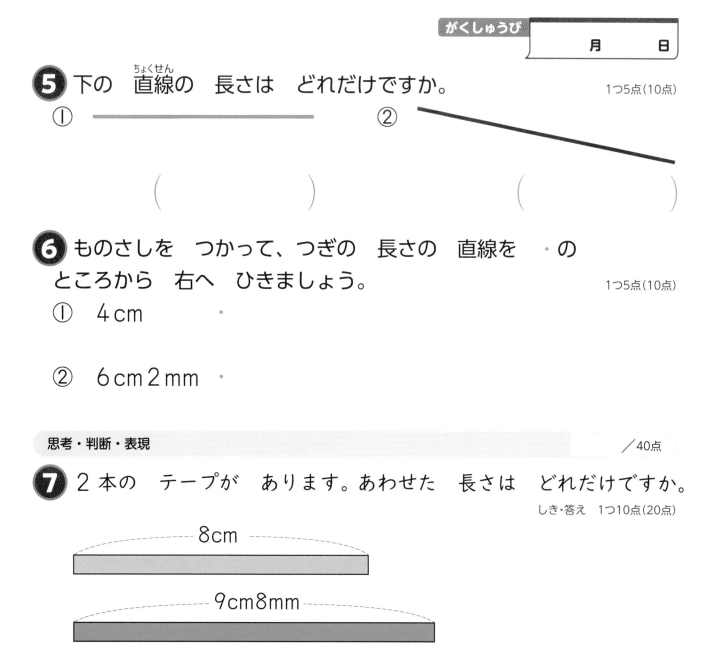

① 数の あらわし方と しくみ－1

教科書 上50～55ページ　答え 8ページ

つぎの □に あてはまる 数《かず》を 書《か》きましょう。

めあて 100より大きい数を読《よ》んだり書いたりできるようにしよう。　れんしゅう ❶❷❸→

100より　大きい　数を、読んだり　書いたり　する　ときは、100が　何《なん》こ、10が　何こ、1が　何こ　あるかを　考《かんが》えます。

1 □は　何こ　ありますか。
数字《すうじ》で　書きましょう。

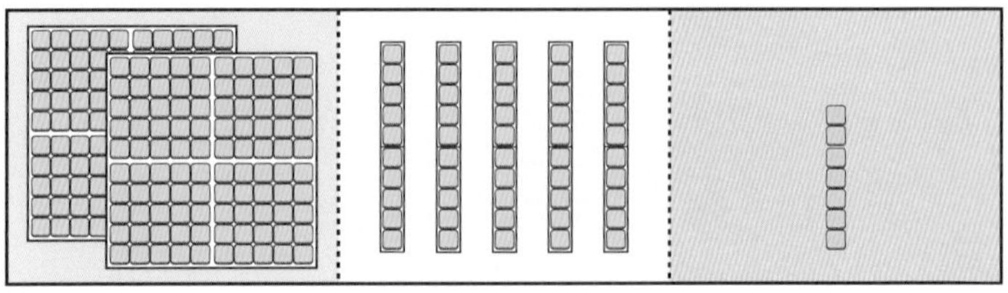

とき方 □の　数を、カード を　つかって　あらわして　みます。

100 100	10 10 10 10 10	1 1 1 1 1 1 1

百のくらい	十のくらい	一のくらい
① 2	②	③

□の　数は　④□　こです。

2 カードを　ならべて、数を あらわしました。どんな 数を　あらわして　いますか。

100 100 100 100	10 10 10 10 10 10 10 10 10 10	1 1 1 1 1 1

とき方 10が　10こで　①□

100 100 100 100 100	10 10 10 10 10 10 10 10 10 10	1 1 1 1 1 1

百のくらい	十のくらい	一のくらい
②	③	④

100が　⑤□　こ、10が　⑥□　こ、1が　6こで、⑦□

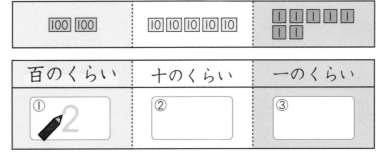

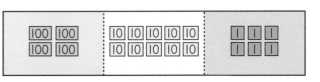

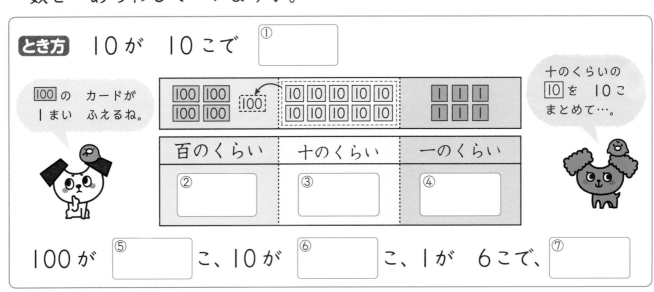

ぴったり2 **れんしゅう**

★できた もんだいには、「た」を かこう！★

でき ① でき ② でき ③

がくしゅうび　月　日

教科書 上50～55ページ　答え 8ページ

1 ぼうは 何本 ありますか。数字で 書きましょう。

教科書 51ページ1、53ページ2

① 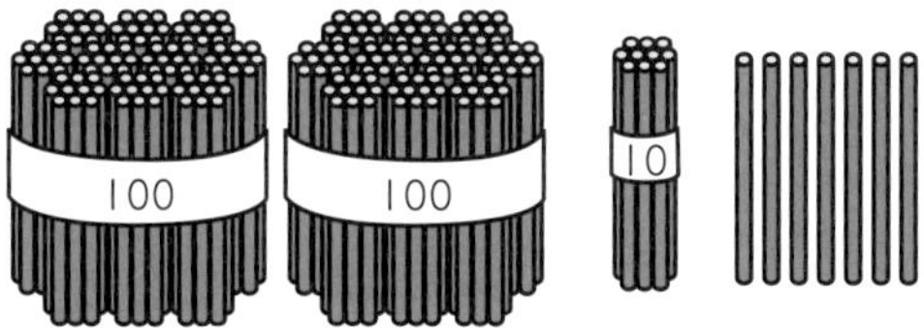

(　　　　)本

② 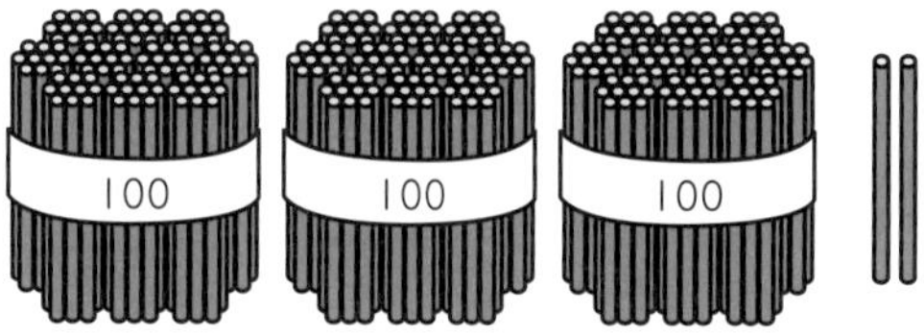

(　　　　)本

2 数字で 書きましょう。

教科書 51ページ1、53ページ2

① 八百六十九　② 七百二十　③ 六百三

(　　　　)　(　　　　)　(　　　　)

3 □に あてはまる 数を 書きましょう。

教科書 54ページ3

① 100を 4こ、10を 7こ、1を 3こ あわせた 数は、□です。

② 100を 3こ、10を 4こ あわせた 数は、□です。

③ 685は、100を □こ、10を □こ、1を □こ あわせた 数です。

④ 902は、100を □こ、1を □こ あわせた 数です。

⑤ 百のくらいの 数字が 9、十のくらいの 数字が 3、一のくらいの 数字が 8の 数は、□です。

ヒント

2 ③ 六百三は、100が 6こ、10が 0こ、1が 3こです。

3 ③ 百のくらいの 数字は、100が 何こかを あらわして います。

① 数の あらわし方と しくみー2

教科書 上56〜59ページ　答え 8ページ

つぎの □に あてはまる 数《かず》を 書《か》きましょう。

めあて 10を何《なん》こかあつめた数をあらわせるようにしよう。　れんしゅう ①→

10を 10こ あつめた 数は 100に なります。

1 10を 12こ あつめた 数は いくつですか。

とき方 10円玉と 100円玉を つかって あらわして みましょう。

❶ 10を 10こ あつめた 数は □

❷ 10を 2こ あつめた 数は □

❸ あわせて □ です。

10円玉が
10まいで
100円に
なるから…。

めあて 数の線《せん》にあらわした数をよめるようにしよう。　れんしゅう ②③④→

数の線を よむ ときは、まず いちばん 小さい 1めもりが いくつかを 考《かんが》えます。

2 ↑の めもりが あらわす 数を 書きましょう。

とき方 ❶ いちばん 小さい 1めもりは □

❷ 300より □ 大きいから、 □ です。

ぴったり2

れんしゅう

★できた　もんだいには、「た」を　かこう！★

1 でき　2 でき　3 でき　4 でき

がくしゅうび　　月　　日

教科書　上56〜59ページ　答え　8ページ

1 □に　あてはまる　数を　書きましょう。

教科書　56ページ 4

① 10を　41こ　あつめた　数は　□です。

② 10を　50こ　あつめた　数は　□です。

③ 530は、10を　□こ　あつめた　数です。

④ 800は、10を　□こ　あつめた　数です。

2 □に　あてはまる　数を　書きましょう。

教科書　57ページ 5

①

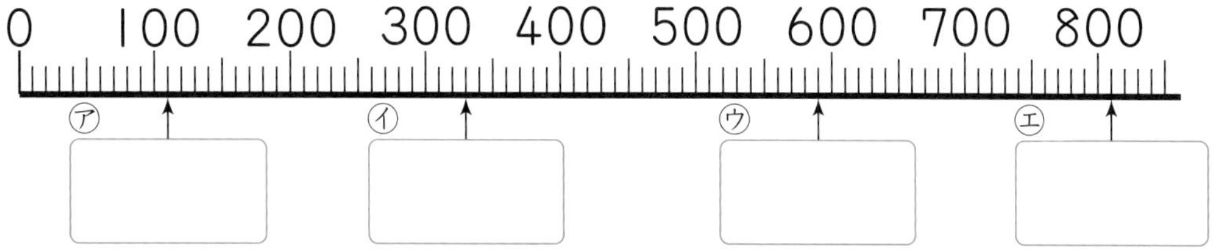

②

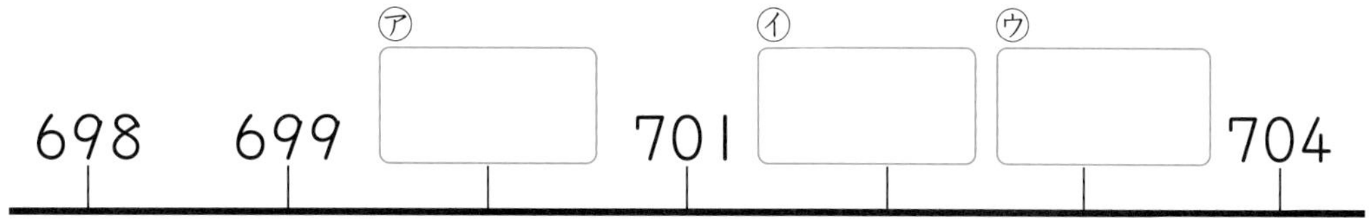

3 □に　あてはまる　数を　書きましょう。

教科書　58ページ 6

① 1000は、100を　□こ　あつめた　数です。

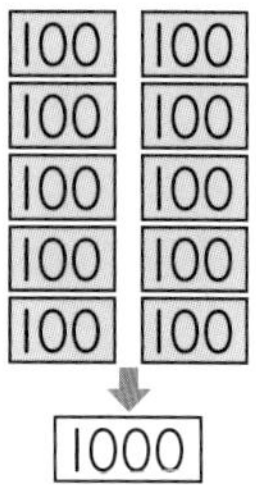

千《せん》

②

4 □に　あてはまる　数を　書きましょう。

教科書　59ページ 7

① 470は、□と　70を　あわせた　数です。

② 470は、□より　30　小さい　数です。

③ 470は、10を　□こ　あつめた　数です。

ヒント

1 ④　800は　100が　8こ、100は　10が　10こです。

4 ②　470より　30　大きい　数は　いくつでしょうか。

② 何十、何百の 計算

がくしゅうび 月 日

教科書 60〜61ページ　答え 9ページ

つぎの □ に あてはまる 数《かず》を 書《か》きましょう。

めあて 何《なん》十、何百の計算《けいさん》ができるようにしよう。　れんしゅう ❶❷❸❹

何十の 計算は、10の たばが 何こに なるかを、何百の 計算は、100の たばが 何こに なるかを 考《かんが》えます。

1 計算を しましょう。

(1) 80＋50　　(2) 120−70

とき方 (1)

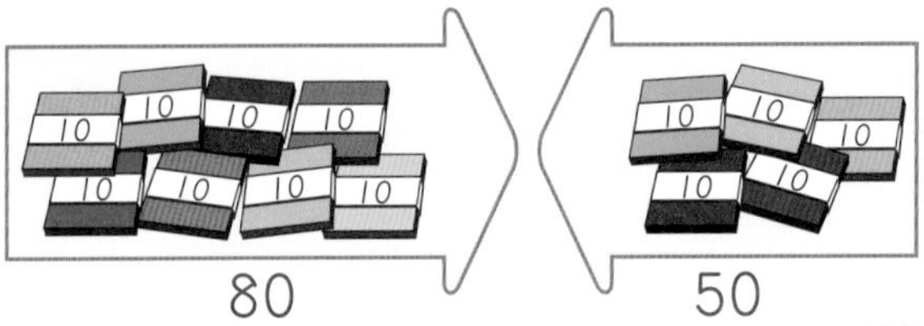

80　10の たばが 8こ

50　10の たばが 5こ

10の たばは、ぜんぶで

8＋□＝□で

□こだから、

80＋50＝□

(2)

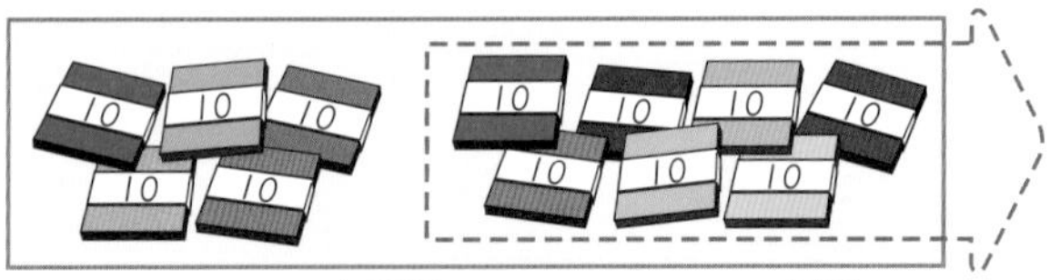

120　10の たばが 12こ

70　10の たばが 7こ

10の たばは、ひくと

12−□＝□で

□こだから、

120−70＝□

2 計算を しましょう。

(1) 200＋300　　(2) 800−200

とき方 100の たばが 何こかを 考えます。

(1) 200は 100の たばが 2こ、300は 100の たばが □こだから、

200＋300＝□

(2) 800は 100の たばが 8こ、200は 100の たばが □こだから、

800−200＝□

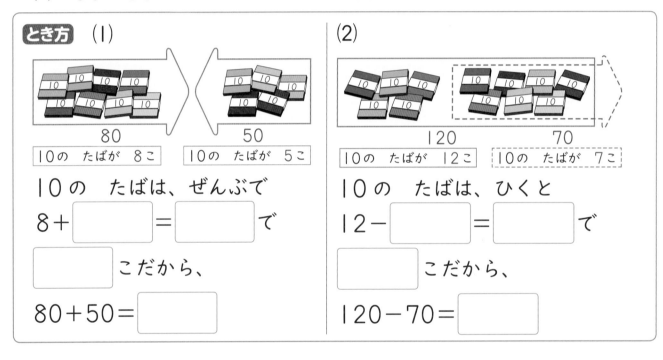

1 計算を しましょう。

教科書 60ページ 1

① 90＋30　② 80＋80

③ 40＋70　④ 70＋60

⑤ 140－50　⑥ 110－30

⑦ 170－90　⑧ 160－90

2 計算を しましょう。

教科書 60ページ 2

① 200＋500　② 400＋600

③ 600－300　④ 1000－200

3 計算を しましょう。

教科書 61ページ 3

① 300＋60

② 360－60

③ 700＋5

④ 705－5

100 100 100	10 10 10 10 10 10	
百のくらい	十のくらい	一のくらい
3	6	0

100 100 100 100 100 100 100		1 1 1 1 1
百のくらい	十のくらい	一のくらい
7	0	5

よくよんで

4 画用紙《がようし》が 180まい あります。90まい つかいました。のこりは 何まいに なりますか。

教科書 60ページ 1

しき

答《こた》え（　　　　）

ヒント
1 ⑤ 140は、10を 14こ あつめた 数です。
3 ①・② 360は、300と 60を あわせた 数です。

③ 数の 大小

教科書 上62〜63ページ 答え 9ページ

つぎの □ に あてはまる ことばや しるしを 書《か》きましょう。

めあて 数《かず》の大小を、>、<をつかってあらわせるようにしよう。 れんしゅう ①②→

数の 大小は、大きい くらいの 数字《すうじ》から くらべて いき、>、<の しるしを つかって あらわします。

○>△「○は △より 大きい」
○<□「○は □より 小さい」

1 数の 大小を、>、<の しるしを つかって あらわしましょう。

(1) 573□618　　(2) 452□425

とき方 (1) ❶ いちばん 大きい くらいは 百のくらいだから、百のくらいの 数字で くらべます。

百	十	一
⑤	7	3
⑥	1	8

❷ 5は 6より 小さいから、573は、618より □。

❸ >、<を つかって あらわすと、573 □ 618

(2) いちばん 大きい くらいの 数字が 同《おな》じだから、つぎに 大きい 十のくらいの 数字で くらべます。 452 □ 425

百	十	一
4	⑤	2
4	②	5

めあて 数やしきの大小を、>、<、=をつかってあらわせるようにしよう。 れんしゅう ③→

50 > 10+30「50は、10+30より 大きい。」
50 < 10+60「50は、10+60より 小さい。」
50 = 10+40「50は、10+40と 大きさが 同じ。」

2 □に あてはまる >、<、=を 書きましょう。

130□90+50

とき方 130は、90+50より 小さい。130 □ 90+50
140

1 □に あてはまる ＞、＜を 書きましょう。 教科書 62ページ 1

① 573 □ 481　　② 816 □ 832

③ 408 □ 403　　④ 120 □ 98

よくみて

2 つぎの ★に 入る 数字を 考《かんが》えます。
□に あてはまる ことばや ①、②、数字を 書きましょう。 教科書 62ページ 1

① 436 ＞ ② 4★6

百のくらいの 数字は 同じです。

★に 3が 入る とき、①と ②の 大きさが ㋐□ です。

★に 4が 入る とき、㋑□ の ほうが 大きいです。

★に 2が 入る とき、㋒□ の ほうが 大きいです。

だから、★に 入る 数字は、㋓□、㋔□、㋕□ です。

3 □に あてはまる ＞、＜、＝を 書きましょう。 教科書 63ページ 2

① 160 □ 70＋80

② 600 □ 680－80

③ 40＋50 □ 103

④ 150－60 □ 96

数と しきの 大小を
くらべる ときは、
まず たし算《ざん》や
ひき算の 答《こた》えを
もとめよう。

ヒント
❶ 百のくらいから じゅんに くらべます。
④ 120は 100より 大きい 数、98は 100より 小さい 数です。

5 3けたの　数

時間 30 分

／100

ごうかく 80 点

教科書　上 50～65 ページ　答え　10 ページ

知識・技能　／80点

1 数《かず》を　数字《すうじ》で　書《か》きましょう。　1つ4点(8点)

①

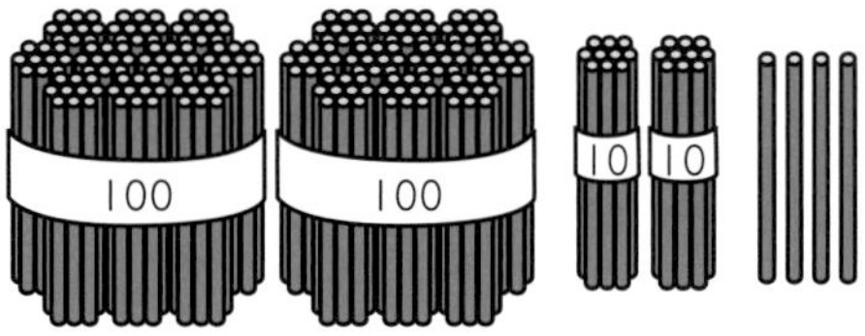

②

2 数字で　書きましょう。　1つ4点(8点)

①　八百二十三

②　五百九十

3 よく出る　つぎの　数を　数字で　書きましょう。　1つ4点(16点)

①　100を　9こ、10を　2こ、
　1を　8こ　あわせた　数

②　百のくらいの　数字が　5、十のくらいの
　数字が　0、一のくらいの　数字が　7の　数

③　10を　63こ　あつめた　数

④　900より　100　大きい　数

4 めもりが　あらわす　数を　書きましょう。　1つ4点(8点)

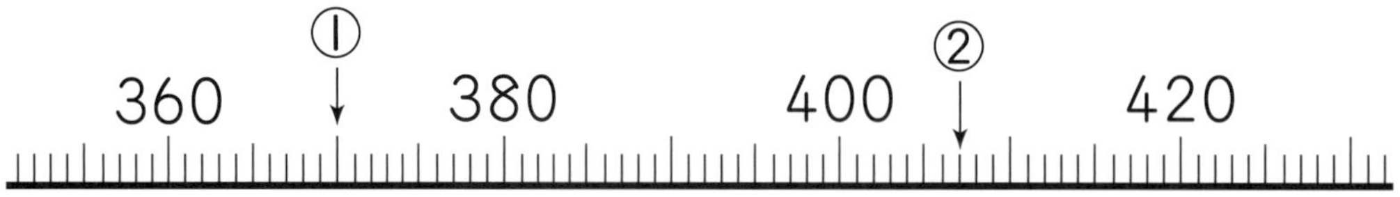

①　　　②

5 よく出る 計算《けいさん》を　しましょう。　　1つ4点(32点)

① $40+90$　　② $190-80$

③ $500+400$　　④ $800-500$

⑤ $300+40$　　⑥ $520-20$

⑦ $700+9$　　⑧ $402-2$

6 □に　あてはまる　＞、＜、＝を　書きましょう。　　1つ4点(8点)

① 383 □ 359　　② 150 □ 60＋90

思考・判断・表現　　／20点

7 みきさんは、150円　もって　います。80円の　キャラメルを　買《か》うと、のこりは　何円《なんえん》に　なりますか。　　しき・答え　1つ5点(10点)

しき

答《こた》え（　　　）

できたらスゴイ！

8 ともえさんと　いくみさんは、0から　9までの　10まいの　カードを　それぞれ　もって　います。カードを　ならべて、3けたの　数の　大きさくらべを　して　います。数が　大きい　ほうが　かちです。

いくみさんの　十のくらいが　いくつの　とき、いくみさんは　かちますか。ぜんぶ　書きましょう。　　ぜんぶできて　10点

2	6	4

ともえさん

2		4

いくみさん

（　　　）

ふりかえり　1が　わからない　ときは、26ページの　1に　もどって　かくにんして　みよう。

ふろくの「計算せんもんドリル」7〜8も　やって　みよう！

(水の かさの たんい－1)

教科書 上66～72ページ　答え 10ページ

つぎの □ に あてはまる 数《かず》を 書《か》きましょう。

めあて dL《デシリットル》 をつかって、かさをあらわせるようにしよう。　れんしゅう 1→

水などの かさは、1デシリットルが いくつ分《ぶん》 あるかで あらわします。デシリットルは かさの たんいで、dL と 書きます。

1dL

1 水とうに 入る 水の かさは、それぞれ 何《なん》 dL ですか。

(1)

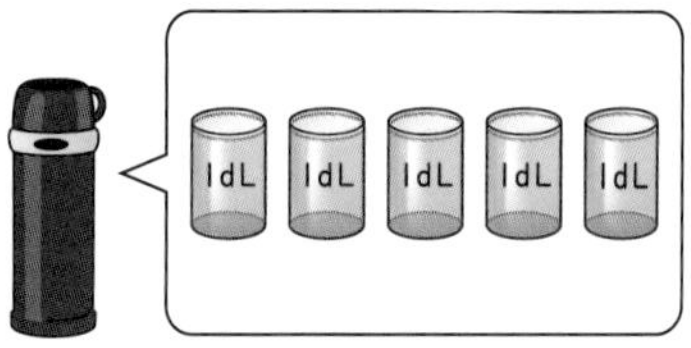

(2)

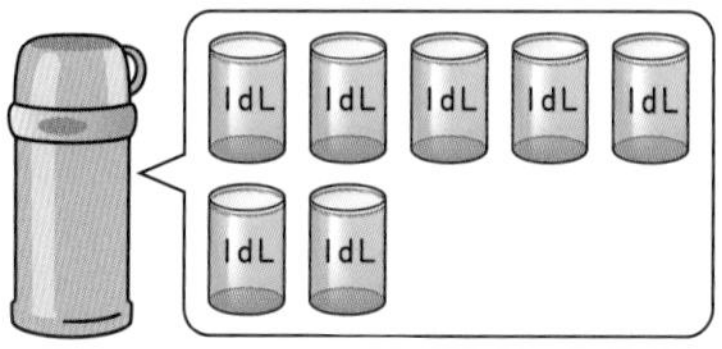

とき方 (1) 1dLの ます 5はい分だから、□ dL です。
(2) 1dLの ます □ はい分だから、□ dL です。

めあて L《リットル》 をつかって、かさをあらわせるようにし、mL《ミリリットル》 を知《し》ろう。　れんしゅう 2 3→

大きな かさを あらわす ときは リットルと いう たんいを、1dL より 小さい かさを あらわす ときは ミリリットルと いう たんいを つかいます。

1L=10dL　1L

1L=1000mL　1mL

2 なべに 入る 水の かさは、何 L 何 dL ですか。

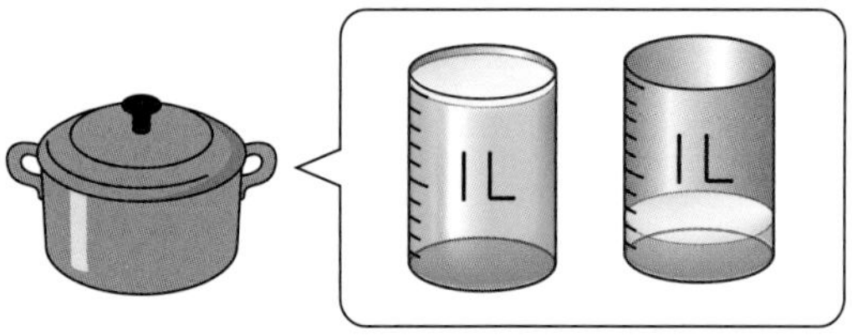

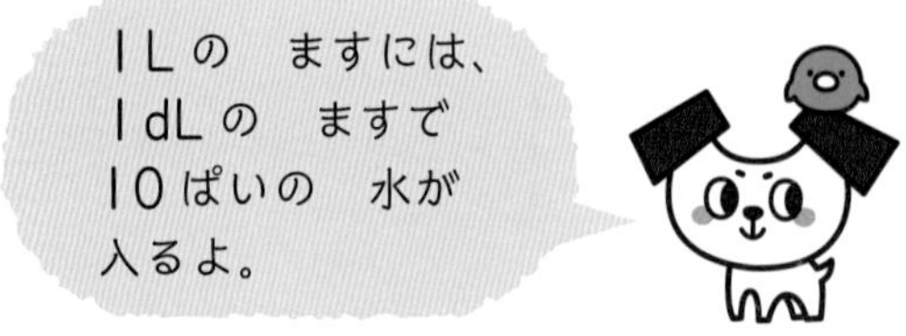

とき方 1Lの ますの 1めもりは □ dL です。
1Lの ます 1ぱいと、1Lの ますの 2めもりだから、
□ L □ dL です。

★できた もんだいには、「た」を かこう！★

できた ① できた ② できた ③

がくしゅうび　月　日

教科書 上66～72ページ　答え 10ページ

1 下の　入れものに　入る　水の　かさは、何 dL ですか。

教科書 68ページ 2

①

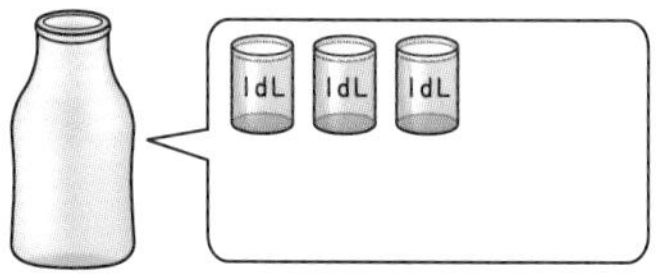

（　　　　）

②

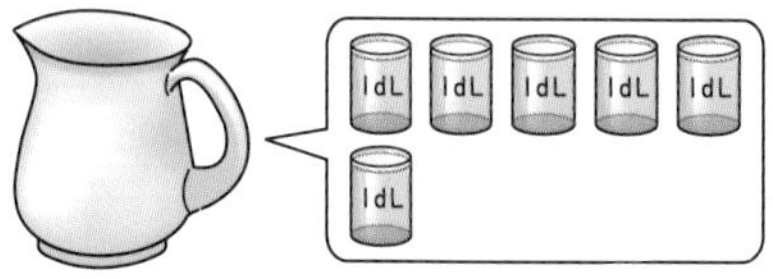

（　　　　）

2 つぎの　水の　かさを、それぞれ　㋐、㋑の　あらわし方《かた》で書きます。□に　あてはまる　数を　書きましょう。

教科書 69ページ 3

①

㋐ □ L

㋑ □ dL

②

㋐ □ L □ dL

㋑ □ dL

③

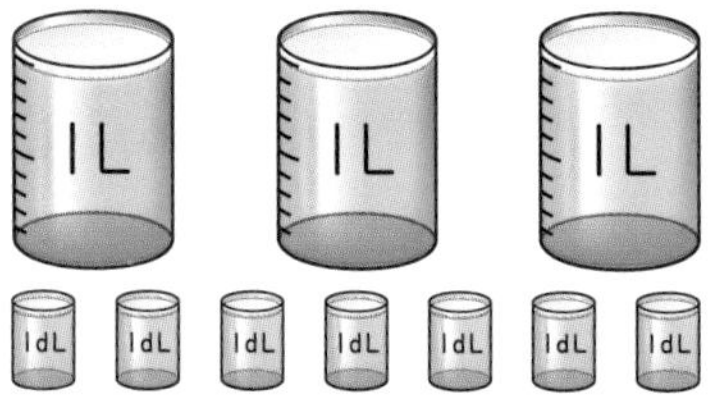

㋐ □ L □ dL

㋑ □ dL

④

㋐ □ L □ dL

㋑ □ dL

3 □に　あてはまる　数を　書きましょう。

教科書 69ページ 3、72ページ 4

① 1L＝□dL　② 1L＝□mL

ヒント ❷ ④ 1Lの　ますの　1めもりは　1dLです。

（水の かさの たんい－2）

がくしゅうび　月　日

教科書 上73ページ　答え 11ページ

つぎの □ に あてはまる 数《かず》を 書《か》きましょう。

めあて　かさのたし算《ざん》やひき算ができるようにしよう。　れんしゅう ❶❷❸→

- かさも たし算や ひき算を する ことが できます。
- かさの 計算《けいさん》では、同《おな》じ たんいの 数どうしを 計算します。

1 やかんには 3L6dL、
水とうには 2Lの 水が 入ります。

(1) 水は あわせて どれだけ
入りますか。

(2) やかんと 水とうに 入る 水の
かさの ちがいは どれだけですか。

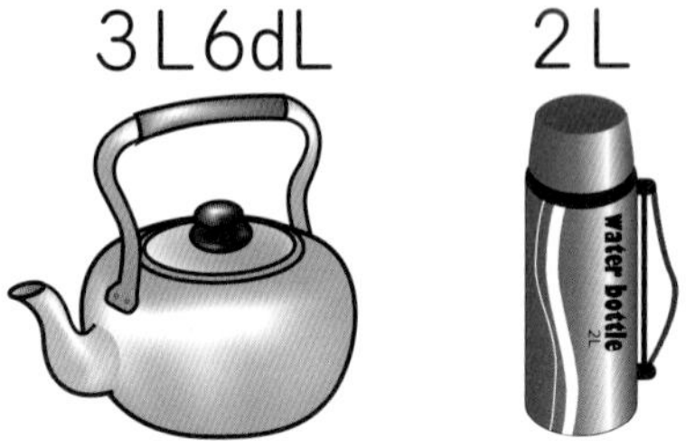

とき方 (1) たし算の しきを つくり、同じ たんいの
数どうしを 計算します。

□ L □ dL＋□ L＝□ L □ dL

(2) ひき算の しきを つくり、同じ たんいの 数どうしを
計算します。3L6dLは 2Lより 多《おお》いから、

□ L □ dL－□ L＝□ L □ dL

2 計算を しましょう。

(1) 2L5dL＋4L　　(2) 1L8dL－6dL

とき方 (1) Lどうしを 計算します。

2L5dL＋4L＝□ L □ dL

(2) dLどうしを 計算します。

1L8dL－6dL＝□ L □ dL

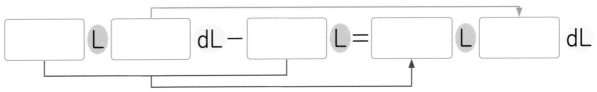

★できた　もんだいには、「た」を　かこう！★

できた ①　できた ②　できた ③

がくしゅうび　月　日

教科書　上73ページ　答え　11ページ

1 なべに　5L8dL、ポットに　2Lの　水が　入って　います。
□に　あてはまる　数を　書きましょう。 教科書　73ページ 5

① 水は　あわせて　どれだけ　ありますか。

しき　□L□dL＋□L＝□L□dL

答《こた》え（　　L　　dL）

② なべと　ポットに　入って　いる　水の　かさの　ちがいは
どれだけですか。

しき　□L□dL－□L＝□L□dL

答え（　　L　　dL）

2 計算を　しましょう。 教科書　73ページ 5

① 4L3dL＋5L　　② 7L2dL－2L

③ 6L4dL＋4dL　　④ 2L9dL－4dL

よくよんで

3 ジュースが　1L8dL　あります。4dL　のむと、のこりの
ジュースは　どれだけに　なりますか。 教科書　73ページ 5

しき

答え（　　　）

ヒント
2 ①・② Lどうしを　計算します。　③・④ dLどうしを　計算します。
3 のこりを　もとめるから、ひき算に　なります。

6 水の　かさの　たんい

時間 30 分

／100

ごうかく 80 点

教科書　上 66～75 ページ　答え　11 ページ

知識・技能　／70点

1 よく出る　つぎの　水の　かさは　どれだけですか。　1つ5点(10点)

①

(　　　　　)

②

(　　　　　)

2 よく出る　つぎの　水の　かさは、何《なん》L 何 dL ですか。
また、何 dL ですか。　1つ5点(20点)

①

(＿＿＿＿ L ＿＿＿＿ dL)

(＿＿＿＿ dL)

②
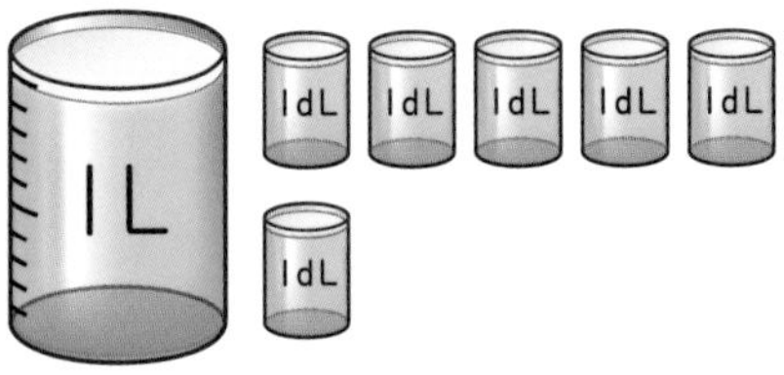

(＿＿＿＿ L ＿＿＿＿ dL)

(＿＿＿＿ dL)

3 (　)に　あてはまる、かさの　たんいを　書《か》きましょう。　1つ5点(15点)

① やかんに　入る　水……………………………………2(　　　)

② コップに　入る　水……………………………………3(　　　)

③ ジュースの　かんに　入る　水……………… 250(　　　)

4 計算を しましょう。

1つ5点（25点）

① 2L+6L5dL

② 3L8dL+4L

③ 7L6dL−1L

④ 5L7dL+2dL

⑤ 6L8dL−4dL

思考・判断・表現　　　　　　　　　　　　　　／30点

5 りんごジュースが 1L6dL、
オレンジジュースが 3dL
あります。
　どちらの ジュースが どれだけ
多いですか。　　しき・答え　1つ10点（20点）

しき

答え（　　　　　　　ジュースが　　　　　　L　　　　dL 多い。）

でき**たら**スゴイ！

6 水の 入った 水そうから 7dLの ますと 6dLの ますを
つかって 5dLの 水を せんめんきに うつすには
どうしたら いいですか。
　　□に あてはまる 数を
書きましょう。　　　　ぜんぶできて 10点

6dLの ますで □ はい
せんめんきに うつし、
7dLの ますで □ ぱい
水そうに もどす。

ふりかえり　　❶①が わからない ときは、36 ページの ❶に もどって かくにんして みよう。

時こくと　時間

がくしゅうび　　月　　日

教科書　上76〜79ページ　答え　12ページ

つぎの □ に　あてはまる　数《かず》や　ことばを　書《か》きましょう。

めあて　時《じ》こくや時間《じかん》をもとめることができるようにしよう。　れんしゅう 1 2→

長《なが》い　はりが　1めもり　すすむ　時間は　1分《ぷん》で、長い　はりが　ひと回《まわ》りする　時間は　1時間です。

1時間＝60分

1

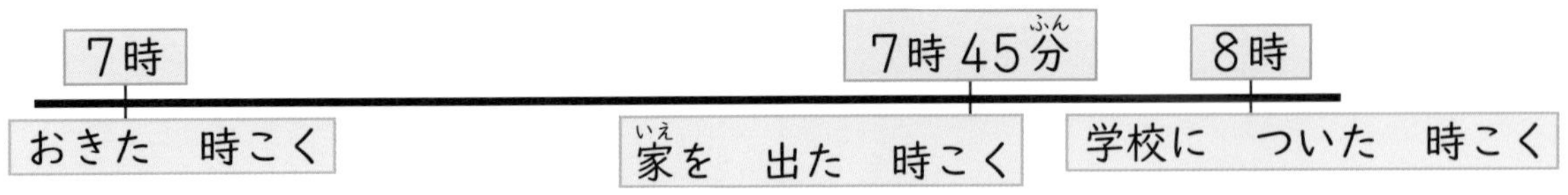

(1)　おきてから　家を　出るまでに　かかった　時間は　何分《なんぷん》ですか。

(2)　おきてから　学校に　つくまでに　かかった　時間は　どれだけですか。

とき方　(1)　おきた　時こくは　7時で、家を　出た　時こくが　7時 □ 分。

だから、かかった　時間は □ 分です。

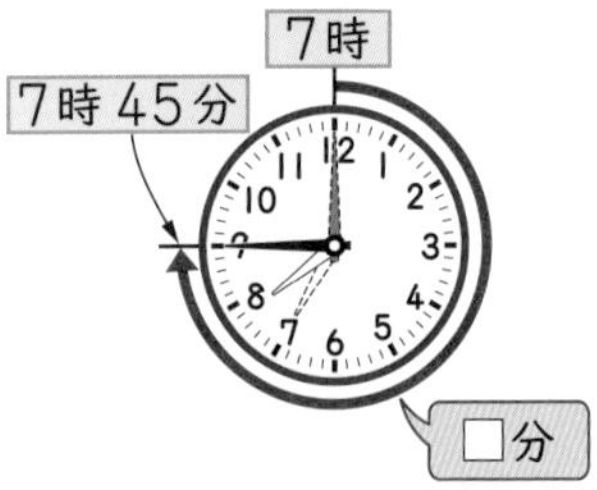

(2)　長い　はりが　ひと回りして　いるから、かかった　時間は □ 時間です。

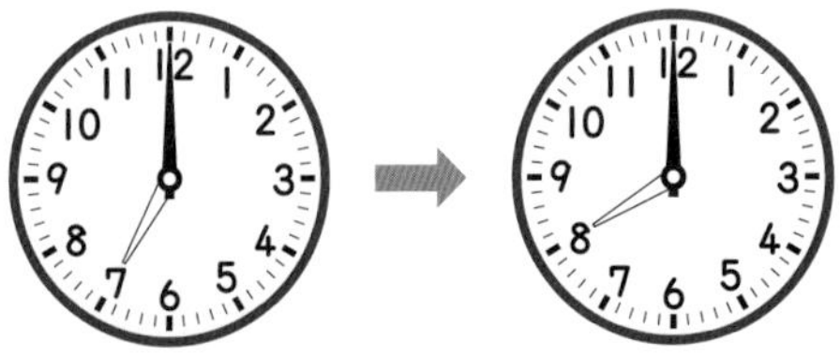

めあて　午前《ごぜん》、午後《ごご》をつかって、時こくをいうことができるようにしよう。　れんしゅう 3→

午前、午後は、それぞれ　12時間です。

1日＝24時間

2 けいさんは、朝《あさ》　6時に　おきました。けいさんの　おきた　時こくを、午前、午後を　つかって　書きましょう。

とき方　右の　図《ず》から、けいさんの　おきた　時こくは □ 6時。

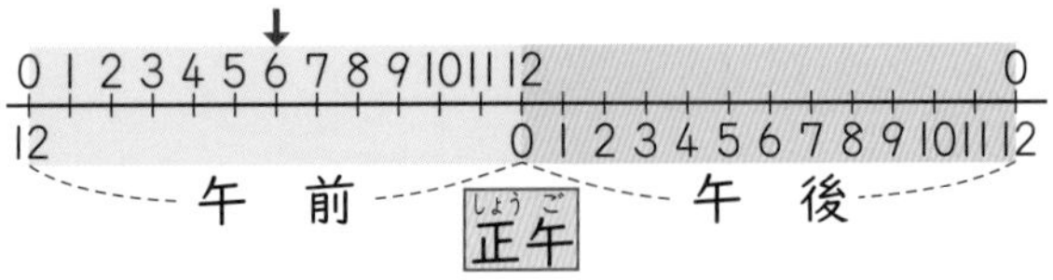

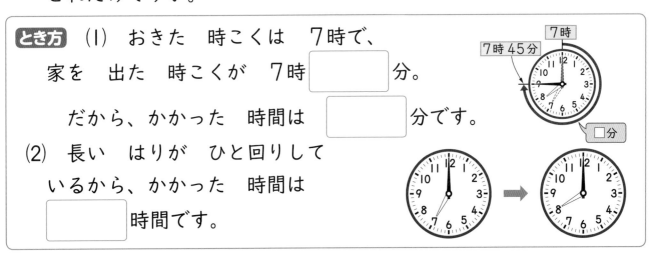

★できた もんだいには、「た」を かこう！★

できた ① できた ② できた ③

がくしゅうび　月　日

教科書 上76～79ページ　答え 12ページ

1 あから いまでの 時間を 答《こた》えましょう。　教科書 76ページ 1

①

あ

い

（　　）

②

あ

い

（　　）

2 今《いま》の 時こくは、8時30分です。つぎの 時こくを 答えましょう。　教科書 76ページ 1

① 1時間後《あと》　（　　）

② 1時間前《まえ》　（　　）

③ 30分前　（　　）

④ 20分後　（　　）

3 つぎの もんだいに 答えましょう。　教科書 78ページ 2

① つぎの 時こくを、午前、午後を つかって 書きましょう。

朝 家を 出る

（　　）

昼《ひる》 昼ごはんを 食《た》べる

（　　）

夜《よる》 家に 帰《かえ》る

（　　）

② 昼ごはんを 食べてから、家に 帰るまでの 時間は 何時間ですか。

（　　）

ヒント

2 ① 長い はりが ひと回りします。
② 長い はりを ひと回り もどします。

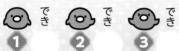

ぴったり3

たしかめのテスト

7 時こくと　時間

時間 30分

／100

ごうかく 80点

教科書　上76～79ページ　答え　12ページ

知識・技能　／55点

1 よく出る　□に　あてはまる　数《かず》を　書《か》きましょう。　1つ5点(10点)

① 1時間《じかん》＝□分《ぷん》

② 1日＝□時間

2 つぎの　時こくを　答《こた》えましょう。　1つ5点(10点)

今《いま》の　時こく

① 20分前《まえ》の　時こく

(　　　　　　)

② 20分後《あと》の　時こく

(　　　　　　)

3 つぎの　時間を　答えましょう。　1つ5点(15点)

① 午前《ごぜん》9時から　午前9時25分《ふん》まで

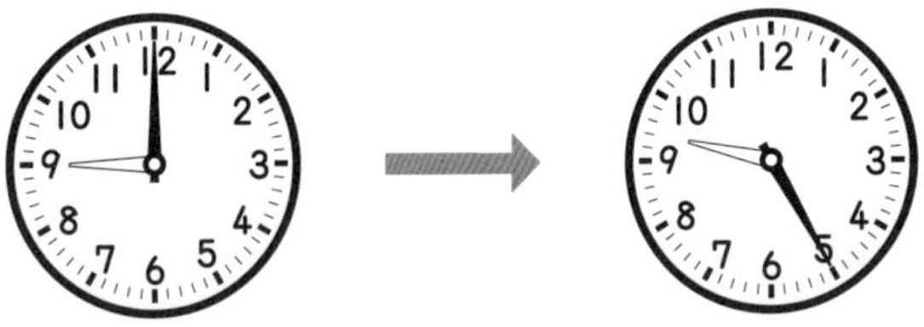

(　　　　　　)

② 午後《ごご》4時10分から　午後4時40分まで

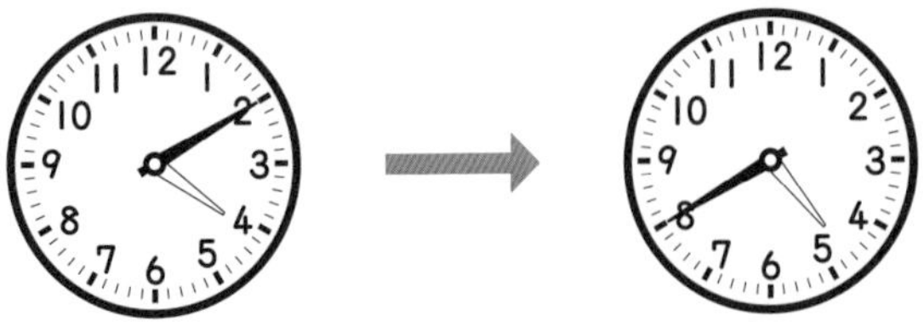

(　　　　　　)

③ 午前10時から　午後6時まで

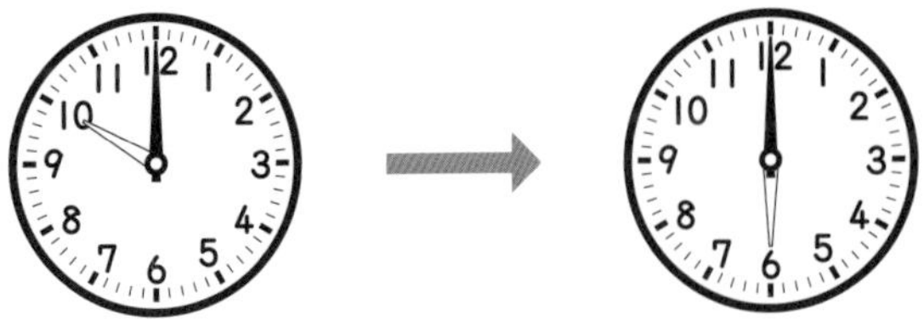

(　　　　　　)

4 □に　あてはまる　数を　書きましょう。　1つ5点(10点)

① 午前、午後は　それぞれ　□時間です。

② 1時間 30 分＝□分

5 つぎの　時こくを、午前、午後を　つかって　書きましょう。　1つ5点(10点)

① 朝《あさ》

(　　　　　)

② 夜《よる》

(　　　　　)

思考・判断・表現　／45点

できたらスゴイ！

6 ゆきさんは　おかあさんと　どうぶつ園《えん》に　行《い》きました。　1つ15点(45点)

どうぶつ園に　つく

ライオンバスに　のる

ライオンバスを　おりる

どうぶつ園を　出る

① ゆきさんは、家《いえ》を　出てから　どうぶつ園に　つくまでに
40 分　かかりました。ゆきさんが　家を　出た　時こくを、午前、
午後を　つかって　答えましょう。

(　　　　　)

② ライオンバスに　のって　いた　時間は　どれだけですか。

(　　　　　)

③ どうぶつ園に　ついてから　出るまでの　時間は
どれだけですか。

(　　　　　)

この　本の　おわりに　ある「夏の　チャレンジテスト」を　やって　みよう！

ふりかえり　1①が　わからない　ときは、42 ページの　1に　もどって　かくにんして　みよう。

8 計算の　くふう

① たし算の　きまり

教科書　上81～83ページ　答え　13ページ

つぎの □ に　あてはまる　数《かず》を　書《か》きましょう。

めあて　3つの数のたし算《ざん》をくふうしてできるようにしよう。　れんしゅう ❶❷❸→

- たし算では、たす　じゅんじょを　かえても、答《こた》えは　同《おな》じに　なります。
- (　　)《かっこ》は　ひとまとまりの　数を　あらわし、先に　計算《けいさん》します。

1 数を　よく　見て、くふうして　計算しましょう。

$26+28+12$

とき方　どこから　計算すれば　計算が　かんたんに　なるかを　考《かんが》えます。

❶　$26+(28+12)$

②　$26+(28+12)=26+$ □ $=$ □

何十《なんじゅう》を　つくると　かんたんに　なるね。

2 公園《こうえん》に、おとなが　6人と　子どもが　13人　います。子どもが　7人　来《き》ました。

公園には、みんなで　何人　いますか。(　　)を　つかって　1つの　しきに　あらわして　もとめましょう。

とき方

● はじめに　いた　人数《にんずう》を　先に　計算すると、

しき　$(6+13)+7$　（はじめに　いた　人数）

$=$ ① □ $+7=$ ② □

答え ③ □ 人

● 子どもの　人数を　先に　計算すると、

しき　$6+(13+7)$　（子どもの　人数）

$=6+$ ④ □ $=$ ⑤ □

答え ⑥ □ 人

たす　じゅんじょを　かえても　答えは　かわらないね。

がくしゅうび　　月　　日

★できた　もんだいには、「た」を　かこう！★

でき 1　でき 2　でき 3

教科書　上81～83ページ　答え　13ページ

1 さくらさんは、赤い　色紙《いろがみ》を　18まい、青い　色紙を　16まい　もって　います。青い　色紙を　4まい　もらいました。

色紙は　ぜんぶで　何まいに　なりましたか。

つぎのような　考えで、(　　)を　つかって　1つの　しきに　あらわして　もとめましょう。

教科書　81ページ 1

① はじめに　あった　色紙の　数を　先に　計算する。

しき

答え (　　　　)

② 青い　色紙の　数を　先に　計算する。

しき

答え (　　　　)

2 数を　よく　見て、くふうして　計算しましょう。

教科書　81ページ 1

① 8＋25＋15　　② 9＋13＋7

③ 17＋38＋2　　④ 47＋15＋3

よくよんで

3 きのう、アルミかんを　16こと　スチールかんを　30こ　あつめました。今日《きょう》は、スチールかんだけ　28こ　あつめました。

ぜんぶで　何こ　あつめたかを　もとめました。

どのように　考えて　計算したのでしょうか。㋐、㋑から　えらびましょう。

教科書　83ページ 2

① (16＋30)＋28＝74　(　　)

② 16＋(30＋28)＝74　(　　)

㋐ スチールかんの　数を　先に　計算した。
㋑ きのう　あつめた　かんの　数を　先に　計算した。

ヒント

1 先に　計算する　2つの　数を　(　)の　中に　入れます。
2 たすと　何十に　なる　2つの　数を　先に　計算します。

② たし算と ひき算の くふう

がくしゅうび　月　日

教科書 上84ページ　答え 13ページ

つぎの □ に あてはまる 数《かず》を 書《か》きましょう。

めあて たし算《ざん》をくふうしてできるようにしよう。　れんしゅう ❶❷→

　たす数か　たされる数を　２つの　数に　分《わ》けてから　計算《けいさん》します。

1 47＋8 を　くふうして　計算しましょう。

とき方 ●たされる数を　分けて計算すると、

47＋8
40　7

何十《なんじゅう》と　いくつに
なるように　分けるよ。

❶ 7と　8で　①□

❷ 40と　②□　で　③□

●たす数を　分けて計算すると、

47＋8
　3　5

たした　ときに
一のくらいが
0に　なるように
分けるよ。

❶ 47と　3で　④□

❷ ⑤□　と　5で　⑥□

めあて ひき算をくふうしてできるようにしよう。　れんしゅう ❸❹→

　ひく数か　ひかれる数を　２つの　数に　分けてから　計算します。

2 85－7 を　くふうして　計算しましょう。

とき方 ●ひかれる数を　分けて計算すると、

85－7
70 15

❶ 15から　7を　ひいて　①□

❷ 70と　②□　で　③□

●ひく数を　分けて計算すると、

85－7
　5　2

❶ 85から　5を　ひいて　④□

❷ ⑤□　から　2を　ひいて　⑥□

ぴったり2

れんしゅう

がくしゅうび　月　日

★できた　もんだいには、「た」を　かこう！★

でき ① でき ② でき ③ でき ④

教科書　上84ページ　答え　13ページ

1 9＋28の　計算の　しかたを　考《かんが》えます。□に　あてはまる数を　書きましょう。

教科書 84ページ 1

- ❶ たされる数を　7と　①□に　分けます。
- ❷ ②□と　28で　30
- ❸ 7と　30で　③□

- ❶ たす数を　④□と　27に　分けます。
- ❷ 9と　⑤□で　10
- ❸ 10と　⑥□で　⑦□

2 くふうして　計算しましょう。

教科書 84ページ 1

① 43＋9　② 35＋5

③ 8＋25　④ 6＋47

3 64−7の　計算の　しかたを　考えます。□に　あてはまる数を　書きましょう。

教科書 84ページ 2

- ❶ ひかれる数を　50と　①□に　分けます。
- ❷ ②□から　7を　ひいて　7
- ❸ 50と　7で　③□

- ❶ ひく数を　④□と　3に　分けます。
- ❷ 64から　⑤□を　ひいて　60
- ❸ 60から　3を　ひいて　⑥□

4 くふうして　計算しましょう。

教科書 84ページ 2

① 62−9　② 83−6

③ 41−8　④ 70−8

ヒント

2 まず、たされる数か　たす数の　どちらかを、2つの　数に　分けます。

4 まず、ひかれる数か　ひく数の　どちらかを、2つの　数に　分けます。

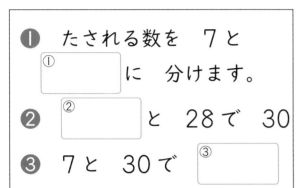

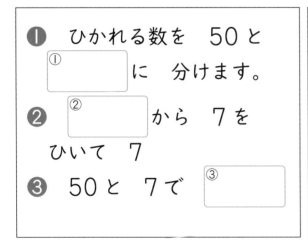

ぴったり3
たしかめのテスト

8 計算の　くふう

時間 30 分　　／100　　ごうかく 80 点

教科書　上81～85ページ　　答え　14ページ

知識・技能　　／60点

1 つぎの　しきで、先に　計算《けいさん》するのは、㋐、㋑の　どちらですか。

1つ5点(10点)

① (5＋2)＋8　　（(5＋2) が ㋐、＋8 が ㋑）

(　　　　)

② 5＋(2＋8)　　（5＋ が ㋐、(2＋8) が ㋑）

(　　　　)

2 よく出る 計算が　かんたんに　なるように、しきに　(　　)を　書《か》き、くふうして　計算しましょう。

1つ5点(20点)

① 8 ＋ 9 ＋ 1

② 7 ＋ 4 ＋ 6

③ 5 ＋ 18 ＋ 2

④ 8 ＋ 15 ＋ 5

3 43＋12＋27を　くふうして　計算しましょう。

(10点)

4 つぎのように　くふうして　計算しました。□に　あてはまる　数《かず》を　書きましょう。

ぜんぶできて　1もん10点(20点)

① 58＋5＝□

（58 → □ と 3）

② 65－8＝□

（65 → □ と 15）

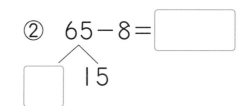

がくしゅうび　　月　　日

思考・判断・表現　　／40点

5 クッキーの　数を　もとめました。
どのように　考《かんが》えて　計算したのでしょうか。あ、いから
えらびましょう。　　1つ10点(20点)

① (35＋14)＋6＝55

答《こた》え　55 まい　(　　　)

② 35＋(14＋6)＝55

答え　55 まい　(　　　)

あ　チョコクッキーの　数を　先に　計算した。
い　はこ入りの　クッキーの　数を　先に　計算した。

できたらスゴイ!

6 みちよさんと　ゆたかさんは、73－5 の　計算の　しかたを
つぎのように　せつ明《めい》しました。ア、イ、ウ、エに　あてはまる
数を　書きましょう。　　1つ5点(20点)

みちよさんの　せつ明

73－5
（73 を ア と イ に分ける）

① イ から　5 を
ひいて　8
② ア と　8 を
たします。

ゆたかさんの　せつ明

73－5
（5 を ウ と エ に分ける）

① 73 から　ウ　を
ひいて　70
② 70 から　エ　を
ひきます。

ア(　　　)　　ウ(　　　)
イ(　　　)　　エ(　　　)

ふろくの「計算せんもんドリル」9～10 も　やって　みよう!

ふりかえり　1が　わからない　ときは、46 ページの　1に　もどって　かくにんして　みよう。

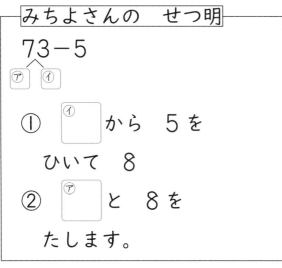

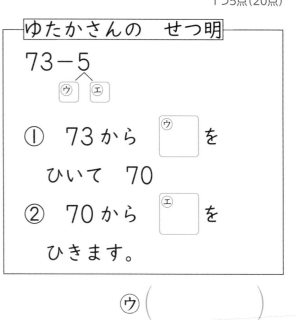

9 たし算と　ひき算の　ひっ算

① たし算の　ひっ算
② れんしゅう

教科書 上86〜90ページ　答え 14ページ

あてはまる　数《かず》を　書《か》きましょう。

めあて　答《こた》えが3けたになる、2けたの数のたし算《ざん》ができるようになろう。　れんしゅう ❶❷❸❹

十のくらいの　計算《けいさん》が　10を　こえる　ときは、
百のくらいに　1　くり上げます。

1 つぎの　たし算を　ひっ算《さん》で　しましょう。

(1)　83+52　　(2)　49+73

とき方

(1)

十のくらい　一のくらい

	8	3
+	5	2

くらいを　たてに　そろえて　書く。

	8	3
+	5	2
		5

一のくらいの　計算
3+2=5

	8	3
+	5	2
		5

十のくらいの　計算
8+5=13

十のくらいに
3を　書き、
百のくらいに
1　くり上げる。

(2)

十のくらい　一のくらい

	4	9
+	7	3

くらいを　たてに　そろえて　書く。

	①	
	4	9
+	7	3
		2

一のくらいの　計算
9+3=⑴2

十のくらいに
①　くり上げる。

	1	
	4	9
+	7	3
		2

十のくらいの　計算
くり上げた　1と
4で　5。
5+7=12

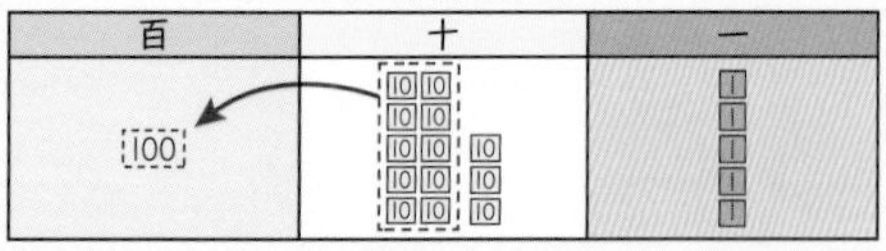

(1)の　十のくらいの　計算を
カードで　たしかめて　みよう。

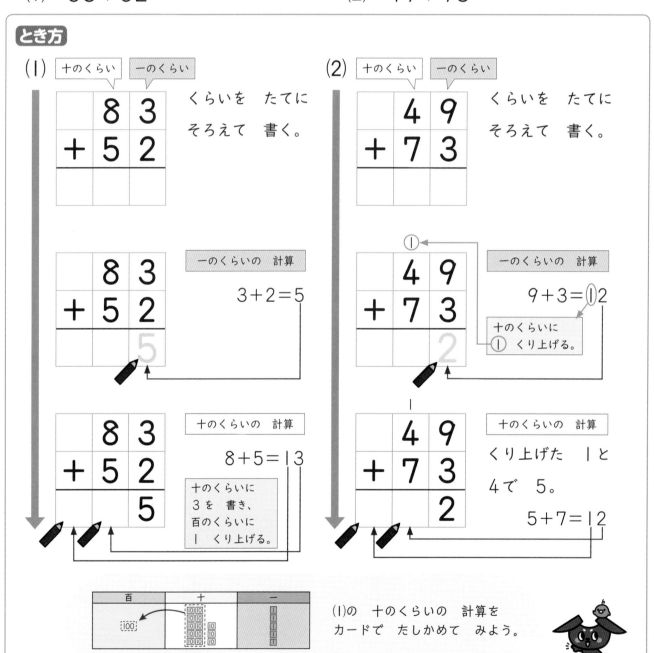

1 計算を　しましょう。　教科書 87ページ 1

① 54
+61

② 36
+82

③ 70
+74

④ 69
+90

2 計算を　しましょう。　教科書 89ページ 2

① 83
+58

② 67
+93

③ 76
+24

④ 99
+ 7

3 ひっ算で　しましょう。　教科書 89ページ 2

① 43+78　② 19+86　③ 97+5　④ 6+95

よくみて

4 ゆみさんは、きのうまでに　本を　83ページ　読《よ》みました。今日《きょう》は、37ページ　読みました。
ぜんぶで　何《なん》ページ　読みましたか。

教科書 89ページ 2

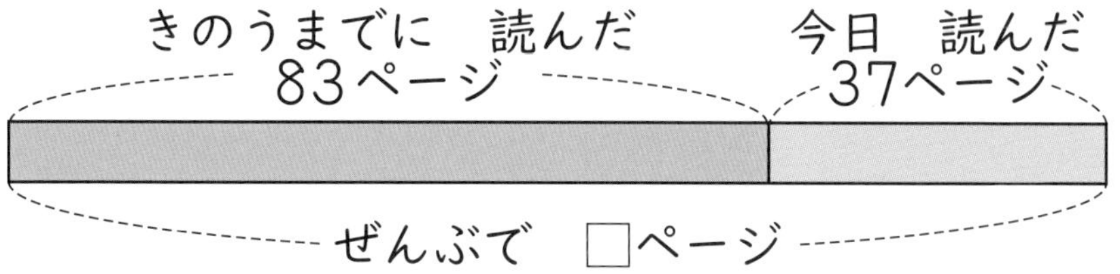

しき

答《こた》え（　　　　　）

ヒント
2 くり上げた　1を　小さく　書いて　おくと、まちがいを　ふせげます。
3 ③・④　くらいを　そろえて　書きましょう。

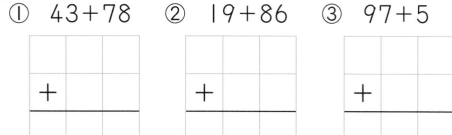

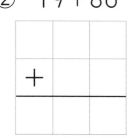

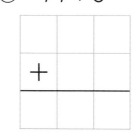

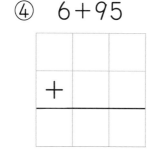

がくしゅうび 月 日

③ ひき算の ひっ算

教科書 上91～95ページ　答え 15ページ

あてはまる 数《かず》を 書《か》きましょう。

めあて 百のくらいからくり下げるひき算《ざん》ができるようになろう。　れんしゅう 1 2 3 4 →

十のくらいの 計算《けいさん》で ひけない ときは、
百のくらいから 1 くり下げて 計算します。

1 つぎの ひき算を ひっ算《さん》で しましょう。

(1) 139－72　　(2) 104－56

とき方

(1)

百のくらい	十のくらい	一のくらい

	1	3	9
－		7	2

くらいを たてに そろえて 書く。

	1	3	9
－		7	2
			7

一のくらいの 計算
9－2＝7

	1	3	9
－		7	2
			7

十のくらいの 計算
3から 7は ひけないので、百のくらいから 1 くり下げる。
13－7＝6

(2)

百のくらい	十のくらい	一のくらい

	1	0	4
－		5	6

くらいを たてに そろえて 書く。

		9 ~~10~~	
	~~1~~	~~0~~	4
－		5	6
			8

一のくらいの 計算
十のくらいからは くり下げられないので、はじめに、百のくらいから 十のくらいに 1 くり下げる。
つぎに、十のくらいから 一のくらいに 1 くり下げる。
14－6＝8

		9 ~~10~~	
	~~1~~	~~0~~	4
－		5	6
			8

十のくらいの 計算
1 くり下げたので 9。
9－5＝4

百のくらいから くり下がりが ある ひっ算も、前《まえ》に 学しゅうした 十のくらいから くり下がりが ある ひっ算と 同《おな》じ 考《かんが》え方《かた》だね。

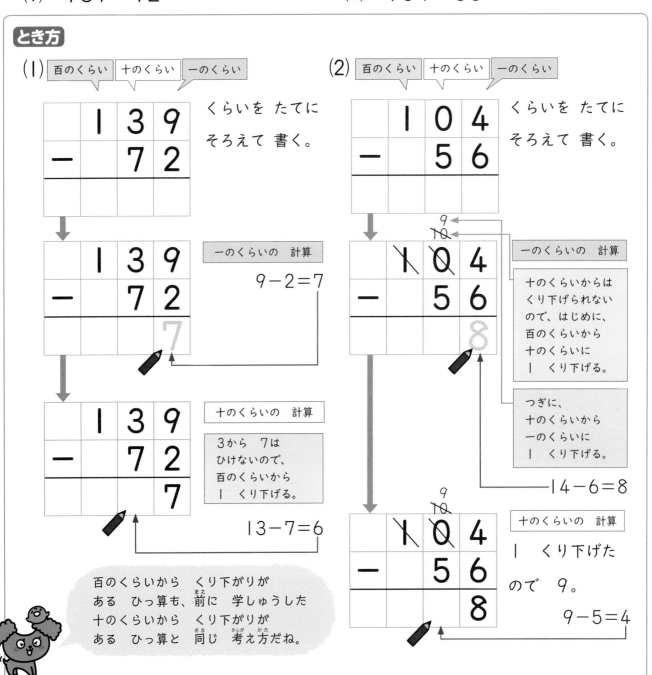

1 計算を　しましょう。 教科書 91ページ 1

① $126 - 35$　② $173 - 90$　③ $148 - 78$　④ $102 - 81$

2 計算を　しましょう。 教科書 93ページ 2・3

① $113 - 46$　② $156 - 68$　③ $108 - 79$　④ $105 - 7$

3 ひっ算で　しましょう。 教科書 93ページ 2・3

① 130−55　② 106−38　③ 104−17　④ 101−3

よくみて

4 ひろきさんの　学校の　1、2年生は　あわせて　116人です。
1年生は　59人です。
2年生は　何人《なんにん》ですか。 教科書 93ページ 2

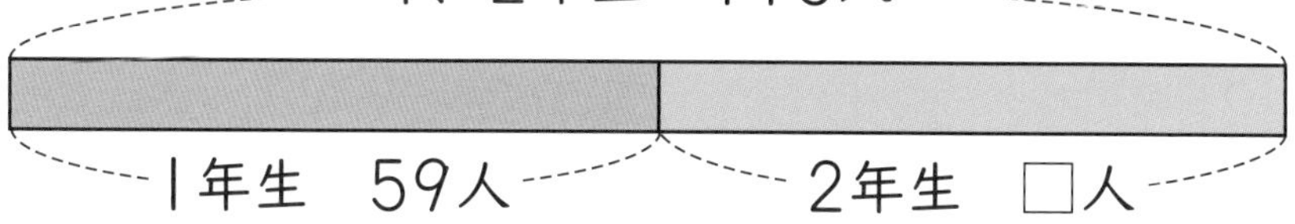

しき

答《こた》え（　　　）

ヒント
❷ ③・④　百のくらいから　十のくらいに　1　くり下げてから、
十のくらいから　一のくらいに　1　くり下げます。

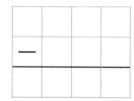

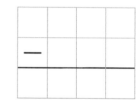

④ 大きい 数の ひっ算

教科書 上96〜97ページ 答え 15ページ

あてはまる 数《かず》を 書《か》きましょう。

めあて 3けたの数のたし算《ざん》やひき算をひっ算《さん》でできるようになろう。 れんしゅう 1 2 3

ひっ算では、数が 大きく なっても、くらいを そろえて 書いて、一のくらいから じゅんに 計算《けいさん》します。

1 つぎの 計算を ひっ算で しましょう。

(1) 657+25 (2) 543−15

とき方 これまでに 学しゅうした ひっ算の しかたを もとに 考《かんが》えます。

(1)

百のくらい	十のくらい	一のくらい	
	6	5	7
+		2	5

くらいを たてに そろえて 書く。

一のくらいの 計算

7+5
=12
1 くり上がる。

	①		
	6	5	7
+		2	5
			2

十のくらいの 計算

くり上げた 1と 5で 6。
6+2=8

	1		
	6	5	7
+		2	5
			2

(2)

百のくらい	十のくらい	一のくらい	
	5	4	3
−		1	5

十のくらいから 1 くり下げる。
13−5=8

		3	
	5	~~4~~	3
−		1	5
			8

1 くり下げた ので 3。
3−1=2

		3	
	5	~~4~~	3
−		1	5
			8

百のくらいは そのまま おろす。

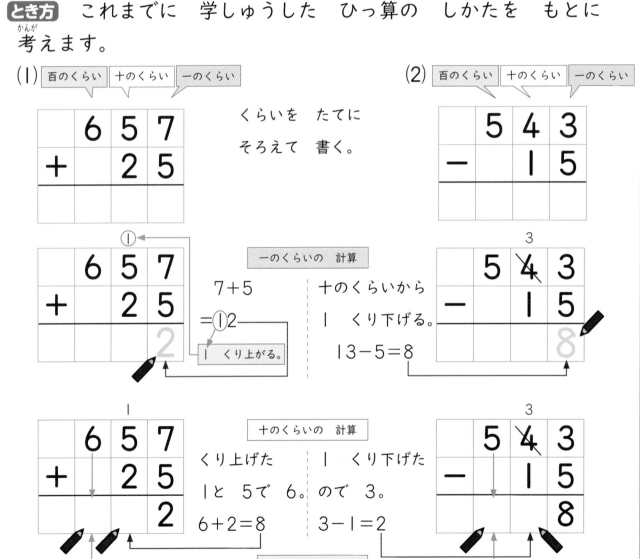

★できた もんだいには、「た」を かこう！★

1 でき 2 でき 3 でき

がくしゅうび　月　日

教科書 上96～97ページ　答え 15ページ

1 計算を しましょう。

教科書 96ページ 1

① $$\begin{array}{r} 523 \\ +\ 46 \\ \hline \end{array}$$

② $$\begin{array}{r} 135 \\ +\ 41 \\ \hline \end{array}$$

③ $$\begin{array}{r} 243 \\ +\ 15 \\ \hline \end{array}$$

④ $$\begin{array}{r} 546 \\ -\ 13 \\ \hline \end{array}$$

⑤ $$\begin{array}{r} 874 \\ -\ 62 \\ \hline \end{array}$$

⑥ $$\begin{array}{r} 469 \\ -\ 37 \\ \hline \end{array}$$

2 計算を しましょう。

教科書 97ページ 2

① $$\begin{array}{r} 248 \\ +\ 25 \\ \hline \end{array}$$

② $$\begin{array}{r} 87 \\ +206 \\ \hline \end{array}$$

③ $$\begin{array}{r} 302 \\ +\ \ \ 8 \\ \hline \end{array}$$

④ $$\begin{array}{r} 842 \\ -\ 17 \\ \hline \end{array}$$

⑤ $$\begin{array}{r} 546 \\ -\ \ \ 9 \\ \hline \end{array}$$

⑥ $$\begin{array}{r} 312 \\ -\ \ \ 8 \\ \hline \end{array}$$

3 ひっ算で しましょう。

教科書 97ページ 2

① 308+53

+			

② 447+6

+			

③ 5+247

+			

④ 453−48

−			

⑤ 627−9

−			

⑥ 713−8

−			

ヒント
2 ① 一のくらいから じゅんに 計算します。
3 くらいを そろえて 書きましょう。

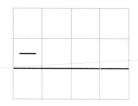

9 たし算と ひき算の ひっ算

時間 30 分

/100

ごうかく 80 点

教科書 上86〜99ページ　答え 16ページ

知識・技能

/70点

1 □に あてはまる 数《かず》を 書《か》きましょう。　1つ3点(30点)

① 48＋75の 計算《けいさん》を します。

一のくらい

	4	8
＋	7	5

十のくらい

	4	8
＋	7	5

❶ 一のくらいの 計算

8＋5＝13で

一のくらいに □ を 書く。

十のくらいに 1 くり上げる。

❷ 十のくらいの 計算

くり上げた 1と 4で 5。

□＋7＝□

❸ 48＋75の 答《こた》えは □

② 142－87の 計算を します。

一のくらい

	1	4	2
－		8	7

十のくらい

	1	4	2
－		8	7

❶ 一のくらいの 計算

2から 7は ひけないので、

十のくらいから 1 くり下げる。

□－7＝□

❷ 十のくらいの 計算

1 くり下げたので □。

百のくらいから 1 くり下げる。

□－8＝□

❸ 142－87の 答えは □

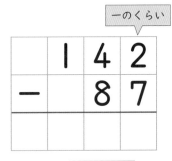

2 よく出る 計算を　しましょう。　　1つ3点（24点）

① 13
+94

② 62
+39

③ 38
+245

④ 476
+　5

⑤ 163
−　72

⑥ 107
−　99

⑦ 653
−　28

⑧ 512
−　7

3 ひっ算《さん》で　しましょう。　　1つ4点（16点）

① 4+98　② 72+129　③ 103−15　④ 516−8

思考・判断・表現　　／30点

4 色紙《いろがみ》が　132まい　あります。25まい　つかいました。
のこった　色紙は　何《なん》まいですか。

しき・答え　1つ5点（10点）

しき

答え（　　　　）

できたらスゴイ！

5 つぎの　ひっ算で、●で　かくれて　いる　数を（　　）に書きましょう。　　1つ10点（20点）

① 54
+6●
121　（　　）

② 1●6
−　32
74　（　　）

ふろくの「計算せんもんドリル」11～22も　やって　みよう！

ふりかえり　1①が　わからない　ときは、52ページの　1に　もどって　かくにんして　みよう。

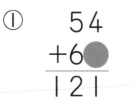

①　三角形と　四角形

教科書　上100〜103ページ　答え　16ページ

つぎの □ に　あてはまる　記《き》ごうを　書《か》きましょう。

めあて　三角形《さんかくけい》や四角形《しかくけい》がわかるようになろう。　れんしゅう 1 2 3

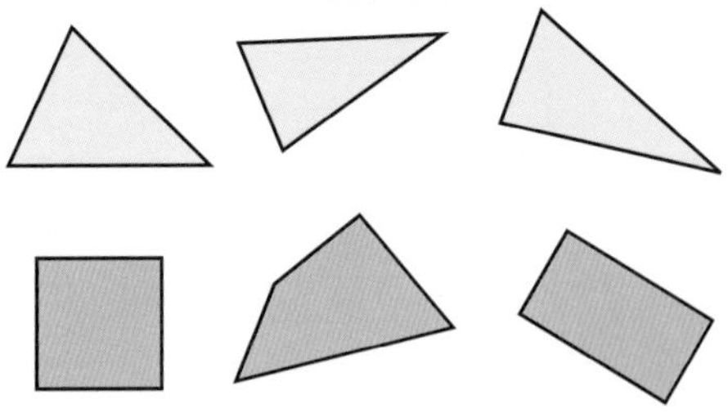

- 3本の　直線《ちょくせん》で　かこまれた　形《かたち》を、三角形と　いいます。
- 4本の　直線で　かこまれた　形を、四角形と　いいます。
- 三角形や　四角形で　直線の　ところを　**へん**と　いい、かどの　点《てん》を　**ちょう点**と　いいます。

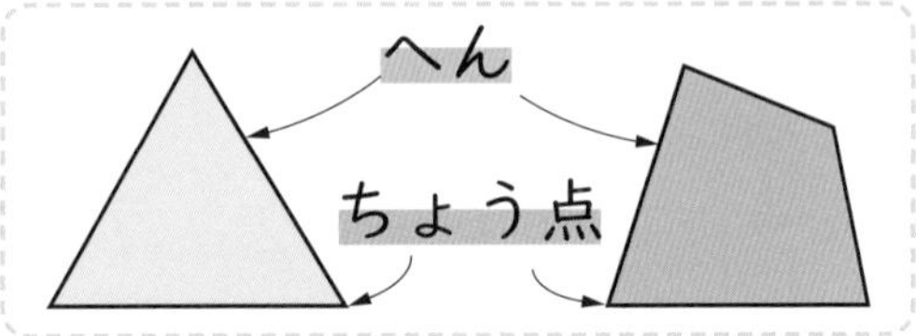
へん
ちょう点

1　下の　図《ず》で　三角形は　どれですか。また、四角形は　どれですか。

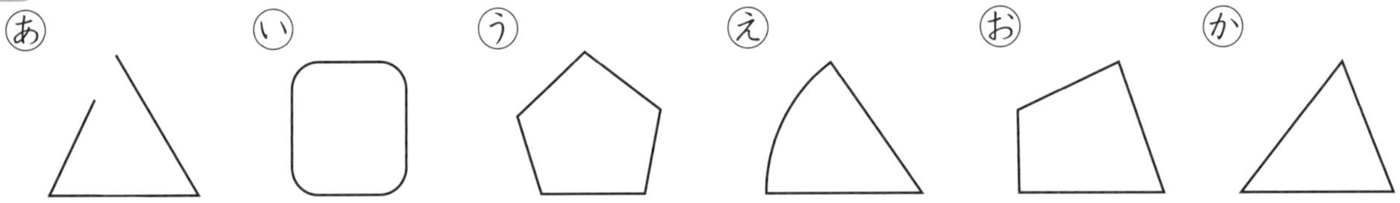
あ
い
う
え
お
か

とき方　へんの　数《かず》や　ちょう点の　数を　見て　いきます。
　三角形は　へんも　ちょう点も　3つ　あり、四角形は　へんも　ちょう点も　4つ　あります。

あ
あいて　いる
ところが　あるよ…。
い
かどが　みんな
まるいよ…。
う
かどが　5つ
あるよ…。
え
まるい　ところが
あるね…。
お
へんも　ちょう点も
4つ　あるよ！
か
へんも　ちょう点も
3つ　あるよ！

三角形は □ で、四角形は □ です。

★できた　もんだいには、「た」を　かこう！★

でき　❶　でき　❷　でき　❸

がくしゅうび　　月　　日

教科書　上100〜103ページ　答え　16ページ

1 □に　あてはまる　数や　ことばを　書きましょう。

教科書　101ページ 1

① ３本の　直線で　かこまれた　形を、□と　いいます。

② □本の　直線で　かこまれた　形を、四角形と　いいます。

2 ・と　・を　直線で　つないで　つぎの　形を　かきましょう。

教科書　101ページ 1

① 三角形

② 四角形

よくみて

3 下の　図で、三角形には　△を、四角形には　□を、どちらでも　ない　形には　×を、（　）に　かきましょう。

教科書　101ページ 1

①

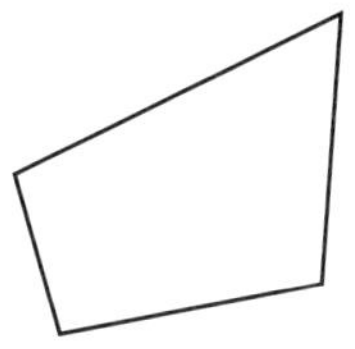

（　　）

②

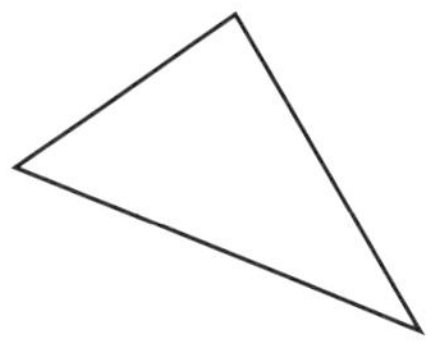

（　　）

③

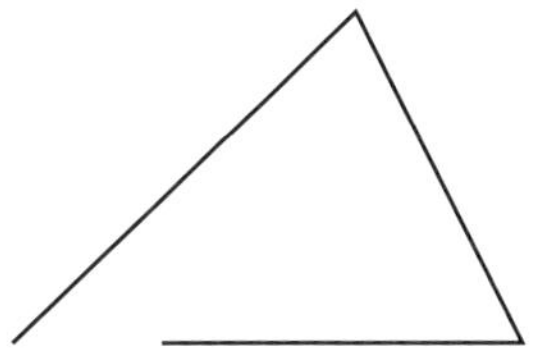

（　　）

④

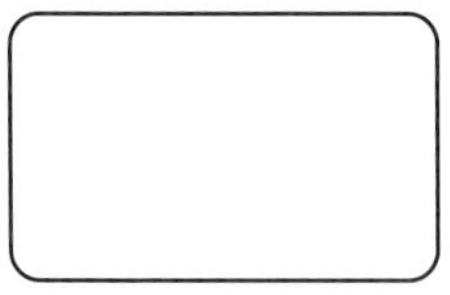

（　　）

ヒント

❷ 三角形には　ちょう点が　３つ、四角形には　ちょう点が　４つ　あります。
かどに　なる　・の　数を　ちょう点の　数と　同《おな》じに　します。

②　長方形と　正方形

教科書 上 104〜109 ページ　答え 17 ページ

つぎの □ に　あてはまる　数《かず》や　記《き》ごうを　書《か》きましょう。

◎めあて　直角《ちょっかく》がわかるようになろう。　れんしゅう 1→

- 右の　図《ず》のように、紙《かみ》を　2回《かい》、きちんと　おって　できた　かどの　形《かたち》を、**直角**と　いいます。
- 三角《さんかく》じょうぎの　かどには　直角が　あります。

1 紙を　おって　できた　形に　直角の　かどは　いくつ　ありますか。

とき方　紙を　3回　おって　できた　かどは、上の　図の　◌の　ところです。だから、直角の　かどは　□ つ　あります。

◎めあて　長方形《ちょうほうけい》、正方形《せいほうけい》、直角三角形《ちょっかくさんかくけい》についてわかるようになろう。　れんしゅう 2 3→

- 4つの　かどが、みんな　直角に　なって　いる　四角形《しかくけい》を、**長方形**と　いいます。
- 4つの　かどが　みんな　直角で、4つの　へんの　長《なが》さが　みんな　同《おな》じに　なって　いる　四角形を、**正方形**と　いいます。
- 直角の　かどが　ある　三角形を、**直角三角形**と　いいます。

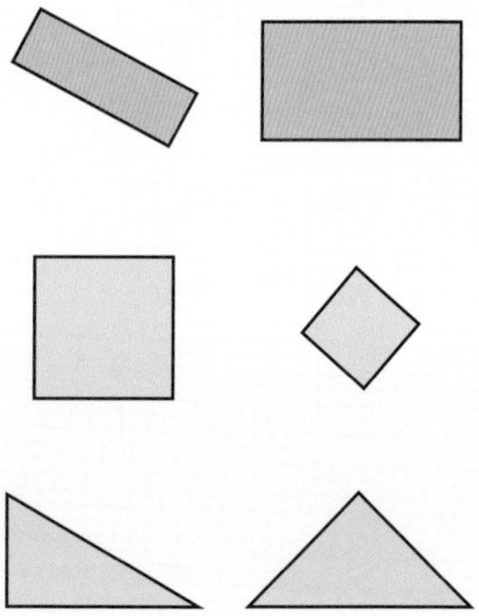

2 右の　図で、正方形は　どれですか。

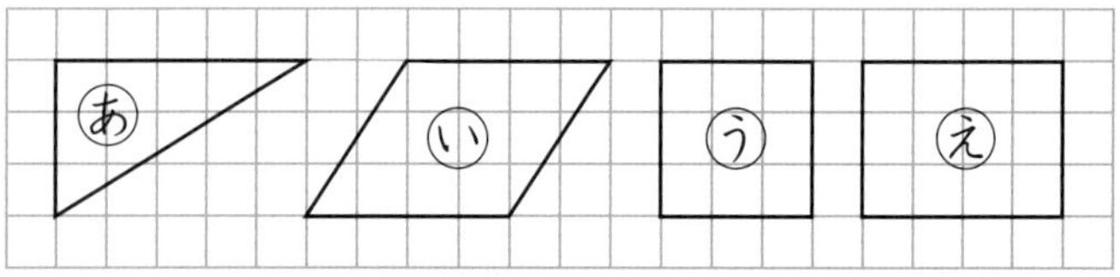

とき方　正方形の　とくちょうを　考《かんが》えます。正方形は　□ です。

正方形は、4つの　かどが　みんな　直角で、4つの　へんの　長さが　みんな　同じだから…。

★できた もんだいには、「た」を かこう！★

でき ① でき ② でき ③

がくしゅうび 月 日

教科書 上104～109ページ 答え 17ページ

1 三角じょうぎの 直角の かどは どれですか。下の 図の 直角の かどに ○を つけましょう。

教科書 104ページ 1

①

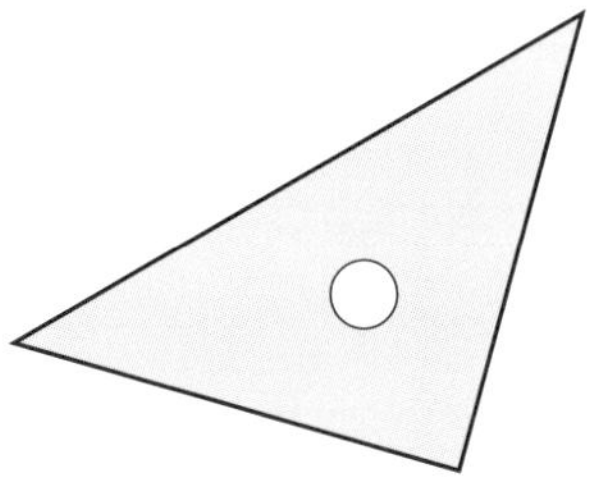

②

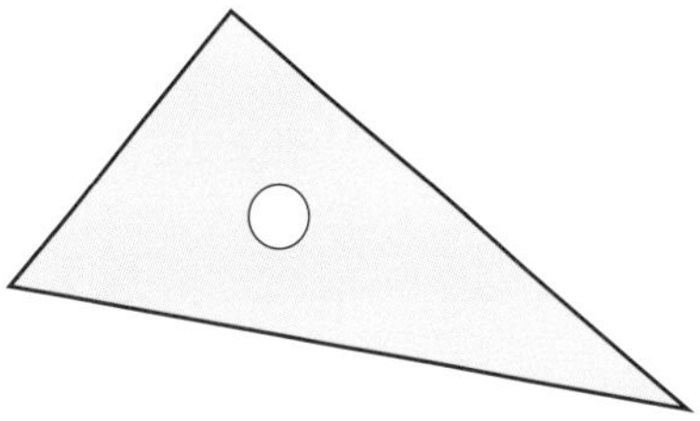

よくみて

2 下の 図で、長方形、正方形、直角三角形は、それぞれ どれですか。

教科書 105ページ 2、107ページ 3、108ページ 4

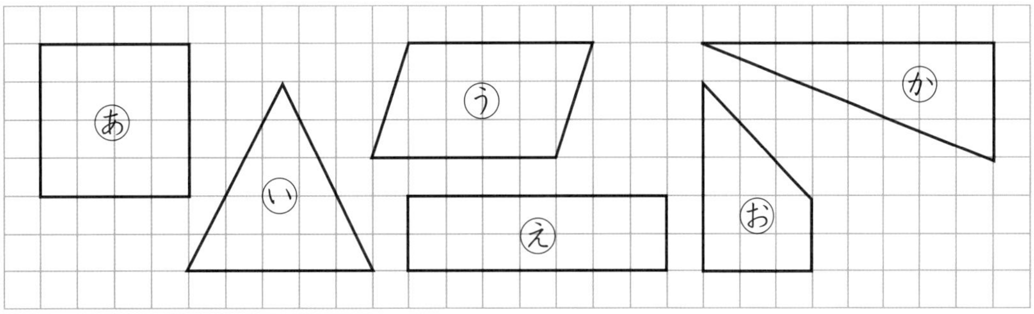

長方形 (　　　)　正方形 (　　　)　直角三角形 (　　　)

3 下の 形を 方《ほう》がん紙《し》に かきましょう。

教科書 109ページ 5

① たて 2cm、よこ 4cmの 長方形

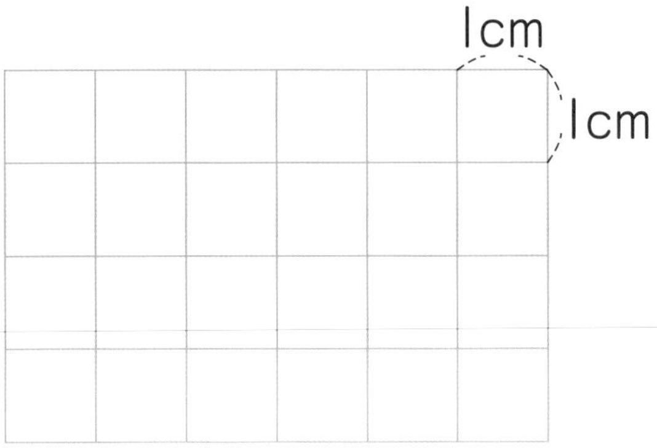

② 1つの へんの 長さが 2cmの 正方形

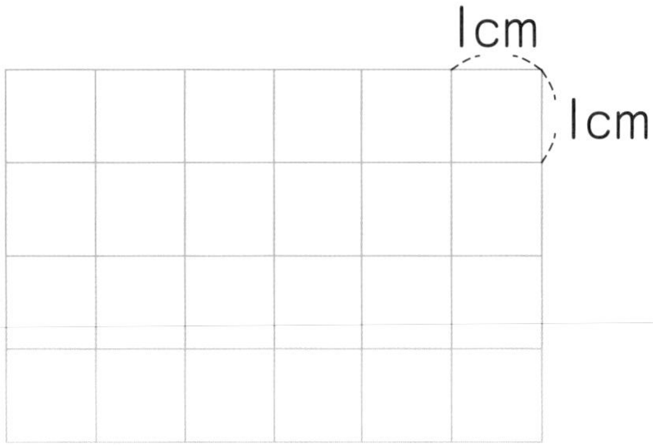

ヒント ② かどが 直角に なって いる ものを 見つけます。

10 長方形と　正方形

時間 30分

／100

ごうかく 80 点

教科書 上100～112ページ　答え 17ページ

知識・技能

／85点

1 よく出る □に　あてはまる　数《かず》や　ことばを　書《か》きましょう。

1つ5点(20点)

① 三角形《さんかくけい》には、へんが　□つ　あります。

② 四角形《しかくけい》には、ちょう点《てん》が　□つ　あります。

③ 4つの　かどが、みんな　直角《ちょっかく》に　なって　いる　四角形を、□と　いいます。

④ 4つの　かどが　みんな　直角で、4つの　へんの　長《なが》さが　みんな　同《おな》じに　なって　いる　四角形を、□と　いいます。

2 三角じょうぎの　直角の　かどは　どれですか。

1つ5点(10点)

①

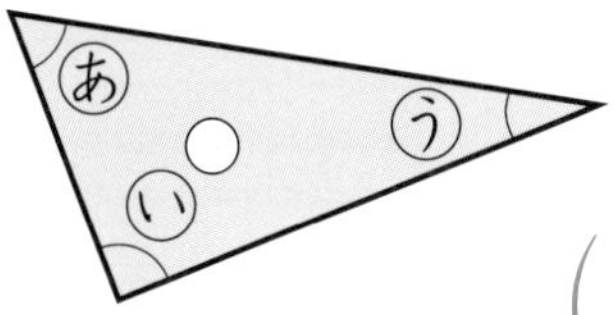

(　　　　)

②

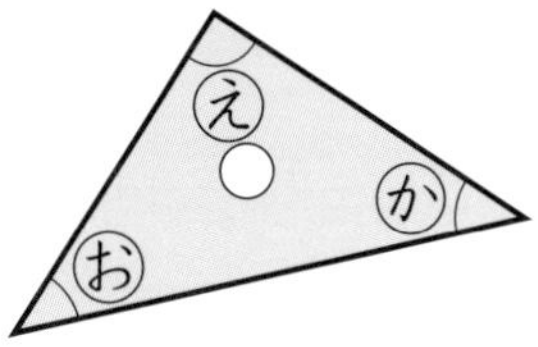

(　　　　)

3 よく出る 下の　図《ず》で、長方形《ちょうほうけい》、正方形《せいほうけい》、直角三角形《ちょっかくさんかくけい》は、それぞれ　どれですか。

1つ5点(15点)

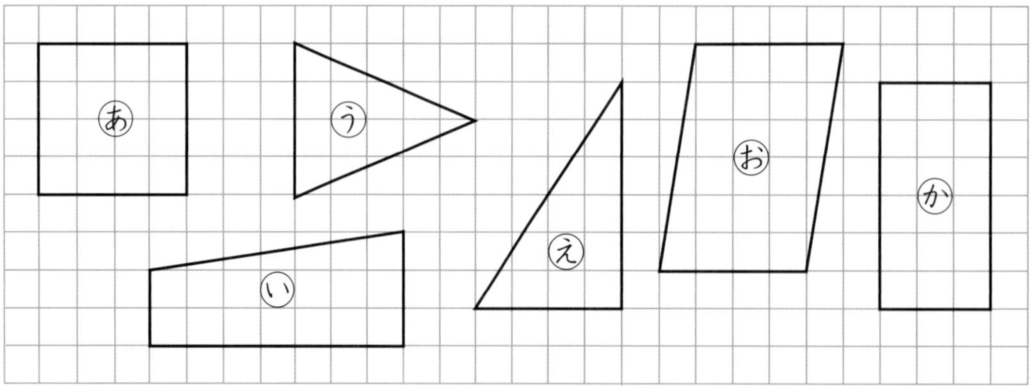

長方形　(　　　　)

正方形　(　　　　)

直角三角形　(　　　　)

4 へんを　かきたして、つぎの　形《かたち》を　かきましょう。　1つ10点(20点)

①　三角形

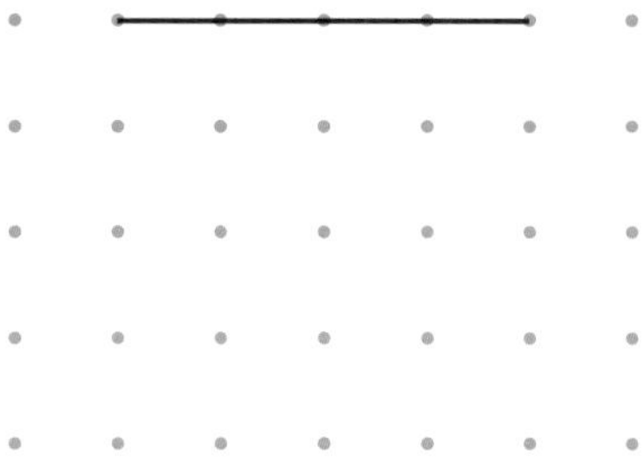

②　四角形

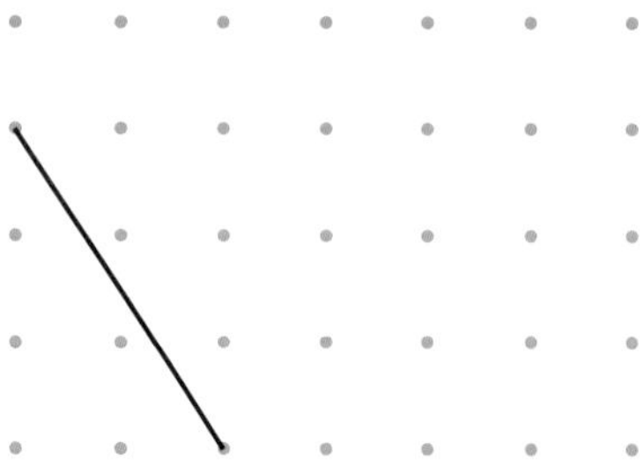

5 下の　形を　方《ほう》がん紙《し》に　かきましょう。　1つ10点(20点)

①　たて　4cm、よこ　3cm の　長方形

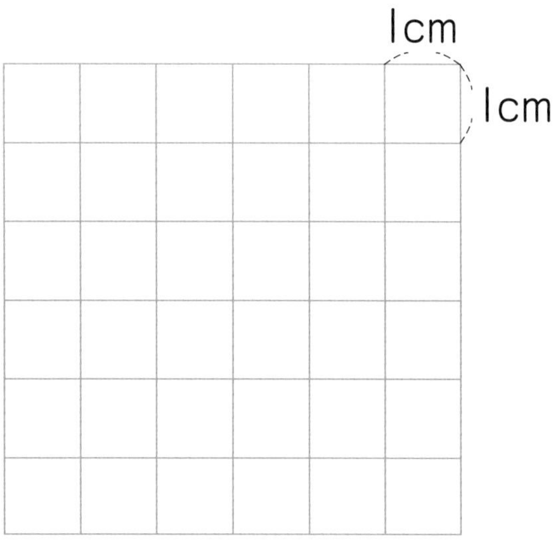

②　2cm の　へんと　4cm の　へんの　間《あいだ》に、直角の　かどが　ある　直角三角形

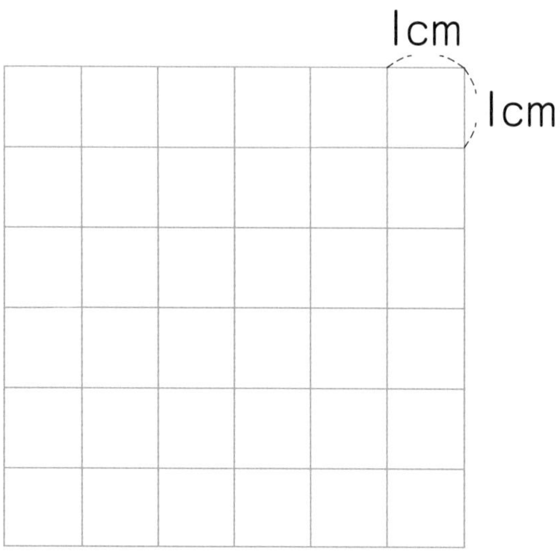

思考・判断・表現　／15点

できたらスゴイ!

6 長方形の　紙《かみ》を、右のように　切《き》ります。

□に　あてはまる　数や　ことばを　書きましょう。　1つ5点(15点)

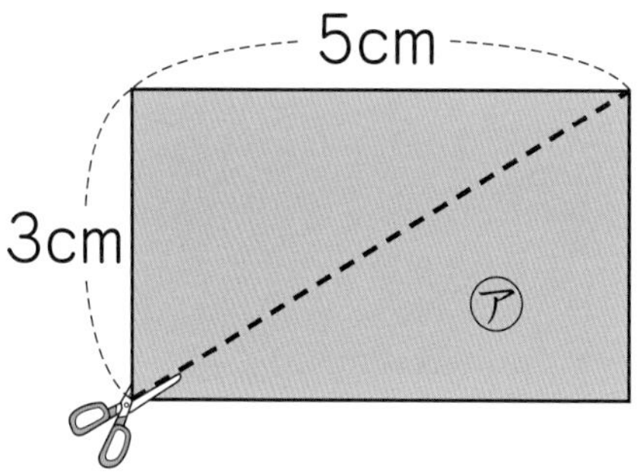

㋐の　形は、□cm の　へんと　□cm の　へんの　間に　直角の　かどが　ある　□に　なります。

① かけ算

つぎの □ に あてはまる 数《かず》を 書《か》きましょう。

めあて かけ算《ざん》のしきのいみが、わかるようになろう。　れんしゅう 1 2 3

・2×3 のような 計算《けいさん》を、かけ算と いいます。

1 りんごの 数を かけ算の しきに 書きましょう。

とき方 りんごの 数は、1 さらに 3 こずつの 4 さら分《ぶん》で、12 こです。この ことを しきで あらわすと、

□ × □ ＝ □

1 つ分の 数　いくつ分　ぜんぶの 数

2 5×3の 答《こた》えを もとめましょう。

とき方 5×3 は 5 この 3 つ分と いう ことだから、5×3 の 答えは □ ＋ □ ＋ □ の 計算で もとめる ことが できます。

5×3＝□

5×3 を 図《ず》で あらわすと、

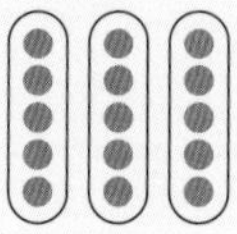

3 4 cm の 2 ばいの 長《なが》さは、何《なん》 cm ですか。

とき方 図に あらわします。

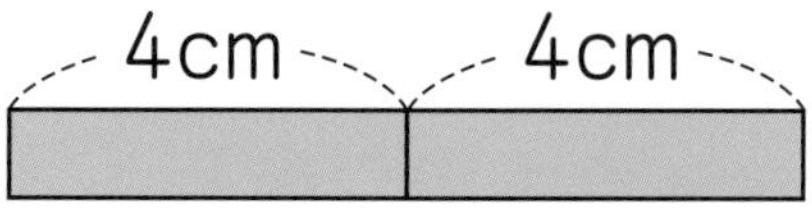

4 cm の 2 つ分だから、しきは □ × □ に なり、その 答えは □ ＋ □ で もとめられます。

4 cm の 2 ばいは、4 cm の 2 つ分の ことだよ。

答え □ cm

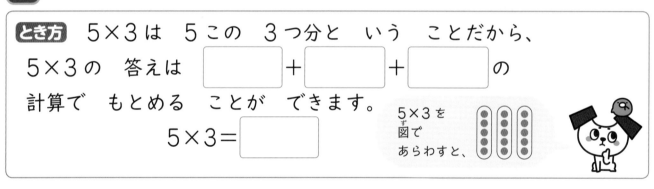

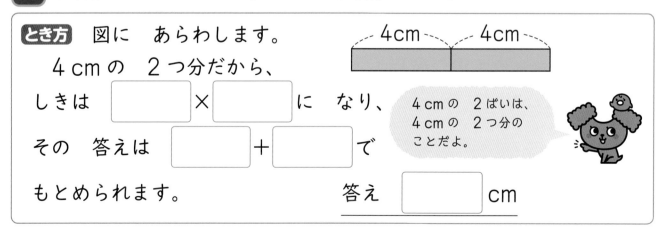

1 ドーナツの　数を　もとめます。

教科書　5ページ1

① □に　あてはまる　数を　書きましょう。

ドーナツは、1ふくろに □ こずつ □ ふくろ　あります。

② かけ算の　しきに　書きましょう。

（　　　　）

2 あめの　数を　かけ算の　しきに　書いて、答えを　もとめましょう。

教科書　10ページ2

①

かけ算の　答えは、
たし算で
もとめられるよ。

②

しき

答え（　　　　）

しき

答え（　　　　）

3 2cmの　5ばいの　高《たか》さは　何cmですか。

かけ算の　しきに　書いて、答えを　もとめましょう。

教科書　11ページ3

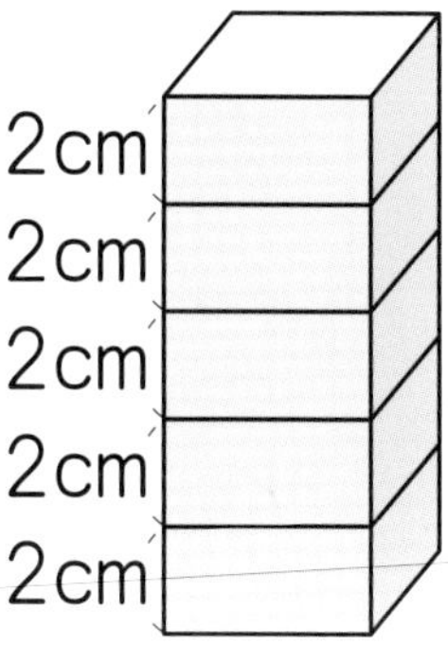
2cm
2cm
2cm
2cm
2cm

しき

答え（　　　　）

ヒント
2 ① 7×2の　答えは、7+7の　計算で　もとめる　ことが　できます。
3 ●ばいの　数を　もとめる　ときは、かけ算を　つかいます。

② 5のだん、2のだんの 九九

がくしゅうび 月 日

教科書 下13〜16ページ　答え 18ページ

つぎの □ に あてはまる 数《かず》を 書《か》きましょう。

めあて　5のだん、2のだんの九九《くく》をおぼえよう。　れんしゅう 1 2 3 4

5のだんの 九九の 答《こた》えは 5ずつ、2のだんの 九九の 答えは 2ずつ ふえて いきます。

1 5のだんの 九九と 2のだんの 九九を 書きましょう。

とき方　5のだんの 九九の 答えは 5ずつ ふえる ことから 考《かんが》えます。

5×1＝5
5×2＝［10］　5 ふえる
5×3＝［　］　5 ふえる
5×4＝［　］　5 ふえる
5×5＝［　］　5 ふえる
5×6＝［　］
5×7＝［　］
5×8＝［　］
5×9＝［　］
5ずつ ふえて いく。

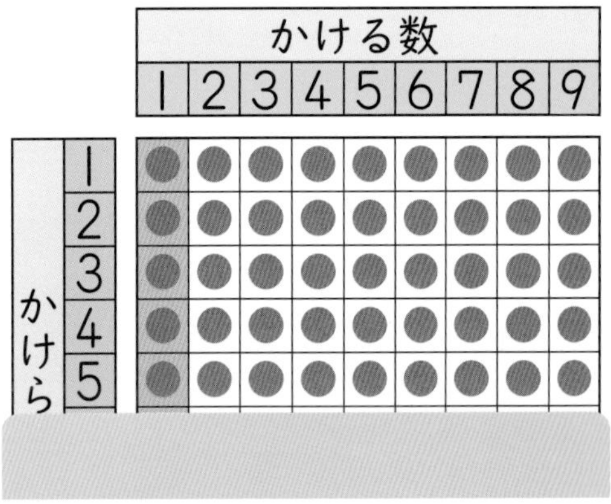

2のだんの 九九の 答えは 2ずつ ふえる ことから 考えます。

2×1＝2
2×2＝［4］　2 ふえる
2×3＝［　］　2 ふえる
2×4＝［　］　2 ふえる
2×5＝［　］　2 ふえる
2×6＝［　］
2×7＝［　］
2×8＝［　］
2×9＝［　］
2ずつ ふえて いく。

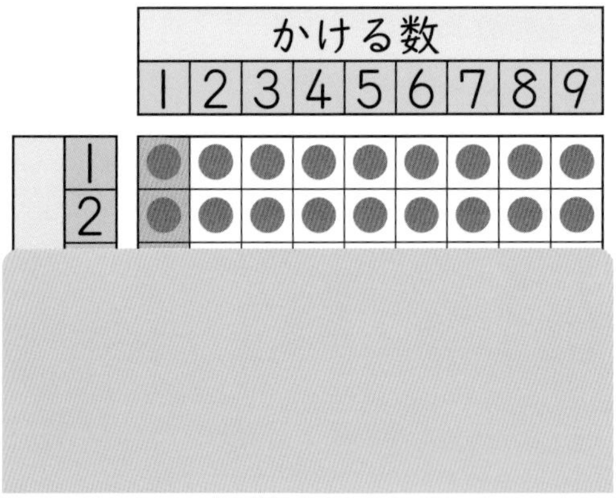

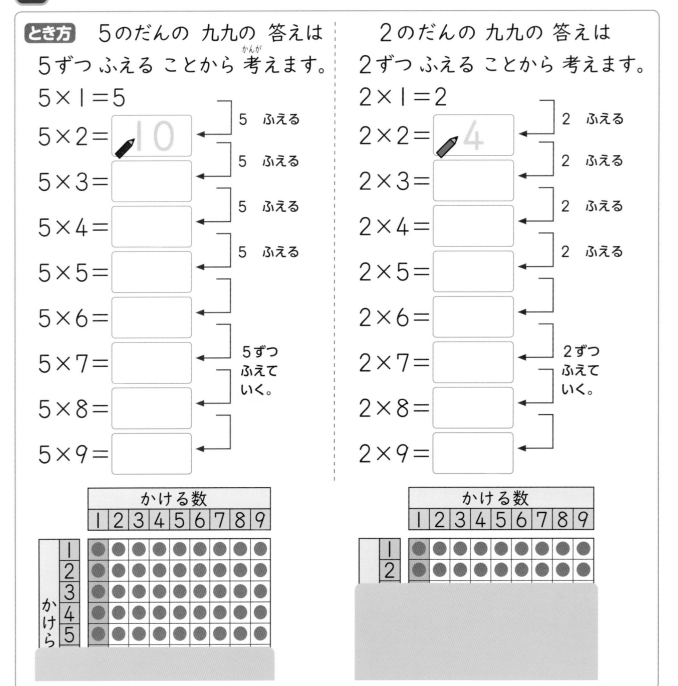

れんしゅう

★できた　もんだいには、「た」を　かこう！★

① でき　② でき　③ でき　④ でき

がくしゅうび　月　日

教科書　下13〜16ページ　答え　18ページ

1 計算《けいさん》を　しましょう。　教科書　13ページ**1**、14ページ**2**

①　5×2　　②　5×8　　③　5×6

④　5×1　　⑤　5×9　　⑥　5×3

2 5人の　4ばいは　何人《なんにん》ですか。　教科書　14ページ**2**

しき

答え（　　　　）

3 計算を　しましょう。　教科書　15ページ**3**、16ページ**4**

①　2×3　　②　2×5　　③　2×2

④　2×7　　⑤　2×4　　⑥　2×9

4 1はこに　2こ　入った　ドーナツを　買《か》います。　教科書　16ページ**4**

①　6はこ　買うと、ドーナツは　ぜんぶで　何こに　なりますか。

しき

答え（　　　　）

②　もう　1はこ　買うと、ドーナツは　何こ　ふえますか。
また、ぜんぶで　何こに　なりますか。

（　　　　ふえて、ぜんぶで　　　　に　なる。）

ヒント
2「何ばい」の　数を　もとめる　ときは、かけ算《ざん》を　つかいます。
4 2のだんの　九九を　つかって　考えましょう。

③ 3のだん、4のだんの 九九

教科書 下17～20ページ　答え 19ページ

つぎの □ に あてはまる 数《かず》を 書《か》きましょう。

めあて 3のだん、4のだんの九九をおぼえよう。　れんしゅう 1 2 3 4

3のだんの 九九の 答《こた》えは 3ずつ、4のだんの 九九の 答えは 4ずつ ふえて いきます。

1 3のだんの 九九と 4のだんの 九九を 書きましょう。

とき方 3のだんの 九九の 答えは 3ずつ ふえる ことから 考《かんが》えます。

(かけられる数)(かける数)

3×1＝3
3×2＝□ 6 ← 3 ふえる
3×3＝□ ← 3 ふえる
3×4＝□ ← 3 ふえる
3×5＝□ ← 3 ふえる
3×6＝□
3×7＝□
3×8＝□
3×9＝□

3ずつ ふえて いく。

4のだんの 九九の 答えは 4ずつ ふえる ことから 考えます。

(かけられる数)(かける数)

4×1＝4
4×2＝□ 8 ← 4 ふえる
4×3＝□ ← 4 ふえる
4×4＝□ ← 4 ふえる
4×5＝□ ← 4 ふえる
4×6＝□
4×7＝□
4×8＝□
4×9＝□

4ずつ ふえて いく。

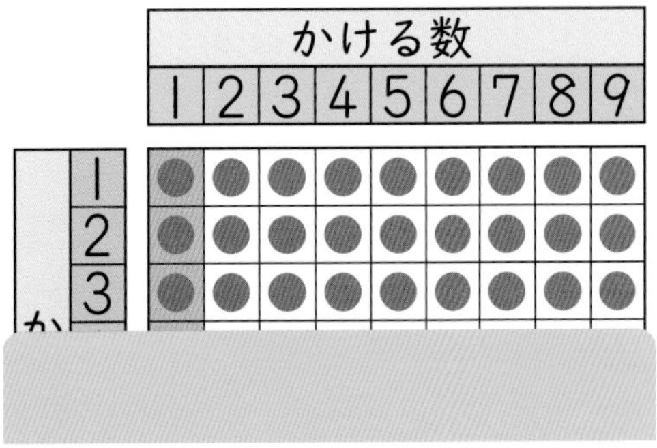

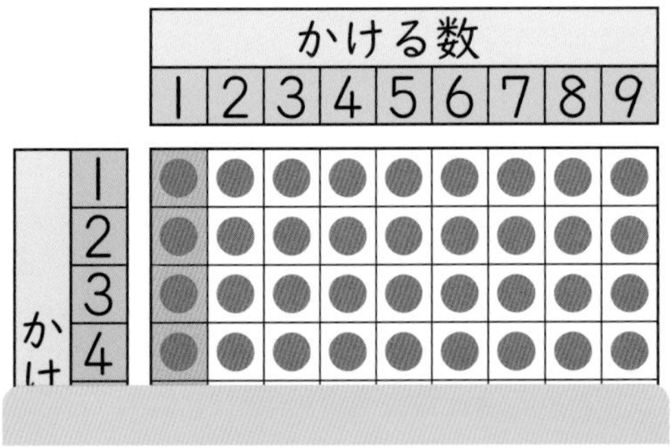

1 計算《けいさん》を　しましょう。　教科書　17 ページ **1**、18 ページ **2**

①　3×2　　②　3×6　　③　3×3

④　3×1　　⑤　3×7　　⑥　3×9

2 かきが　3 こずつ　のった　さらが　5 さら　あります。
かきは　ぜんぶで　何《なん》こ　ありますか。　教科書　18 ページ **2**

しき

答え（　　　　）

3 計算を　しましょう。　教科書　19 ページ **3**、20 ページ **4**

①　4×2　　②　4×7　　③　4×8

④　4×1　　⑤　4×3　　⑥　4×9

4 1 この　高《たか》さが　4 cm の　つみ木が　あります。　教科書　20 ページ **4**

①　5 こ　かさねると、高さは
何 cm に　なりますか。

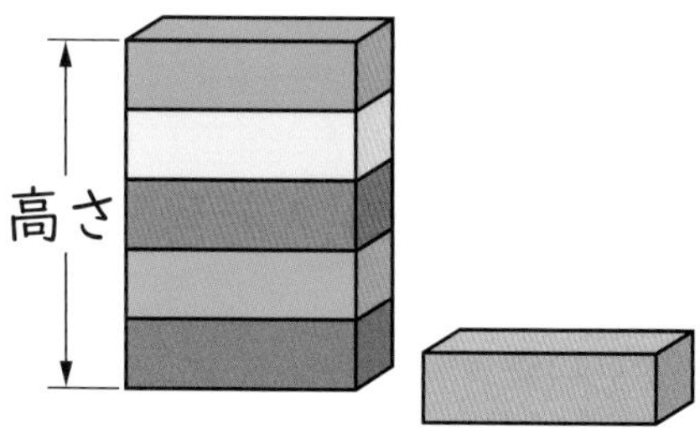

しき

答え（　　　　）

②　もう　1 こ　かさねると、高さは　何 cm　ふえますか。
また、ぜんぶで　何 cm に　なりますか。

（＿＿＿＿　ふえて、ぜんぶで　＿＿＿＿　に　なる。）

ヒント
2 3 のだんの　九九を　つかって　考えましょう。
4 4 のだんの　九九を　つかって　考えましょう。

11 かけ算(1)

時間 30 分

／100

ごうかく 80 点

教科書 下2〜24ページ　答え 19ページ

知識・技能　／73点

1 花の　数《かず》を　もとめます。□に　あてはまる　数を　書《か》きましょう。

ぜんぶできて　1もん4点(8点)

3本の　4つ分《ぶん》だから、

① しきは、□×□です。

② 答《こた》えは、□＋□＋□＋□の計算《けいさん》で　もとめる　ことが　できます。

2 □に　あてはまる　数を　書きましょう。　①はぜんぶできて　1もん10点(20点)

① 3×8の　しきで、□を　かけられる数と　いい、□を　かける数と　いいます。

② 4のだんでは、かける数が　１　ふえると、答えは□ふえます。

3 よく出る 計算を　しましょう。　1つ5点(45点)

① 5×7　② 2×6　③ 5×5

④ 2×2　⑤ 4×4　⑥ 3×7

⑦ 4×6　⑧ 3×2　⑨ 2×1

思考・判断・表現　／27点

4 かけ算《ざん》の　しきに　合《あ》う　絵《え》を　えらんで、線《せん》で　むすびましょう。

1つ5点（15点）

2×4	5×3	3×5
・	・	・
・	・	・

できたらスゴイ!

5 おもちゃの　バスを　作《つく》ります。
|台《だい》に、タイヤを　４こ　つけます。

①しき・答え　1つ3点、②1つ3点（12点）

① ４台分では、タイヤは　何《なん》こ　いりますか。

しき

答え（　　　　　）

② バスが　もう　|台　ふえると、タイヤは　あと　何こ　いりますか。

また、ぜんぶで　何こ　いりますか。

（あと　＿＿＿＿　いる。）

（ぜんぶで　＿＿＿＿　いる。）

ふりかえり　❶①が　わからない　ときは、66ページの　❶に　もどって　かくにんして　みよう。

① 6のだん、7のだんの 九九

教科書 下27〜30ページ 答え 20ページ

つぎの □に あてはまる 数《かず》を 書《か》きましょう。

めあて 6のだん、7のだんの九九をおぼえよう。 れんしゅう 1 2 3 4

6のだんの 九九の 答《こた》えは、かける数が 1 ふえると 6 ふえ、7のだんの 九九の 答えは、かける数が 1 ふえると 7 ふえます。

1 6のだんの 九九と 7のだんの 九九を 書きましょう。

とき方 6のだんの 九九の 答えは 6ずつ、7のだんの 九九の 答えは 7ずつ ふえる ことから 考《かんが》えます。

$6\times1=6$

$6\times2=$ □(12) … $6+6$

$6\times3=$ □ … $12+6$

$6\times4=$ □ … ○ $+6$

$6\times5=$ □ … ○ $+6$

$6\times6=$ □ … ○ $+6$

$6\times7=$ □ … ○ $+6$

$6\times8=$ □ … ○ $+6$

$6\times9=$ □ … ○ $+6$

$7\times1=7$

$7\times2=$ □(14) … $7+7$

$7\times3=$ □ … $14+7$

$7\times4=$ □ … ○ $+7$

$7\times5=$ □ … ○ $+7$

$7\times6=$ □ … ○ $+7$

$7\times7=$ □ … ○ $+7$

$7\times8=$ □ … ○ $+7$

$7\times9=$ □ … ○ $+7$

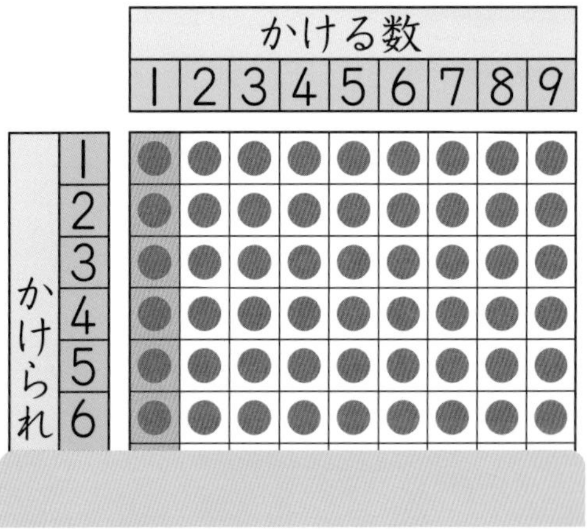

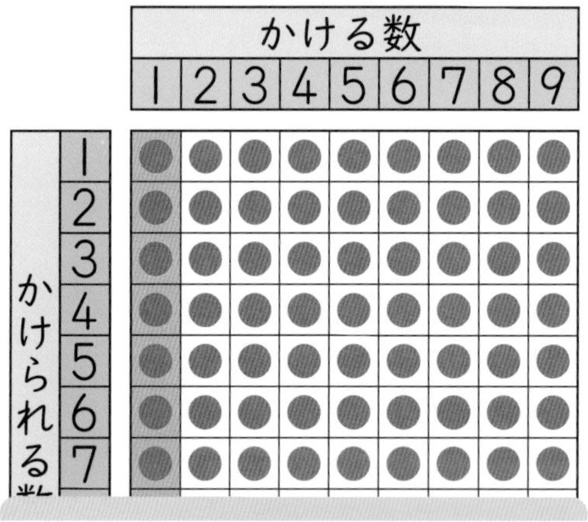

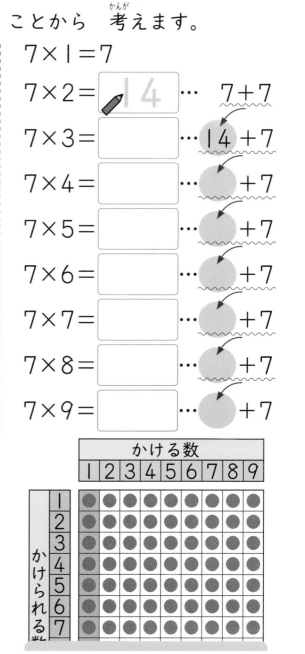

★できた もんだいには、「た」を かこう！★

できた ① できた ② できた ③ できた ④

がくしゅうび　　月　　日

教科書 下27～30ページ　答え 20ページ

1 計算《けいさん》を しましょう。 教科書 27ページ1、28ページ2

① 6×4　　② 6×5　　③ 6×8

④ 6×6　　⑤ 6×1　　⑥ 6×9

2 6×3と 答えが 同《おな》じに なる、3のだんの 九九を 書きましょう。 教科書 28ページ2

3が いくつ分《ぶん》 あるかな。

(　　　　　　)

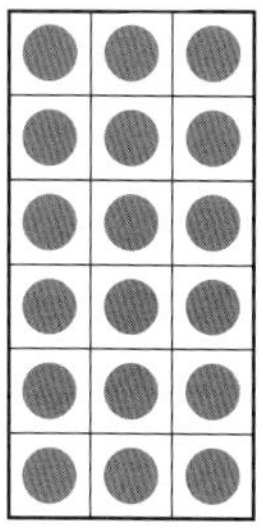

3 計算を しましょう。 教科書 29ページ3、30ページ4

① 7×5　　② 7×9　　③ 7×2

④ 7×1　　⑤ 7×7　　⑥ 7×4

4 □に あてはまる 数を 書きましょう。 教科書 30ページ4

① 7のだんの 九九の 答えは、4のだんの 答えと、□のだんの 答えを たした 数に なって います。

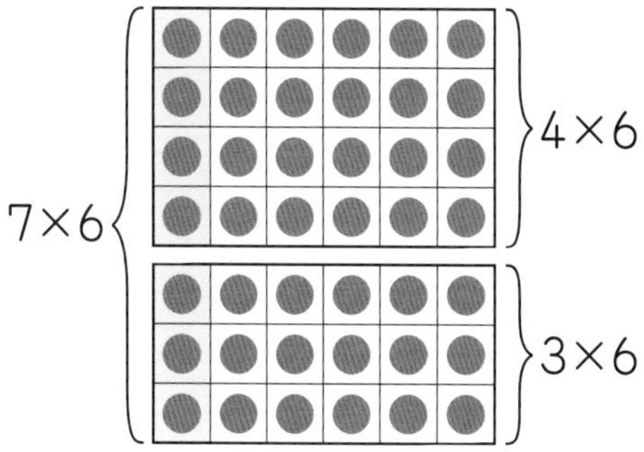

② 4×6=㋐□

3×6=㋑□

7×6=㋒□+㋓□=㋔□

ヒント
2 かけられる数と かける数を 入れかえて みましょう。
4 図《ず》を 見て 考えましょう。

ぴったり1 じゅんび

12 かけ算(2)

② 8のだん、9のだん、1のだんの　九九

教科書　下 31～35 ページ　答え　20 ページ

つぎの □ に あてはまる 数《かず》を 書《か》きましょう。

めあて　8のだん、9のだん、1のだんの九九をおぼえよう。　れんしゅう ❶❷❸❹

8のだんの　九九の　答《こた》えは、かける数が　1　ふえると　8　ふえ、9のだんの　九九の　答えは、かける数が　1　ふえると　9　ふえ、1のだんの　九九の　答えは、かける数が　1　ふえると　1　ふえます。

1 8のだんの　九九と、9のだんの　九九と、1のだんの　九九を　書きましょう。

とき方　8のだんの　九九の　答えは　8ずつ、9のだんの　九九の　答えは　9ずつ、1のだんの　九九の　答えは　1ずつ　ふえる　ことから　考《かんが》えます。

8×1=8	9×1=9	1×1=1
8×2=16	9×2=18	1×2=2
8×3=□	9×3=□	1×3=□
8×4=□	9×4=□	1×4=□
8×5=□	9×5=□	1×5=□
8×6=□	9×6=□	1×6=□
8×7=□	9×7=□	1×7=□
8×8=□	9×8=□	1×8=□
8×9=□	9×9=□	1×9=□

今《いま》まで　見つけた　きまりや、知《し》って　いる　だんの　九九を　つかえば、8のだんと　9のだんの　九九が　つくれるね。

1のだんの　九九は、かける数と　答えが　同《おな》じに　なるね。

がくしゅうび　月　日

★できた　もんだいには、「た」を　かこう！★

1 でき　2 でき　3 でき　4 でき

教科書 下31～35ページ　答え 20ページ

1 計算《けいさん》を　しましょう。

教科書 31ページ1、32ページ2

① 8×4　② 8×3　③ 8×9

④ 8×1　⑤ 8×8　⑥ 8×7

2 計算を　しましょう。

教科書 33ページ3、34ページ4

① 9×5　② 9×1　③ 9×4

④ 9×7　⑤ 9×9　⑥ 9×6

3 色紙《いろがみ》が　3たば　あります。1たばは　9まいです。色紙は　ぜんぶで　何《なん》まい　ありますか。

教科書 34ページ4

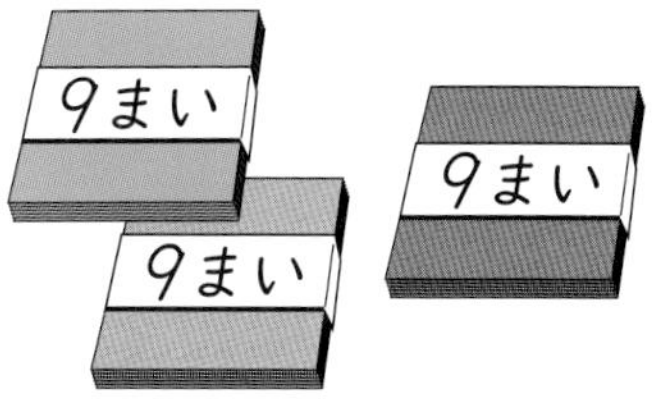

しき

答え（　　　　）

4 計算を　しましょう。

教科書 35ページ5

① 1×3　② 1×6

③ 1×1　④ 1×4

⑤ 1×5　⑥ 1×7

ヒント　3 「1つ分《ぶん》の　数」は　いくつなのかを　考えましょう。

③ 九九の　ひょうと　きまり
④ ばいと　かけ算

教科書　下 37～40 ページ　答え　21 ページ

つぎの □ に　あてはまる　数《かず》を　書《か》きましょう。

めあて 九九のひょうできまりをたしかめて、つかえるようになろう。　れんしゅう 1→

九九の　ひょうを　見ると、九九を　つくった　ときに　つかった　きまりを　たしかめる　ことが　できます。

1 6のだんでは、かける数が　1　ふえると、答《こた》えは　いくつ　ふえますか。

とき方　九九の　ひょうの　6のだんを　見て　考《かんが》えます。

6のだんでは、かける数が　1　ふえると、

答えは □ ふえます。

	1	2	3	4	5	6	7	8	9
6のだん 6	6	12	18	24	30	36	42	48	54

（かける数は 1 ずつ、答えは 6 ずつ ふえる）

めあて ばいのいみが、わかるようになろう。　れんしゅう 2→

何《なん》ばいかの　大きさを　もとめる　ときは、かけ算《ざん》の　しきを　つかいます。

2 あの　テープの　長《なが》さは　5 cm です。

(1) いの　テープの　長さは、あの　テープの　長さの　何ばいですか。

(2) いの　テープの　長さは　何 cm ですか。

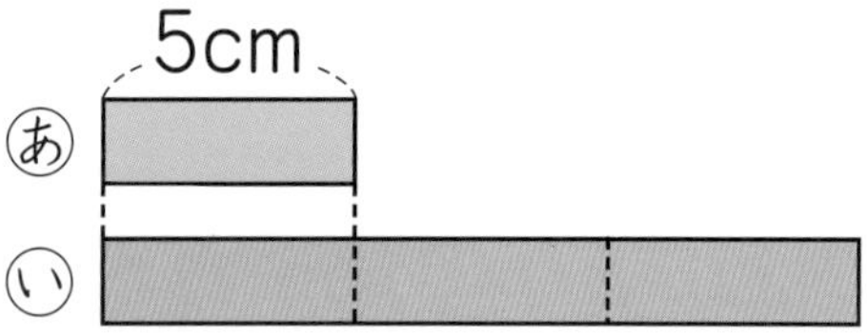

とき方　(1) いの　テープは、あの　テープの　3つ分《ぶん》だから、いの　テープの　長さは、あの　テープの　長さの □ ばいです。

(2) いの　テープの　長さは、5 cm の □ ばいだから、

5×□＝□　　答え □ cm

★できた　もんだいには、「た」を　かこう！★

1 でき　2 でき

がくしゅうび　月　日

教科書　下37〜40ページ　答え　21ページ

1 つぎの　もんだいに　答えましょう。

教科書　37ページ 1、39ページ 2

① 答えが　18に　なる
九九を　ぜんぶ　書きましょう。

(　　　　) (　　　　)
(　　　　) (　　　　)

② 右の　九九の　ひょうを
広《ひろ》げた　ひょうの　㋐、㋑に
入る　数は、どんな　しきで
もとめられますか。

㋐(　　　　)
㋑(　　　　)

かけられる数＼かける数	1	2	3	4	5	6	7	8	9	10	11	12
1	1	2	3	4	5	6	7	8	9			
2	2	4	6	8	10	12	14	16	18			
3	3	6	9	12	15	18	21	24	27			
4	4	8	12	16	20	24	28	32	36			㋐
5	5	10	15	20	25	30	35	40	45			
6	6	12	18	24	30	36	42	48	54			
7	7	14	21	28	35	42	49	56	63			
8	8	16	24	32	40	48	56	64	72			
9	9	18	27	36	45	54	63	72	81			
10												
11												
12				㋑								

③ ㋐に　入る　数を　もとめましょう。

(　　　　)

かけられる数と　かける数を
入れかえて　計算《けいさん》しても、
答えは　同《おな》じに　なるよ。

④ ㋑に　入る　数を　もとめましょう。

(　　　　)

2 つぎの　もんだいに　答えましょう。

教科書　40ページ 1

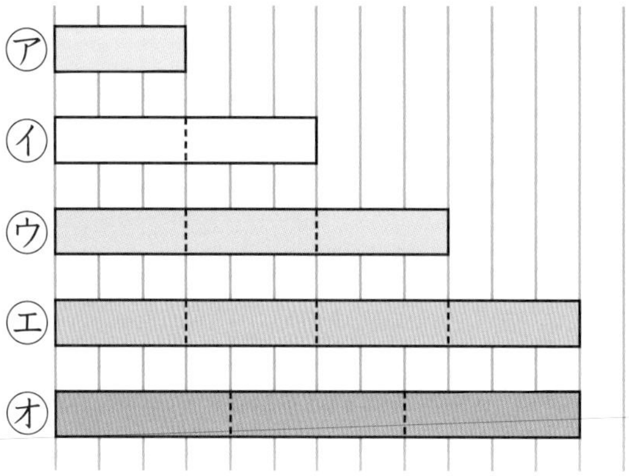

① ㋐の　3ばいの　長さの
テープは　どれですか。

(　　　　)

② ㋓の　テープの　長さは、㋐の
テープの　長さの　何ばいですか。

(　　　　)

ヒント　1 九九の　ひょうを　見ながら　考えよう。

ぴったり1 じゅんび

12 かけ算(2)

⑤ もんだい

がくしゅうび　　月　　日

教科書 下41～43ページ　　答え 21ページ

つぎの □ に あてはまる 数《かず》を 書《か》きましょう。

めあて かけ算《ざん》をつかって、いろいろなもとめ方《かた》を考《かんが》えよう。　　れんしゅう ❶❷❸→

右の 図《ず》のような ●の 数は、同《おな》じ 数の まとまりに ちゅう目すれば、かけ算を つかって もとめる ことが できます。

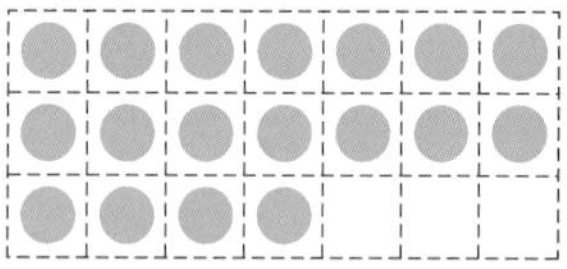

1 上の 図の ●の 数を、くふうして もとめましょう。

とき方 ❶ 3この まとまりと 2この まとまりに 分《わ》けます。

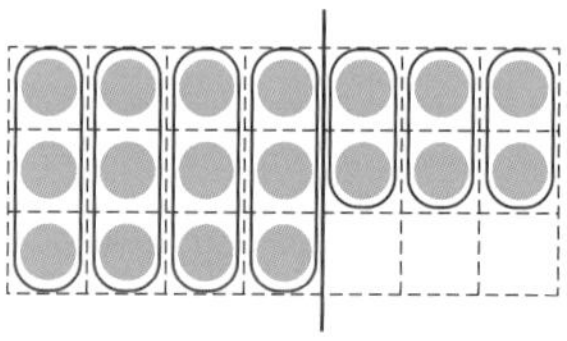

3×① □ ＝12　　2×② □ ＝6

12＋6＝③ □

❷ 2こを あいて いる 場《ば》しょに うごかし、6この まとまりを つくります。

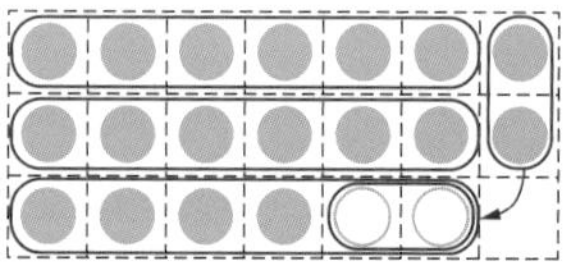

6×④ □ ＝⑤ □

❸ 7この まとまりを つくって、ない ところを ひきます。

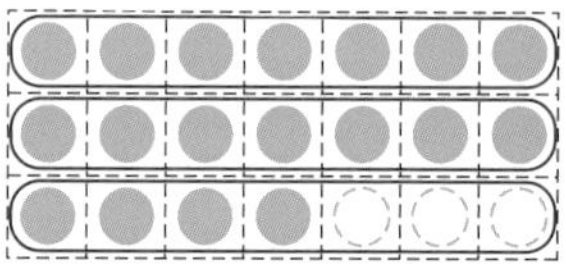

7×⑥ □ ＝21

21－⑦ □ ＝⑧ □

❹ 同じ 数の まとまりに なるように 分けます。

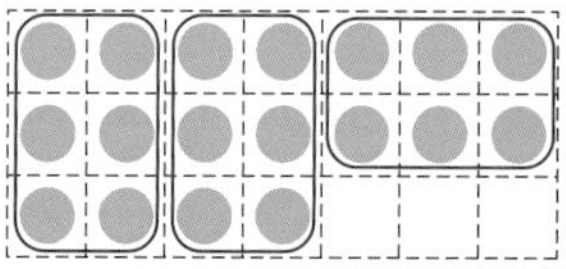

⑨ □ ×3＝⑩ □

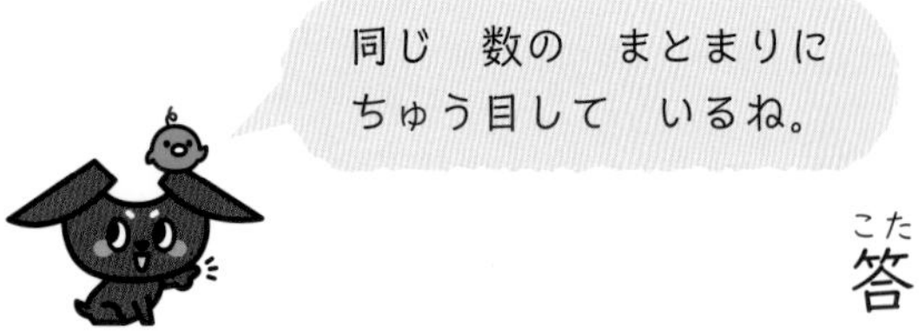

答《こた》え ⑪ □ こ

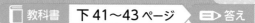

ぴったり2

れんしゅう

がくしゅうび　月　日

★できた　もんだいには、「た」を　かこう！★

でき ① 　でき ② 　でき ③

教科書　下41～43ページ　答え　21ページ

1 図から　●の　数を　もとめる　かけ算の　しきを　書きましょう。

教科書　41ページ 1

① 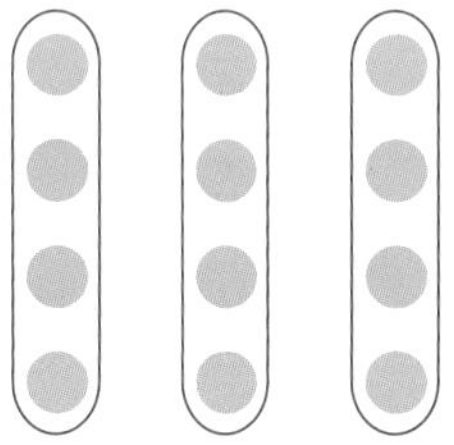　② 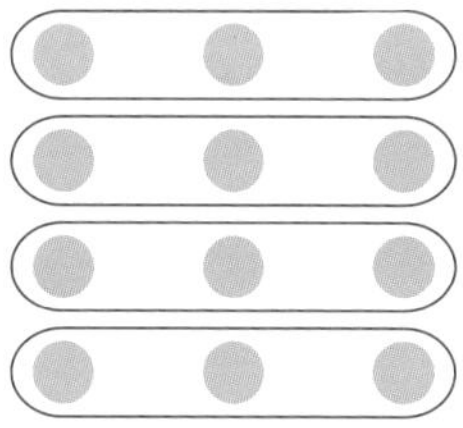　③ 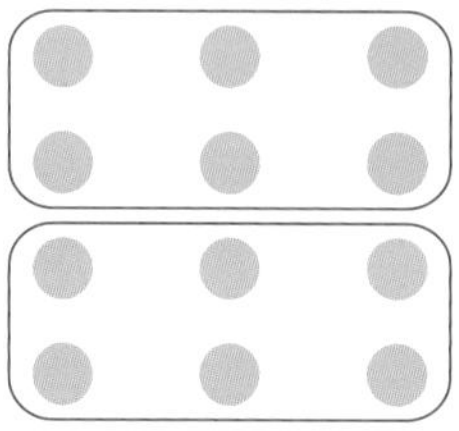

（　　　　）　（　　　　）　（　　　　）

2 右の　●の　数を、つぎのように
くふうして　もとめましょう。

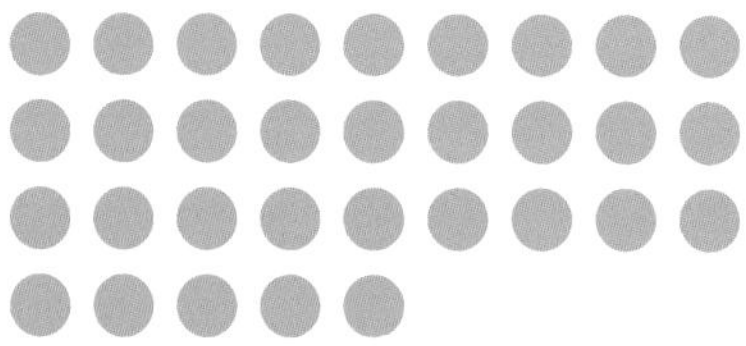

教科書　41ページ 1

① 4この　まとまりと　3この　まとまりに　分ける。

しき

答え（　　　　）

② 3こを　うごかして、8この　まとまりを　つくる。

しき

答え（　　　　）

③ 9この　まとまりを　つくって、ない　ところを　ひく。

しき

答え（　　　　）

よくみて

3 ●の　数を、くふうして　もとめましょう。

教科書　41ページ 1

① 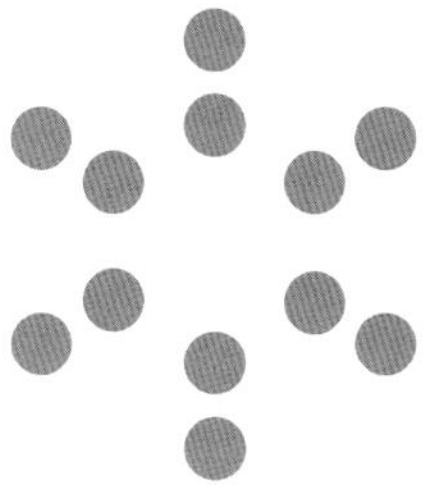

しき

答え（　　　　）

② 

しき

答え（　　　　）

ヒント

3 ① 2この　まとまりを　つくって　考えましょう。
② 8この　まとまりを　つくって　考えましょう。

ぴったり3 たしかめのテスト

⑫ かけ算(2)

時間 30 分　／100　ごうかく 80 点

教科書 下 27～48 ページ　答え 22 ページ

知識・技能　／70点

1 計算《けいさん》を　しましょう。　1つ5点(40点)

① 7×3　② 8×5

③ 1×9　④ 9×8

⑤ 1×2　⑥ 6×2

⑦ 7×8　⑧ 8×6

2 よく出る □に　あてはまる　数《かず》を　書《か》きましょう。　1つ6点(18点)

① 9のだんの　九九の　答《こた》えは、かける数が　1　ふえると □ ふえます。

② 8×7＝8×6＋□

③ 6×9＝□×6

3 九九の　ひょうを　見て　答えましょう。　②はぜんぶできて　1もん6点(12点)

① 8×4の　答えに　なる　ところを　○で　書きましょう。

② 答えが　16に　なる　九九を　ぜんぶ　書きましょう。

(　　　　)

		かける数								
	かけられる数	1	2	3	4	5	6	7	8	9
1のだん	1	1	2	3	4	5	6	7	8	9
2のだん	2	2	4	6	8	10	12	14	16	18
3のだん	3	3	6	9	12	15	18	21	24	27
4のだん	4	4	8	12	16	20	24	28	32	36
5のだん	5	5	10	15	20	25	30	35	40	45
6のだん	6	6	12	18	24	30	36	42	48	54
7のだん	7	7	14	21	28	35	42	49	56	63
8のだん	8	8	16	24	32	40	48	56	64	72
9のだん	9	9	18	27	36	45	54	63	72	81

思考・判断・表現　　／30点

4 長《なが》いすが　7つ　あります。1つの
長いすに　6人ずつ　すわります。

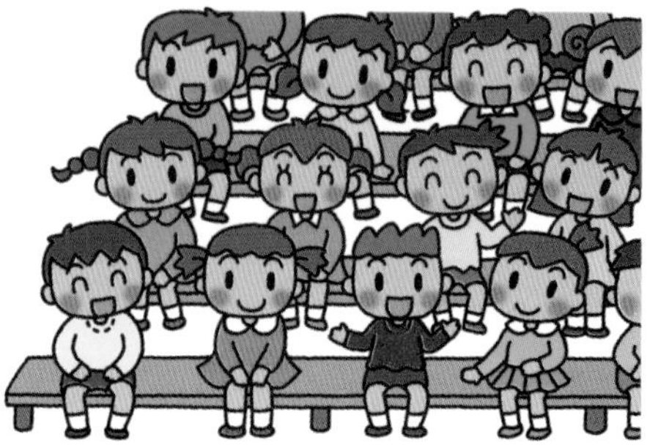

しき・答え　1つ5点(20点)

① みんなで　何人《なんにん》　すわれますか。

しき

答え（　　　　）

できたらスゴイ！

② 長いすが　もう　2つ　ふえると、みんなで　何人
すわれますか。

しき

答え（　　　　）

できたらスゴイ！

5 13×5の　計算の　しかたを　下の　図《ず》のように　考《かんが》えました。
□に　あてはまる　数を　書きましょう。　　ぜんぶできて　10点

13×5の　答えは　5×5の　答えと
□×□の　答えを
たした　数に　なります。
25＋□＝□
だから、13×5＝□

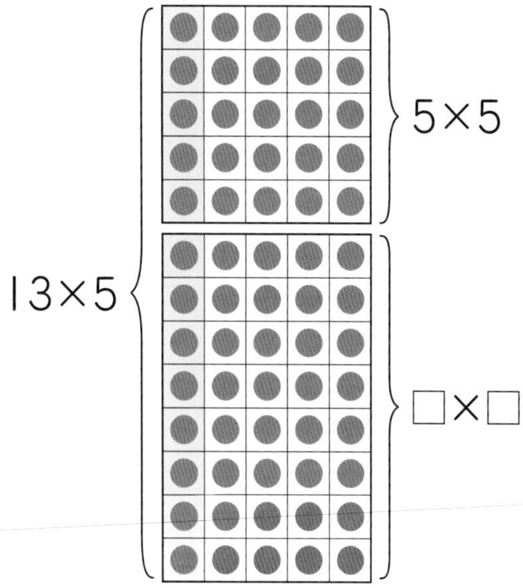

この 本の おわりに ある「冬の チャレンジテスト」を やって みよう！

ふろくの「計算せんもんドリル」23〜32 も やって みよう！

ふりかえり　1 ①が　わからない　ときは、74ページの　1 に　もどって　かくにんして　みよう。

13 4けたの 数

（4けたの 数－1）

つぎの □ に あてはまる 数《かず》を 書《か》きましょう。

めあて 1000より大きい数を読《よ》んだり書いたりできるようにしよう。 れんしゅう ❶❷❸❹→

1000より 大きい 数を、読んだり 書いたり する ときは、1000が 何《なん》こ、100が 何こ、10が 何こ、1が 何こ あるかを 考《かんが》えます。

1 いくつですか。数字《すうじ》で 書きましょう。

(1)

(2)
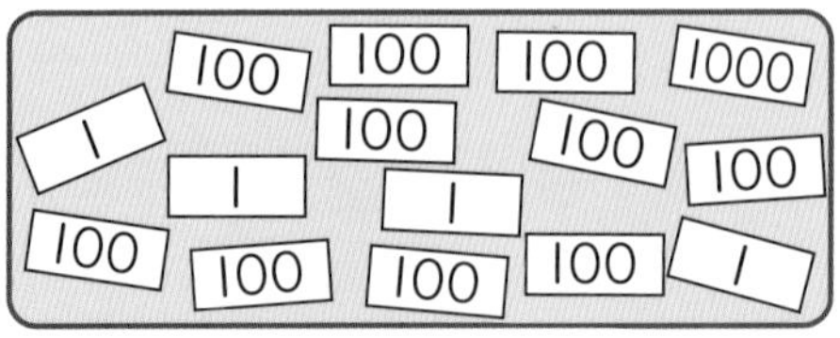

とき方 カードを くらいごとに まとめます。

(1)

千のくらい	百のくらい	十のくらい	一のくらい
1000 1000 1000	100 100	10 10 10 10	1 1 1
①	②	③	④

1000が 3こ、
100が 2こ、
10が 4こ、
1が 3こ
あるから…。

答《こた》え ⑤

(2)

千のくらい	百のくらい	十のくらい	一のくらい
1000 1000	100 100 100 100 100 100 100 100 100 100		1 1 1 1
⑥	⑦	⑧	⑨

100が
10こで…。

カードが ない くらいには ⑩ を 書きます。

答え ⑪

❶ 5024 の　千のくらい、百のくらいの　数字は、それぞれ何ですか。

教科書　51 ページ ❶

千のくらい（　　　）　百のくらい（　　　）

❷ 数字で　書きましょう。

教科書　53 ページ ❷

① 四千五十一　② 八千六百　③ 二千三

（　　　）　（　　　）　（　　　）

❸ □に　あてはまる　数を　書きましょう。

教科書　54 ページ ❸

① 1000 を　3 こ、100 を　4 こ、1 を　6 こ　あわせた　数は、□です。

② 2106 は、1000 を　□こ、100 を　□こ、1 を　□こ　あわせた　数です。

③ 千のくらいの　数字が　4、百のくらいの　数字が　3、十のくらいの　数字が　7、一のくらいの　数字が　5 の　数は、□です。

よくよんで

❹ つぎの　文を　しきに　あらわします。□に　あてはまる　数を　書きましょう。

教科書　54 ページ ❸

4170 は、4000 と　100 と　70 を　あわせた　数です。

4170＝□＋□＋□

ヒント　❸ ①　10 は　0 こです。

(4けたの 数－2)

教科書 下 56～60 ページ　答え 23 ページ

つぎの □ に あてはまる 数《かず》を 書《か》きましょう。

めあて 100 をもとにして、数の大きさを考《かんが》えよう。 れんしゅう 1 2 →

100 を 10 こ あつめた 数は 1000 です。

1 100 を 27 こ あつめた 数は いくつですか。

とき方 カードを つかって あらわして みます。

100	100	100	100	100	100	100	100	100	100	100	100	100	100	100
100	100	100	100	100	100	100	100	100	100	100	100			

↓

1000	1000	100	100	100	100	100
		100	100			

100 が 27 こ
- 100 が 20 こ → ①□
- 100 が 7 こ → ②□

答《こた》え ③□

めあて 数の線《せん》をつかって、4けたの数の大小やじゅんじょがわかるようにしよう。 れんしゅう 3 4 5 →

数の線を よむ ときは、まず いちばん 小さい 1 めもりが いくつかを 考《かんが》えます。

2 ↑の めもりが あらわす 数は いくつですか。

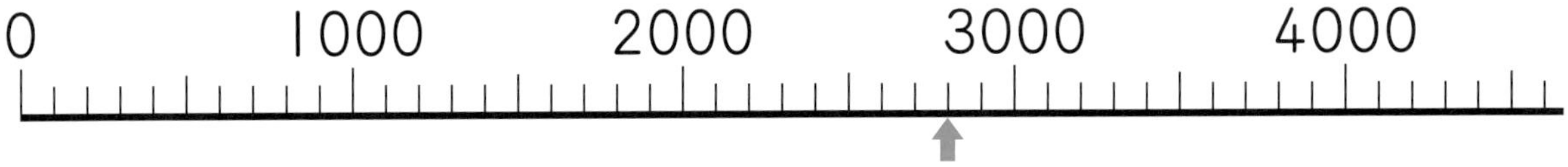

とき方 いちばん 小さい 1 めもりは 100 です。

▶ 2000 と 100 が ①□ こで ②□ です。

▶ 3000 より ③□ 小さいから ④□ です。

0と 1000 の 間《あいだ》が、10 に 分《わ》かれて いるね。

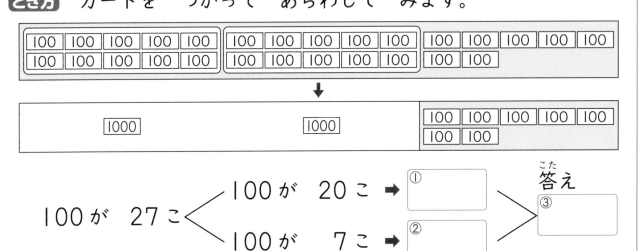

ぴったり2

れんしゅう

がくしゅうび　月　日

★できた　もんだいには、「た」を　かこう！★

① でき　② でき　③ でき　④ でき　⑤ でき

教科書　下56〜60ページ　答え　23ページ

1 □に　あてはまる　数を　書きましょう。　教科書　56ページ 4

① 100を　73こ　あつめた　数は　□　です。

② 6900は、100を　□　こ　あつめた　数です。

③ 3000は、100を　□　こ　あつめた　数です。

2 計算《けいさん》を　しましょう。　教科書　56ページ 4

① 600＋300　　② 500＋700

③ 800－300　　④ 1000－600

3 □に　あてはまる　数を　書きましょう。　教科書　57ページ 5

4 □に　あてはまる　数を　書きましょう。　教科書　58ページ 6

① 1000を　10こ　あつめた　数は　□　です。

② 10000より　2　小さい　数は　□　です。

③

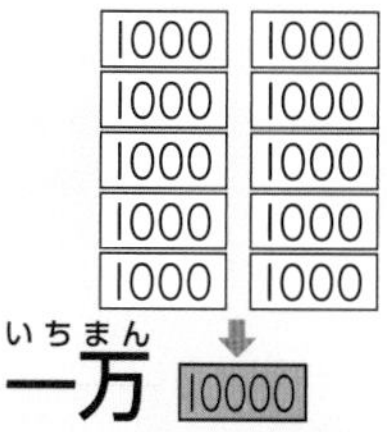

よくよんで

5 □に　あてはまる　数を　書きましょう。　教科書　60ページ 7

① 5200は、6000より　□　小さい　数です。

② 5200は、100を　□　こ　あつめた　数です。

③ 5200＝5000＋□

ヒント

3　1めもりは　いくつか　考えます。

5　③　5200は、5000と　いくつを　あわせた　数でしょうか。

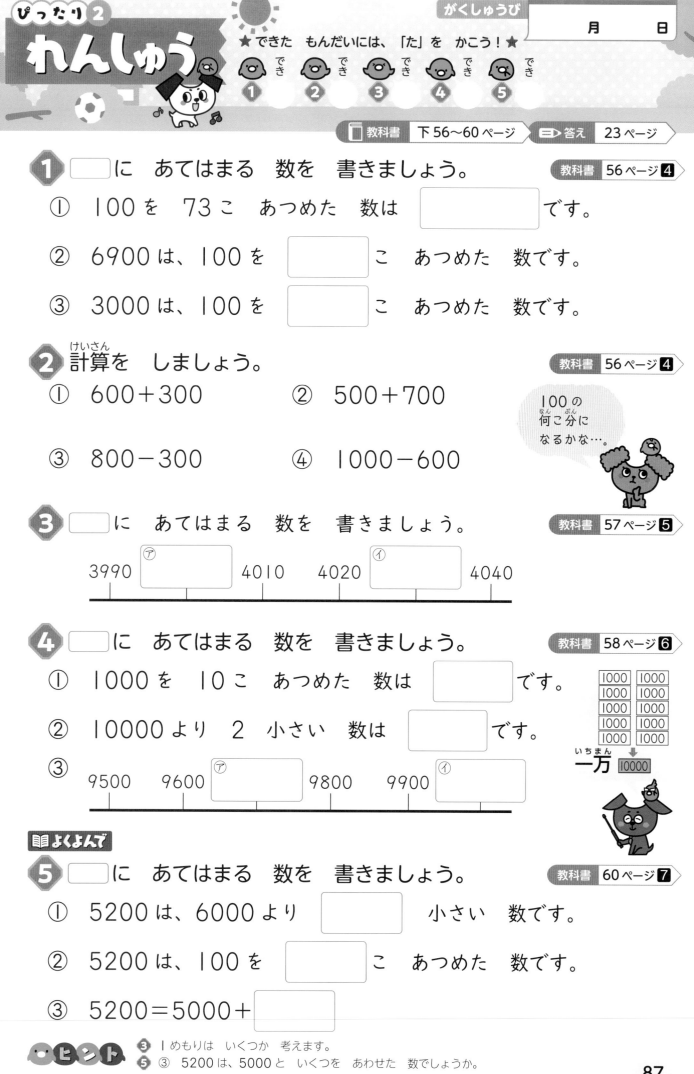

ぴったり3 たしかめのテスト

⑬ 4けたの　数

時間 30 分

／100

ごうかく 80 点

教科書　下 50〜63 ページ　答え　23 ページ

知識・技能　／80点

1 いくつですか。数字《すうじ》で　書《か》きましょう。

1つ5点(10点)

①

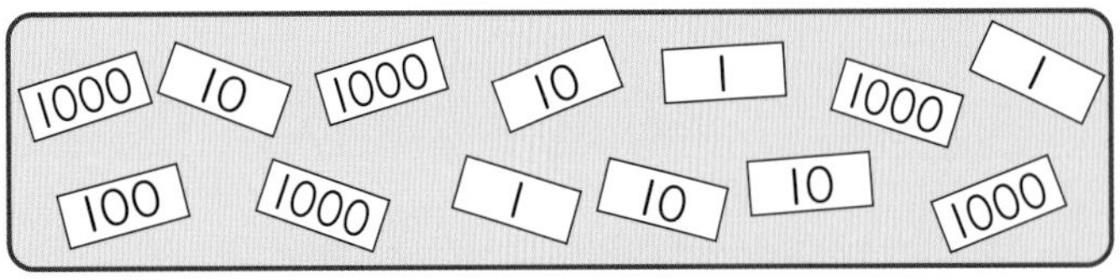

(　　　　)

②

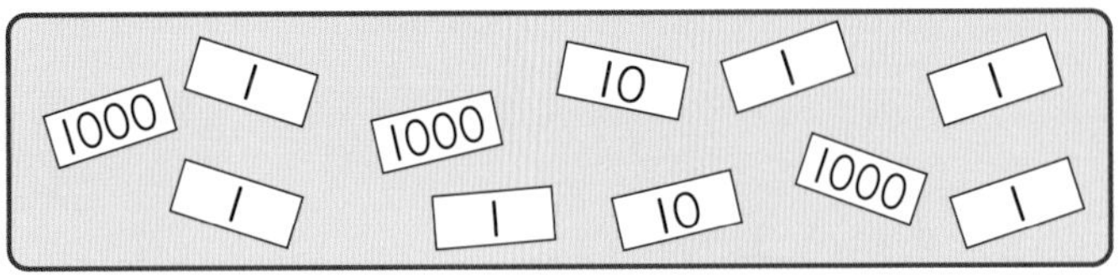

(　　　　)

2 つぎの　数《かず》に　ついて　答《こた》えましょう。

1つ5点(10点)

2022

あ　い　う

① 0は、何《なん》の　くらいの　数字ですか。　(　　　　)

② 1000が　2こ　ある　ことを　あらわして　いるのは、あ、い、うの　どれですか。　(　　)

3 よく出る □に　あてはまる　数を　書きましょう。

②はぜんぶできて　1もん5点(20点)

① 1000を　8こ、100を　3こ、1を　9こ　あわせた　数は、□です。

② 6095は、1000を　□こ、10を　□こ、1を　□こ　あわせた　数です。

③ 100を　74こ　あつめた　数は　□です。

④ 10000より　10　小さい　数は　□です。

4 計算《けいさん》を　しましょう。　1つ5点(20点)

① 500＋600　　② 800＋900

③ 700－400　　④ 1000－200

5 □に　あてはまる　＞、＜を　書きましょう。　1つ5点(10点)

① 6928 □ 7000　　② 2041 □ 2039

6 □に　あてはまる　数を　書きましょう。　1つ5点(10点)

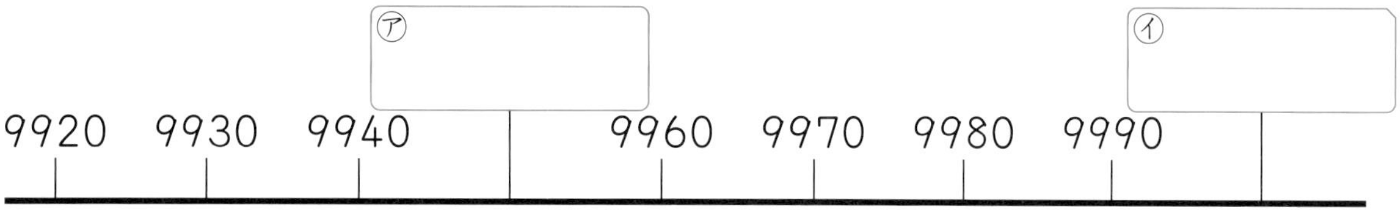

思考・判断・表現　／20点

7 下の　数の線《せん》で、⬆が　あらわす　数に　ついて、あつしさんと　えいたさんは、つぎのように　せつ明《めい》しました。□に　あてはまる　数を　書きましょう。　ぜんぶできて　1もん10点(20点)

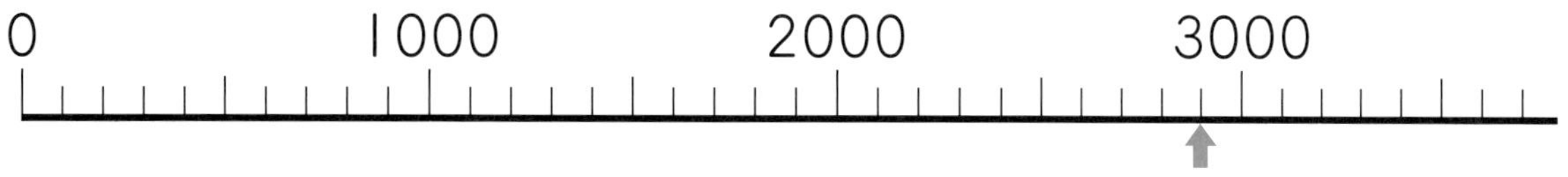

▶あつしさんの　せつ明

いちばん　小さい　1めもりは　□　です。

2000と　いちばん　小さい　1めもり　□　こ分《ぶん》で　□　です。

▶えいたさんの　せつ明

いちばん　小さい　1めもりは　□　です。

3000より　□　小さいから　□　です。

ふりかえり　1が　わからない　ときは、84ページの　1に　もどって　かくにんして　みよう。

14 長い ものの 長さの たんい

長い ものの 長さの たんい

教科書 下64～68ページ 答え 24ページ

つぎの □ に あてはまる 数《かず》を 書《か》きましょう。

めあて m《メートル》、cm をつかって長《なが》さをあらわせるようにしよう。　れんしゅう ❶❷❸❹→

✪長い ものの 長さを あらわす ときは、メートルと いう たんいを つかいます。
✪メートルは m と 書きます。

1m

1m＝100cm

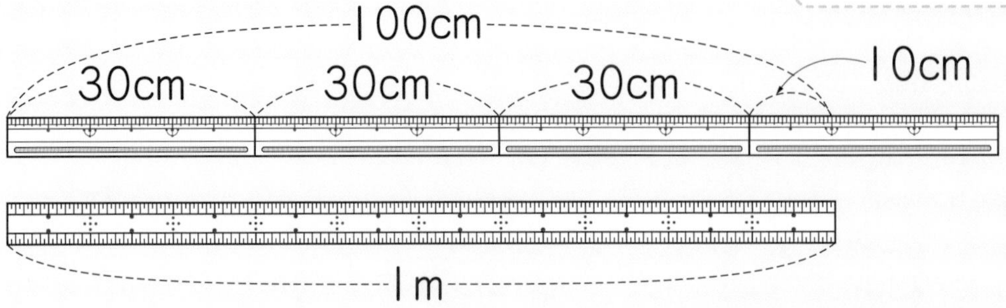

1 けいじばんの よこの 長さを はかったら、1m の ものさしで、ちょうど 2つ分《ぶん》でした。けいじばんの よこの 長さは 何《なん》m ですか。また、何 cm ですか。

とき方 1m の ものさし 2つ分で □ m です。
1m は □ cm だから、それが 2つ分で □ cm です。

2 1m 60cm の テープに、1m の テープを つなぎます。つないだ テープの 長さは 何m何cm ですか。

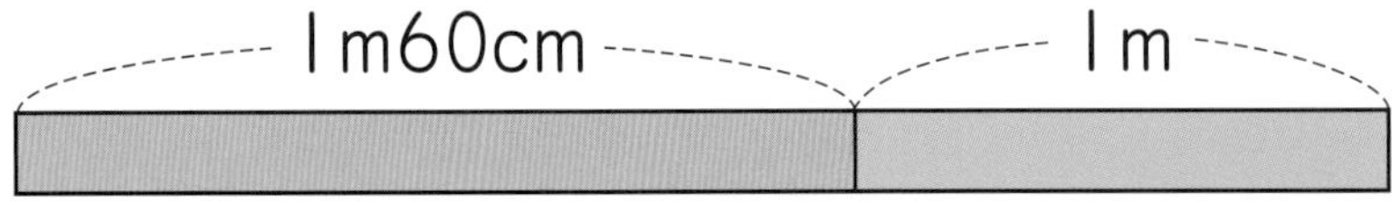

とき方 同《おな》じ たんいの 数どうしを たします。

1m 60cm＋1m＝□ m □ cm

答《こた》え □ m □ cm

ぴったり2

れんしゅう

がくしゅうび　月　日

★できた　もんだいには、「た」を　かこう！★

でき ①　でき ②　でき ③　でき ④

教科書　下64〜68ページ　答え　24ページ

よくみて

1 ①、②の　直線《ちょくせん》の　長さは、それぞれ　どれだけですか。

教科書　65ページ 1

①

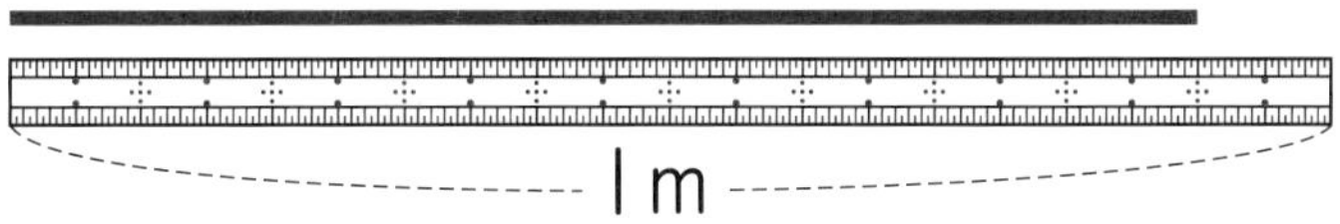

(　　　　　)

②

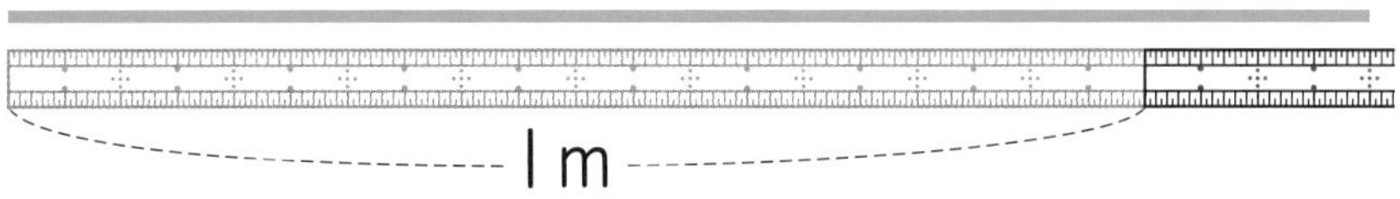

(　　　　　)

2 □に　あてはまる　数を　書きましょう。

教科書　67ページ 2

① 300 cm＝□ m　　② 6 m＝□ cm

③ 4 m 30 cm＝□ cm

④ 503 cm＝□ m □ cm

3 1 m 40 cm の　ぼうに、1 m の　ぼうを　つなぎます。
つないだ　ぼうの　長さは　何 m 何 cm ですか。

教科書　67ページ 2

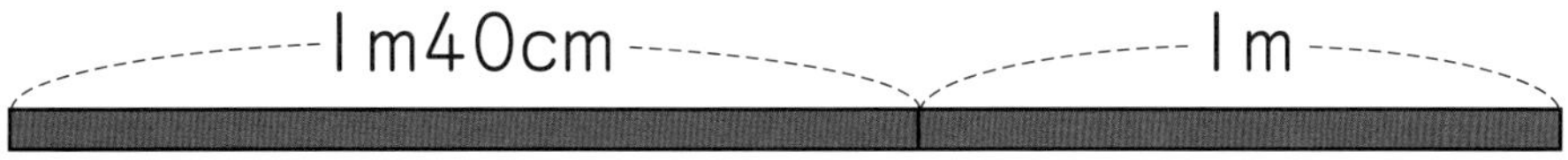

(　　　　　)

4 □に　あてはまる、長さの　たんいを　書きましょう。

教科書　67ページ 2

① ノートの　よこの　長さ　……………………　18 □

② プールの　たての　長さ　……………………　25 □

③ けずった　えんぴつの　しんの　長さ　…………　5 □

ヒント
2 ④　500 cm と　3 cm に　分《わ》けて　考《かんが》えましょう。
3 同じ　たんいの　数どうしを　たします。

⑭ 長い　ものの　長さの　たんい

時間 30 分
／100
ごうかく 80 点

教科書　下 64～71 ページ　答え　24 ページ

知識・技能　／80点

1 よく出る □に　あてはまる　数《かず》を　書《か》きましょう。

④はぜんぶできて　1もん4点(16点)

① 1 cm が □ あつまった　長《なが》さは、1 m です。

② 1 m の　8 つ分《ぶん》の　長さは □ m です。

③ 2 m 5 cm は、□ cm です。

④ 369 cm は、□ m □ cm です。

2 左はしから、㋐、㋑までの　長さは、それぞれ　どれだけですか。

1つ4点(8点)

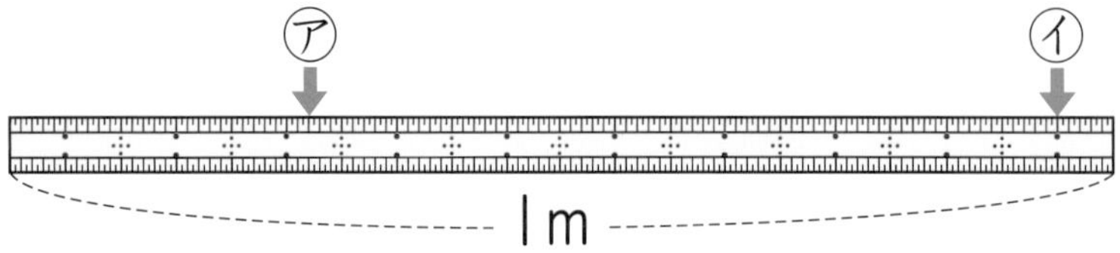

㋐（　　　　）
㋑（　　　　）

3 つぎの　長さは　何《なん》 m 何 cm ですか。また、それは　何 cm ですか。

ぜんぶできて　1もん5点(20点)

① 1 m の　ものさしで　3 つ分と、あと　70 cm の　長さ。

㋐ □ m □ cm
㋑ □ cm

② 1 m の　ものさしで　2 つ分と、あと　30 cm の　ものさしで　2 つ分の　長さ。

㋐ □ m □ cm
㋑ □ cm

できたらスゴイ！

4 計算《けいさん》を　しましょう。　1つ5点(20点)

① 2 m 60 cm＋4 m　　② 5 m 90 cm－3 m

③ 3 m 28 cm＋16 cm　　④ 7 m 45 cm－6 cm

5 □に　あてはまる、長さの　たんいを　書きましょう。1つ4点(16点)

① したじきの　よこの　長さ　20 □

② すな場《ば》の　たての　長さ　4 □

③ 図《ず》かんの　あつさ　3 □

④ ろうかの　長さ　36 □

思考・判断・表現　／20点

できたらスゴイ！

6 かだんの　たてと　よこの　長さを　はかりました。

たての　長さは、30 cm の　ものさしで　3 つ分でした。よこの　長さは、30 cm の　ものさしで　4 つ分と　あと　20 cm　ありました。　1つ5点(20点)

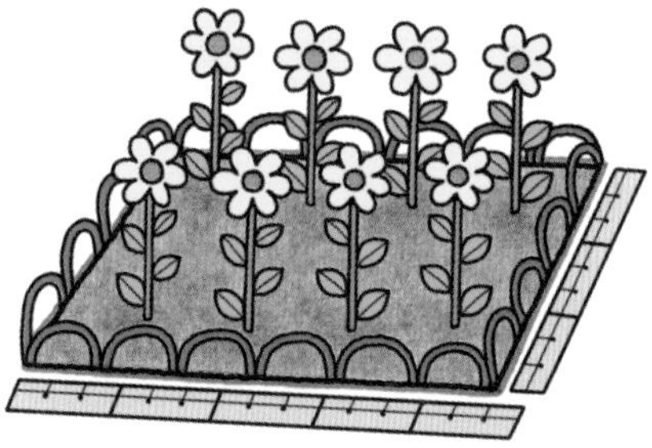

① かだんの　たての　長さは　何 cm ですか。　（　　　）

② たての　長さは、1 m より　何 cm　みじかいですか。　（　　　）

③ よこの　長さは　何 cm ですか。　（　　　）

④ よこの　長さは、1 m より　何 cm　長いですか。　（　　　）

ふりかえり　1①が　わからない　ときは、90 ページの　1に　もどって　かくにんして　みよう。

がくしゅうび　　月　　日

たし算と　ひき算

教科書　下72～77ページ　　答え　25ページ

つぎの　□に　あてはまる　数《かず》を　書《か》きましょう。

めあて　お話《はなし》のとおりに、ばめんを図《ず》にあらわし、しきや答《こた》えを書けるようになろう。　れんしゅう　1 2 3 →

わからない　数を　□と　して、ばめんを　しきに　あらわす　ことが　できます。ぜんたいと　ぶぶんに　ちゅう目して　図を　見ると、どんな　計算《けいさん》に　なるかが　わかります。

1 子どもが　15人　あそんで　います。後《あと》から　何人《なんにん》か　来《き》たので、みんなで　27人に　なりました。後から　来た　人は　何人ですか。

とき方　図に　あらわして　みます。

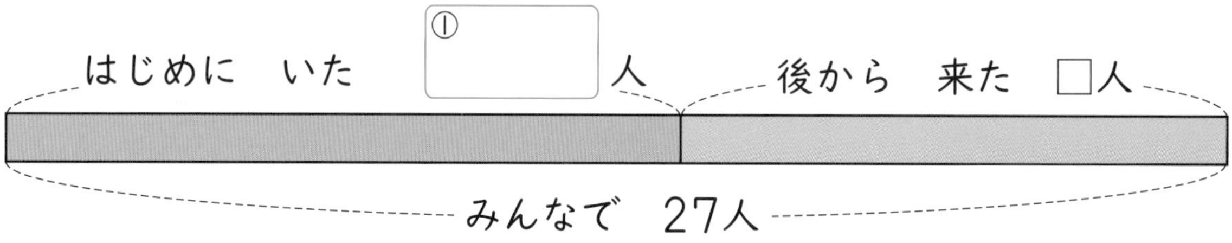

②□＋□＝27
↓
27－③□＝④□　　答え　⑤□人

図で　あらわした　とき、ぶぶんを　もとめる　しきは、ひき算《さん》に　なるね。

2 みかんが　何こか　あります。11こ　食《た》べたら、のこりが　21こに　なりました。みかんは、はじめに　何こ　ありましたか。

とき方　図に　あらわして　みます。

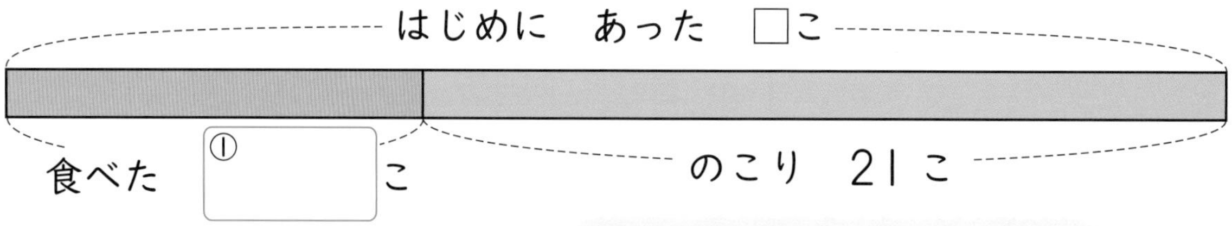

□－②□＝21
③□＋21＝④□　　答え　⑤□こ

図で　あらわした　とき、ぜんたいを　もとめる　しきは、たし算に　なるね。

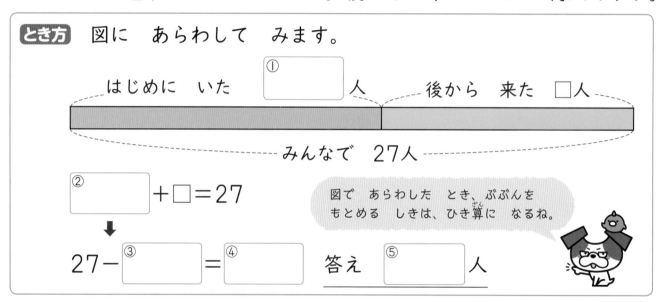

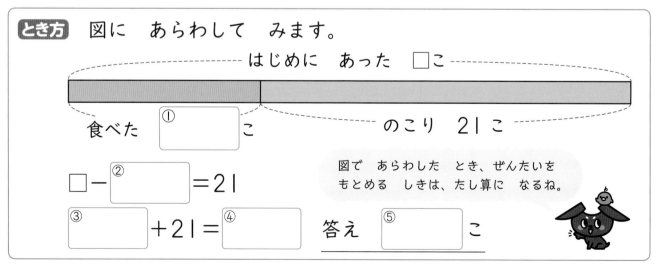

★できた　もんだいには、「た」を　かこう！★

1 でき　2 でき　3 でき

がくしゅうび　月　日

教科書　下72〜77ページ　答え　25ページ

1 リボンが　何ｍか　あります。そのうち、18ｍ　つかって、まだ　27ｍ　のこって　います。リボンは　何ｍ　ありましたか。□に　あてはまる　数を　書いて　考《かんが》えましょう。 教科書　75ページ2

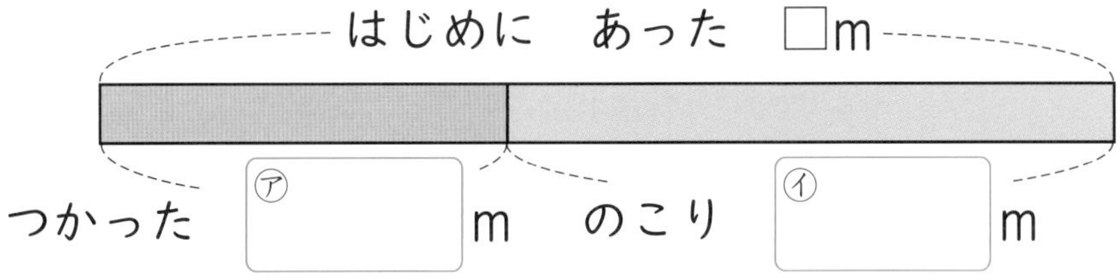

しき　　答え（　　　）

2 かおりさんの　クラスには　本が　何さつか　あります。本を　16さつ　ふやしたので、ぜんぶで　60さつに　なりました。本は、はじめに　何さつ　ありましたか。□に　あてはまる　数を　書いて　考えましょう。 教科書　76ページ3

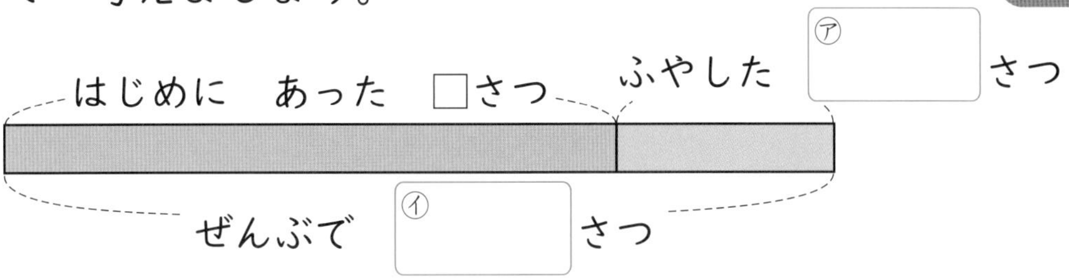

しき　　答え（　　　）

3 公園《こうえん》で　子どもが　26人　あそんで　います。何人か　帰《かえ》ったので、のこりは　14人に　なりました。公園から　帰った　子どもは　何人ですか。□に　あてはまる　数を　書いて　考えましょう。 教科書　77ページ4

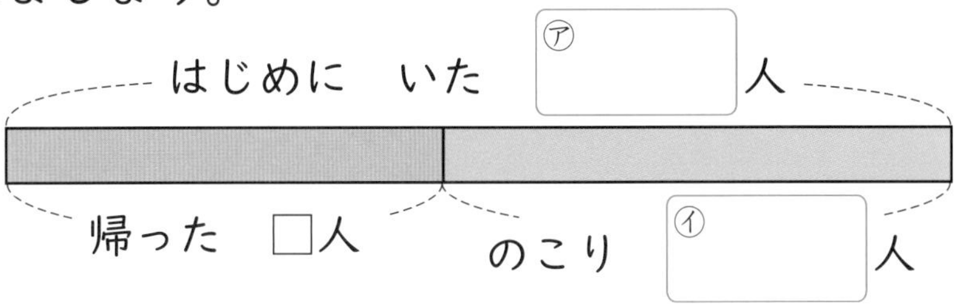

しき　　答え（　　　）

ヒント
1 図で　あらわした　とき、ぜんたいを　もとめる　ときは…。
2 3 図で　あらわした　とき、ぶぶんを　もとめる　ときは…。

15 たし算と　ひき算

時間 30 分

／100

ごうかく 80 点

教科書　下 72〜79 ページ　答え　25 ページ

知識・技能　／70点

1 あめが　何《なん》こか　あります。7こ　もらったので、ぜんぶで 25こに　なりました。わからない　数《かず》を　□と　して、□に　あてはまる　数や　□を　書《か》きましょう。

ぜんぶできて　1もん15点(30点)

① この　もんだいを　図《ず》に　あらわしましょう。

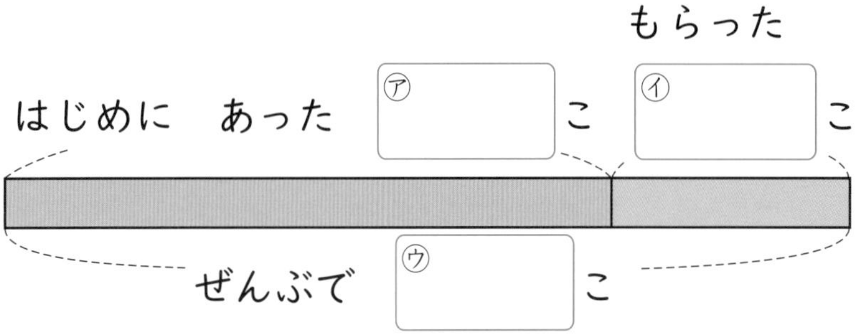

② 答《こた》えを　もとめる　しきを　つくります。

はじめに　あった　あめの　数と　もらった　あめの　数を　あわせると　25こに　なるから、

㋓□＋㋔□＝25

答えは、図を　見て、㋕□－㋖□で　もとめられます。

2 よく出る　ともやさんは、何円か　もって　買《か》いものに　行《い》きました。95円　つかったので、のこりは　57円に　なりました。ともやさんは、はじめに　何円　もって　いましたか。

しき・答え　1つ10点(20点)

しき

答え（　　　）

3 よく出る 色紙《いろがみ》で　つるを、きのうまでに　28わ　作《つく》りました。
今日《きょう》　何わか　作ったので、ぜんぶで　52わに　なりました。
今日　作った　つるは　何わですか。　しき・答え　1つ10点(20点)

しき

答え（　　　　）

思考・判断・表現　／30点

できたらスゴイ！

4 れなさんは、38－21＝17と　いう　しきに　なる
もんだいを　つくりました。　①はぜんぶできて　1もん15点(30点)

① れなさんが　つくった　もんだいの　□　に　あてはまる
数を　書きましょう。

れなさんが　つくった　もんだい

赤い　花と　白い　花が　あわせて　㋐□　本　あります。
そのうち、赤い　花は　㋑□　本です。
白い　花は　何本ですか。

② れなさんが　つくった　もんだいを　あらわして　いる　図は、
つぎの　㋐、㋑、㋒の　どれですか。

㋐
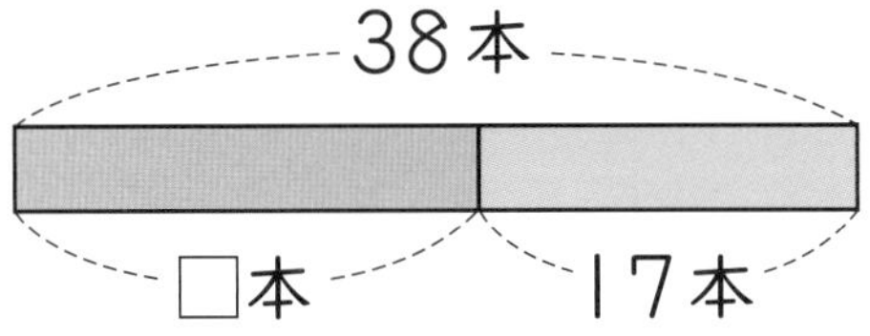

㋑
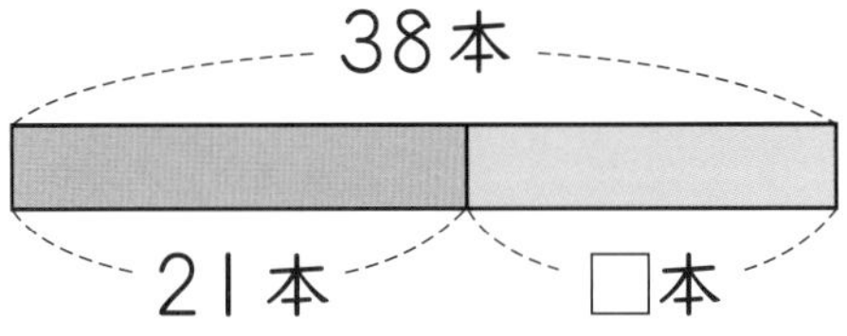

㋒
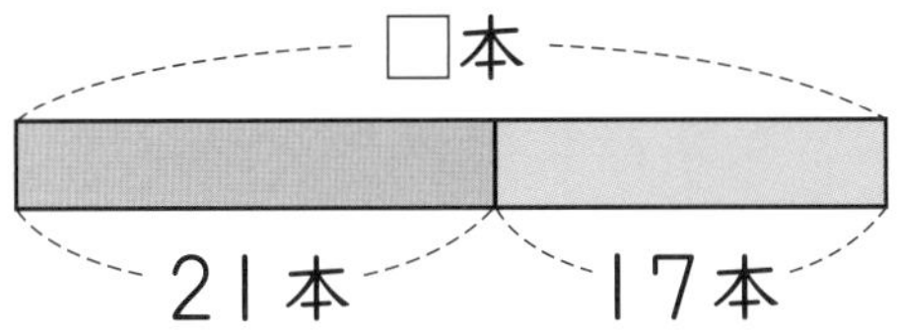

（　　　　）

① 分数

教科書 下80～85ページ 答え 26ページ

つぎの □ に あてはまる 記《き》ごうを 書《か》きましょう。

めあて 同《おな》じ大きさに分《わ》けた1つ分《ぶん》をあらわせるようになろう。 れんしゅう 1 2 3

- 同じ 大きさに 2つに 分けた 1つ分を、もとの 大きさの 二分《にぶん》の一《いち》と いい、$\frac{1}{2}$ と 書きます。
- 同じ 大きさに 4つに 分けた 1つ分を、もとの 大きさの 四分《よんぶん》の一《いち》と いい、$\frac{1}{4}$ と 書きます。

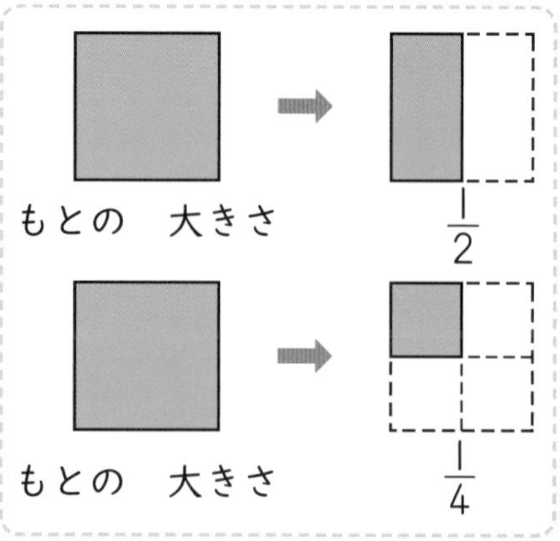

- $\frac{1}{2}$ や $\frac{1}{4}$ のような 数《かず》を 分数《ぶんすう》と いいます。

1 もとの 大きさの $\frac{1}{2}$ に なって いるのは どれですか。

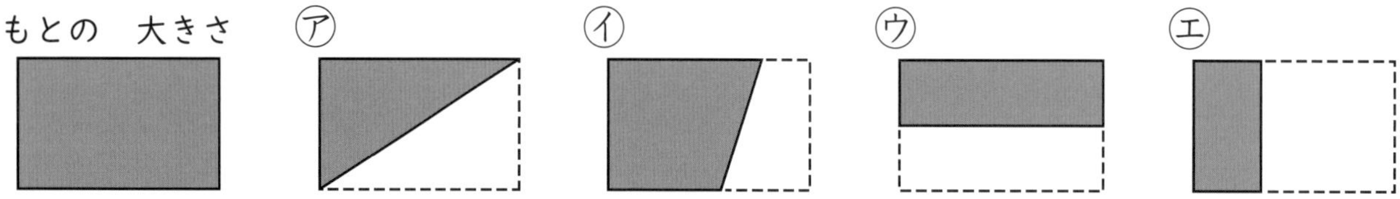

とき方 もとの 大きさを、同じ 大きさに 2つに 分けて いる ものだから、□、□ です。

2つに 分けて いても、同じ 大きさで なければ $\frac{1}{2}$ では ないよ。

2 ㋐は、ある テープを 4つに 分けた 1つ分で、もとの 長《なが》さの $\frac{1}{4}$ です。もとの 長さは ㋑、㋒、㋓の どれですか。

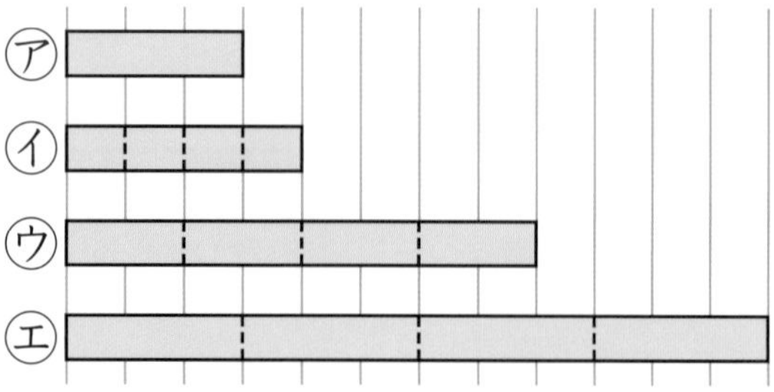

とき方 $\frac{1}{4}$ の 4つ分は、もとの 長さに なるから、もとの 長さは □ です。

★できた　もんだいには、「た」を　かこう！★

できた ❶　できた ❷　できた ❸

がくしゅうび　　月　　日

教科書 下80～85ページ　答え 26ページ

1 色《いろ》を　ぬった　ところは、もとの　大きさの　何分《なんぶん》の一《いち》ですか。分数で　答《こた》えましょう。 教科書 81ページ 1、83ページ 2

もとの　大きさ　　①　　②

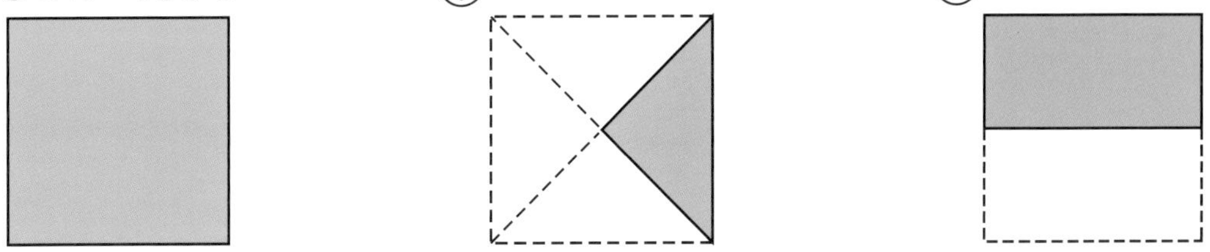

①（　　　）　②（　　　）

2 つぎの　もんだいに　答えましょう。 教科書 81ページ 1、83ページ 2

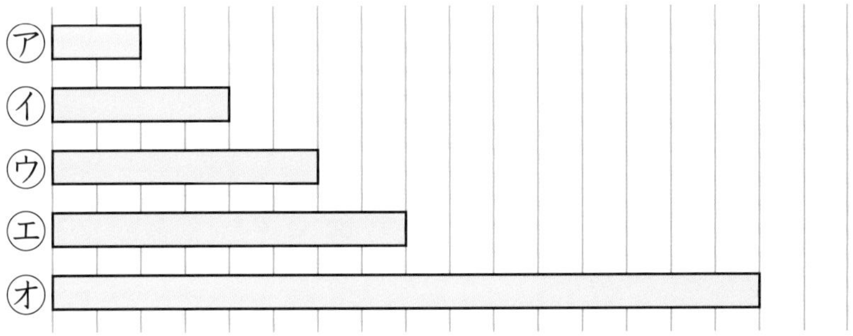

同じ　大きさに　8つに
分けた　１つ分を、
もとの　大きさの
八分《はちぶん》の一《いち》と　いい、
$\frac{1}{8}$と　書くよ。

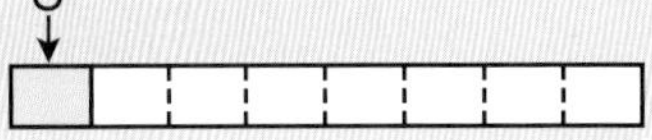

① イの　長さの　$\frac{1}{2}$に　なって　いるのは　どれですか。

（　　　）

② アの　長さは、オの　長さの　何分の一ですか。分数で　答えましょう。

（　　　）

3 6この　クッキーが　あります。 教科書 85ページ 3

① 6この　$\frac{1}{2}$は　何こですか。（　　　）

② 6この　$\frac{1}{3}$は　何こですか。（　　　）

ヒント
❶ ①　同じ　大きさに　4つに　分けた　１つ分です。
❷ ②　アは　オを　同じ　大きさに　8つに　分けた　１つ分です。

② ばいと 分数

教科書 下86〜87ページ 答え 26ページ

つぎの □ に あてはまる 数《かず》を 書《か》きましょう。

めあて ばいと分数《ぶんすう》のかんけいがわかるようになろう。 れんしゅう 1 2→

㋑の 長《なが》さが、㋐の 長さの 2ばいの とき、

㋐の 長さは、㋑の 長さの $\frac{1}{2}$ です。

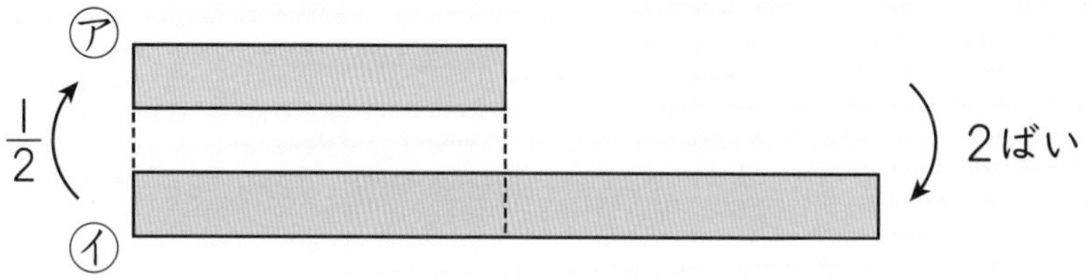

1 下の ㋒の テープの 長さと、㋓の テープの 長さを くらべます。

(1) ㋓の テープの 長さは、㋒の テープの 長さの 何《なん》ばいですか。

(2) ㋒の テープの 長さは、㋓の テープの 長さの 何分《なんぶん》の一《いち》ですか。

とき方 (1) ㋒の テープの □ つ分《ぶん》の 長さが、㋓の テープと 同《おな》じ 長さです。

　だから、㋓の テープの 長さは、㋒の テープの 長さの □ ばいです。

(2) ㋒の テープの 長さは、

㋓の テープの 長さの □ です。

教科書　下 86～87 ページ　答え　26 ページ

1 下の　㋐の　テープの　長さと　㋑の　テープの　長さを　くらべます。

教科書　86 ページ 1

① ㋑の　テープの　長さは、㋐の　テープの　長さの　何ばいですか。

(　　　　)

② ㋐の　テープの　長さは、㋑の　テープの　長さの　何分の一ですか。分数で　答《こた》えましょう。

(　　　　)

2 長さの　ちがう　2本の　ひもを　ならべました。
□に　あてはまる　数を　書きましょう。

教科書　86 ページ 1

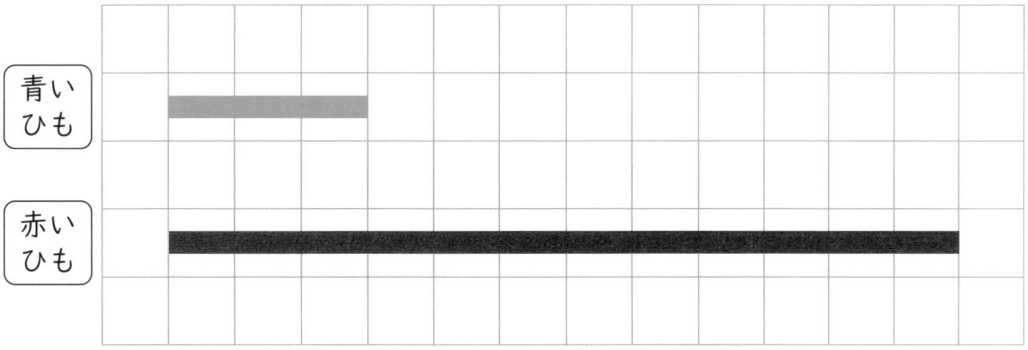

赤い　ひもの　長さは、青い　ひもの　長さの　①□　ばい。

青い　ひもの　長さは、赤い　ひもの　長さの　②□　。

ヒント
2 まず、何こ分の　長さか　数《かぞ》えて、赤い　ひもの　長さが　青い　ひもの　長さの　いくつ分か　しらべます。

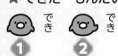

ぴったり3 たしかめのテスト

16 分数

時間30分

／100

ごうかく80点

教科書 下80～88ページ　答え 27ページ

知識・技能　／70点

1 長方形《ちょうほうけい》の　紙《かみ》を　同《おな》じ　大きさに　2つに　分《わ》けた　1つ分《ぶん》の　大きさは、もとの　大きさの　何分《なんぶん》の一《いち》ですか。分数《ぶんすう》で　答《こた》えましょう。(10点)

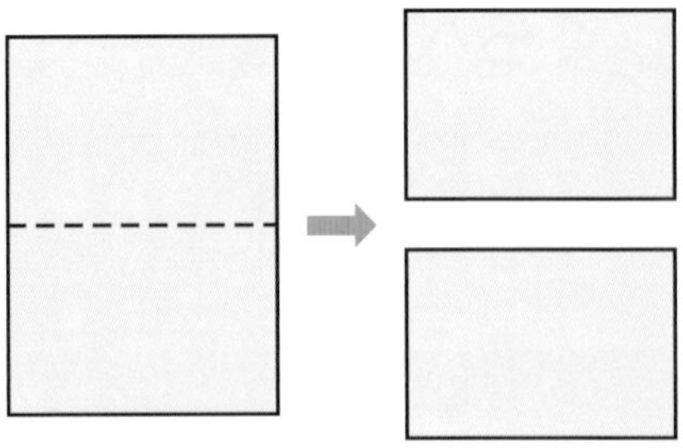

(　　　　)

2 もとの　大きさの　$\frac{1}{2}$ や　$\frac{1}{4}$ を　㋐、㋑、㋒、㋓から　えらびましょう。　1つ10点(20点)

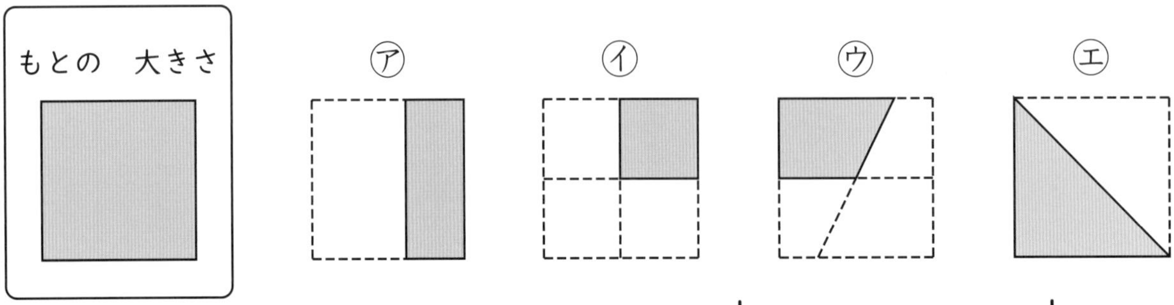

$\frac{1}{2}$ (　　　　)　$\frac{1}{4}$ (　　　　)

3 つぎの　もんだいに　答えましょう。答えは　㋕、㋖、㋗、㋘から　えらびましょう。　1つ10点(20点)

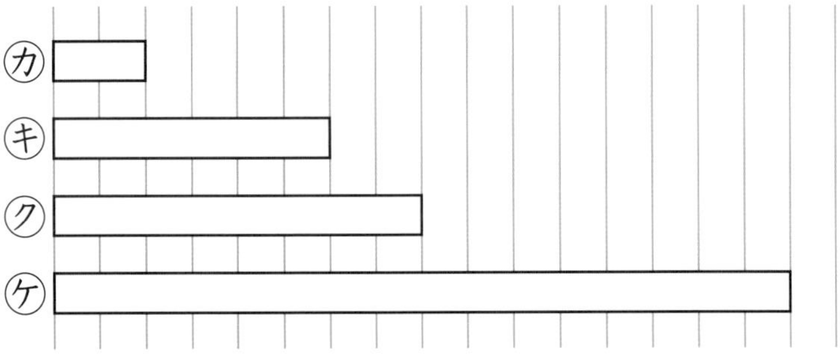

① ㋘の　長《なが》さの　$\frac{1}{8}$ に　なって　いるのは　どれですか。

(　　　　)

② ㋕は、ある　テープの　長さの　$\frac{1}{3}$ です。もとの　長さは　どれですか。

(　　　　)

❹ 2本の　テープの　長さを　くらべます。□に　あてはまる　数《かず》を　書《か》きましょう。　1つ10点(20点)

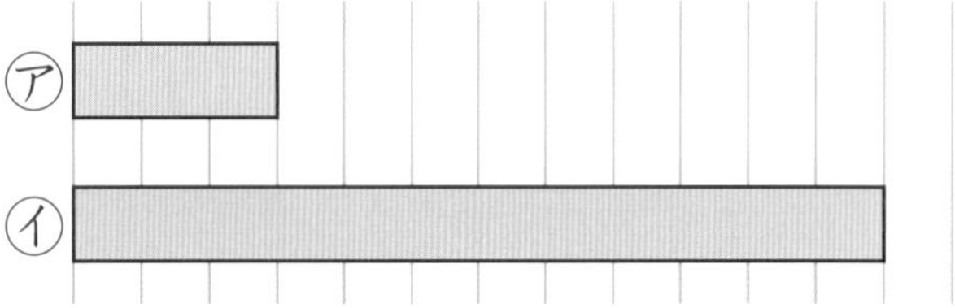

▶㋑の　長さは、㋐の　長さの　① □ ばい。

▶㋐の　長さは、㋑の　長さの　② □ 。

思考・判断・表現　／30点

❺ 同じ　長さに　なるように、テープを　4つに　分けます。

③はぜんぶできて　1もん10点(30点)

① ㋕の　テープの　$\frac{1}{4}$ の　長さに　色《いろ》を　ぬりましょう。

② ㋖の　テープの　$\frac{1}{4}$ の　長さに　色を　ぬりましょう。

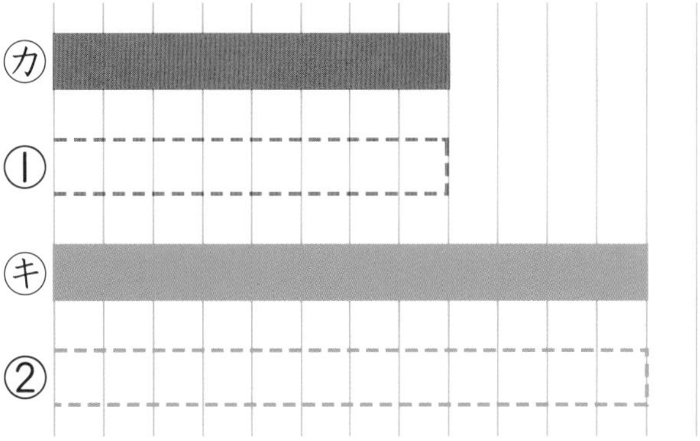

できたらスゴイ！

③ ①で　ぬった　長さは　㋕の　テープの　$\frac{1}{4}$、②で　ぬった　長さは　㋖の　テープの　$\frac{1}{4}$ ですが、長さが　ちがいます。その　わけを　せつ明《めい》しました。□に　あてはまる　数や　ことばを　書きましょう。

$\frac{1}{4}$ の　長さは、もとの　長さを　同じ　長さに　□ つに　分けた　□ つ分の　長さです。

①、②では、もとの　長さが　□ ので、$\frac{1}{4}$ の　長さも　ちがいます。

はこの　形

教科書　下 90〜94 ページ　答え　27 ページ

つぎの □ に　あてはまる　ことばや　数《かず》を　書《か》きましょう。

めあて はこの面《めん》の形《かたち》や、面の数がわかるようになろう。　れんしゅう 1 2 →

はこの　面の　形は、正方形《せいほうけい》か
長方形《ちょうほうけい》で、数は　6 つです。

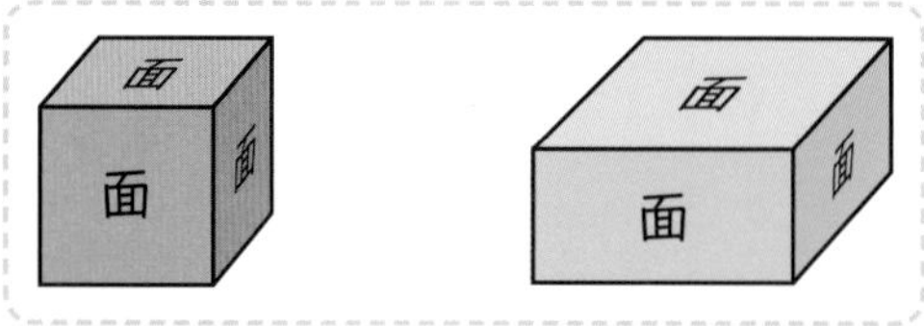

1 右の　はこに　ついて　答《こた》えましょう。

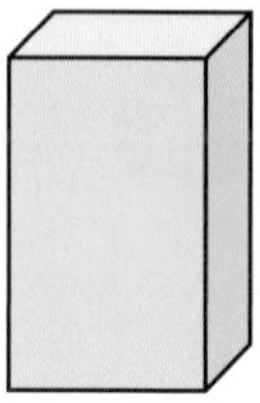

(1) 面の　形は、何《なん》と　いう　四角形《しかくけい》ですか。

(2) 面は　いくつ　ありますか。

(3) 形も　大きさも　同《おな》じ　面は、いくつずつ　ありますか。

とき方 面の　形を　紙《かみ》に
うつしとって　みます。

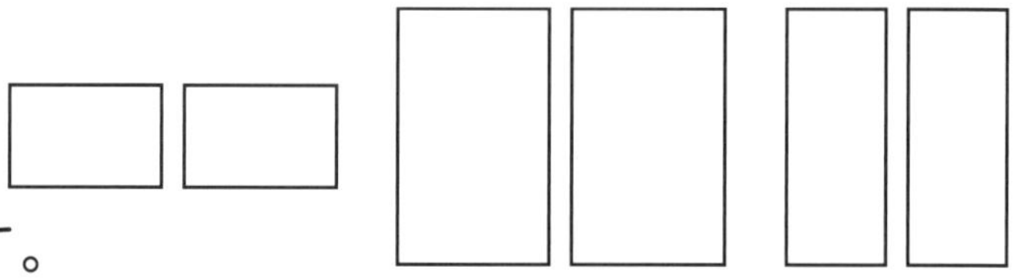

(1) 面の　形は □ です。

(2) 面は □ つ　あります。

(3) 形も　大きさも　同じ　面は □ つずつ　あります。

めあて はこのへんやちょう点《てん》がわかるようになろう。　れんしゅう 3 →

はこの　形には、**へん**が　12、
ちょう点が　8 つ　あります。

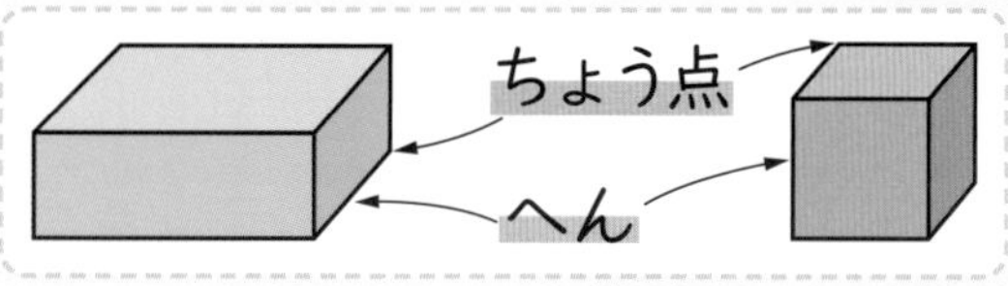

2 ひごと　ねん土玉を　つかって、右の
はこの　形を　作《つく》ります。

1 cm、3 cm、4 cm の　ひごが、
何本ずつ　ひつようですか。

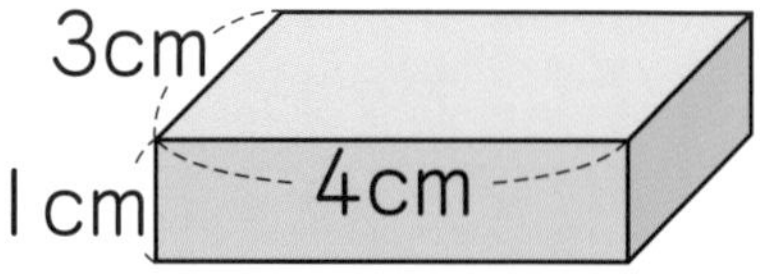

とき方 ひごの　数と　へんの　数は　同じです。
1 cm、3 cm、4 cm の　ひごは、
□ 本ずつ　ひつようです。

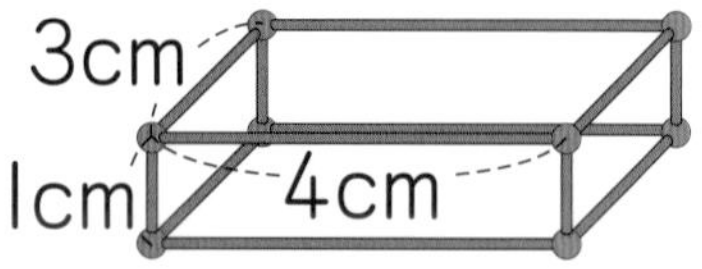

1 下の　図《ず》は、はこの　面の　形を　うつしとった　ものです。
㋐、㋑、㋒の　どの　はこの　面を　うつしとった　ものですか。

教科書　91ページ 1

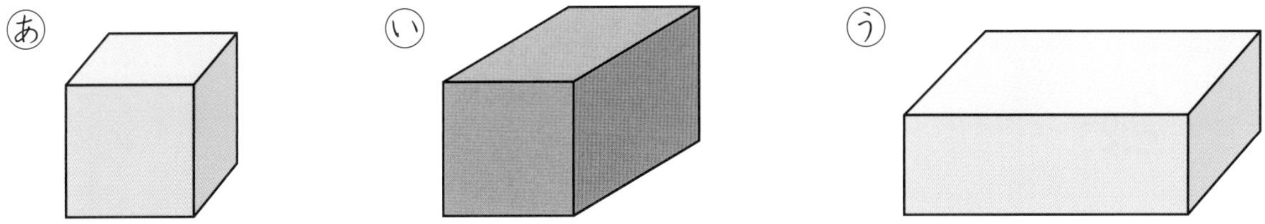

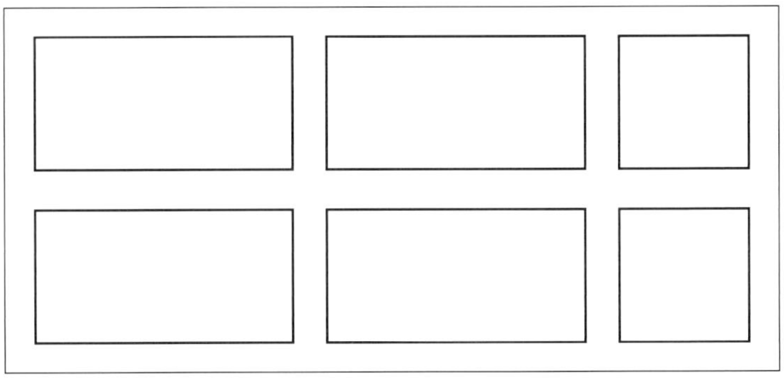

（　　　　）

2 下のように　6つの　面を　つないで　組《く》み立てると、はこの　形に　なるのは、㋐、㋑の　どちらですか。

教科書　93ページ 2

㋐

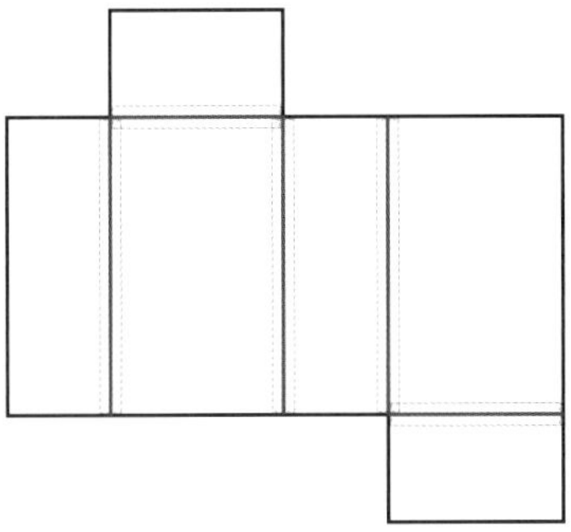

㋑

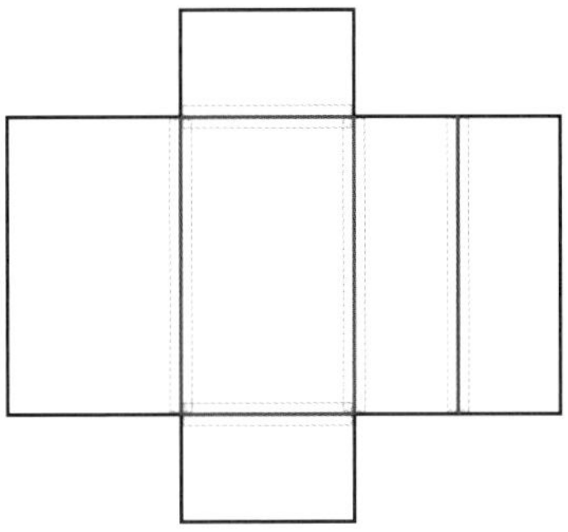

（　　　　）

3 ひごと　ねん土玉を　つかって、右のような　さいころの　形を　作ります。

教科書　94ページ 3

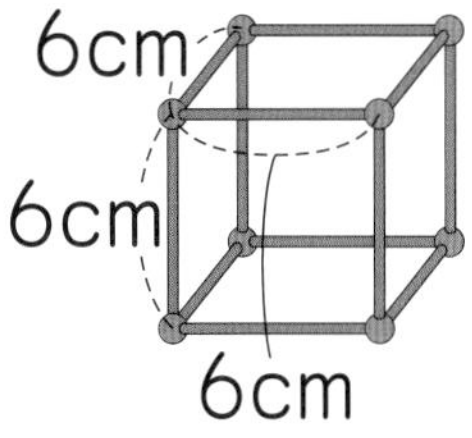

① どんな　長《なが》さの　ひごが、何本　ひつようですか。

（　　　　cmの　ひごが、　　　　本　ひつようです。）

② ねん土玉は、何こ　ひつようですか。

（　　　　）

ヒント

2 むかい合《あ》う　面は　同じ　形です。また、はこの　形に　なるように　面と　面を　つなぐ　ときは、むかい合う　面は　となりどうしに　ならないように　つなぎます。

17 はこの　形

時間 30分　／100　ごうかく80点

教科書 下90〜95ページ　答え 28ページ

知識・技能　／70点

1 よく出る □に　あてはまる　数《かず》や　ことばを　書《か》きましょう。

1つ5点(30点)

はこの　形《かたち》には、面《めん》が ① □つ、へんが ② □、ちょう点《てん》が ③ □つ　あります。

面の　形は ④ □か ⑤ □で、むかい合《あ》う　面は、⑥ □形です。

2 ①、②のような　はこの　形を　作《つく》ります。下の　図《ず》の　あ〜きの　どの　四角形《しかくけい》が　いくつずつ　ひつようですか。記《き》ごうと　数を　書きましょう。

ぜんぶできて　1もん8点(16点)

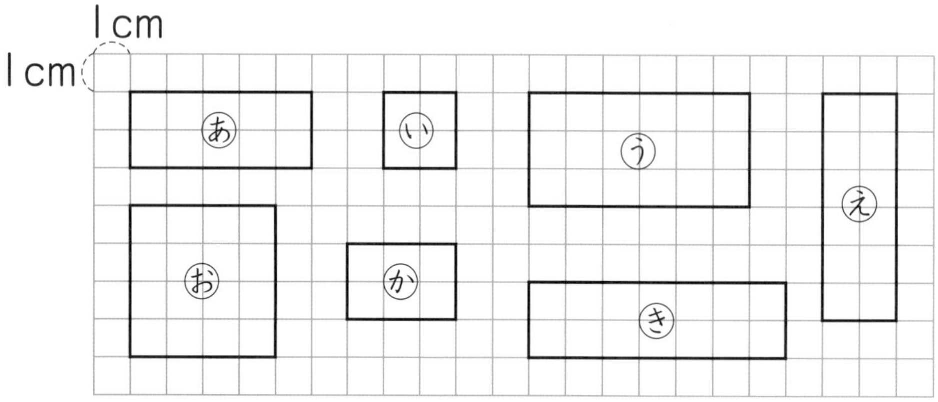

①

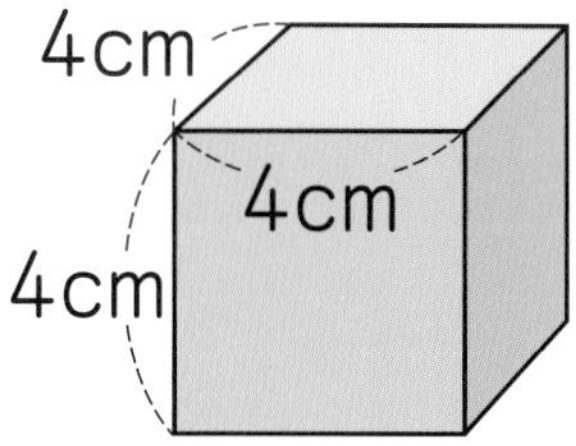

（　　が　　つ）

②

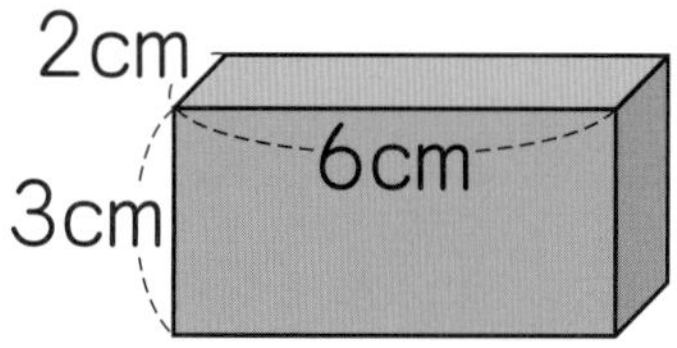

（　　が　　つ）

（　　が　　つ）

（　　が　　つ）

❸ 組み立てると、どの　はこが　できますか。線で　むすびましょう。

1つ8点(24点)

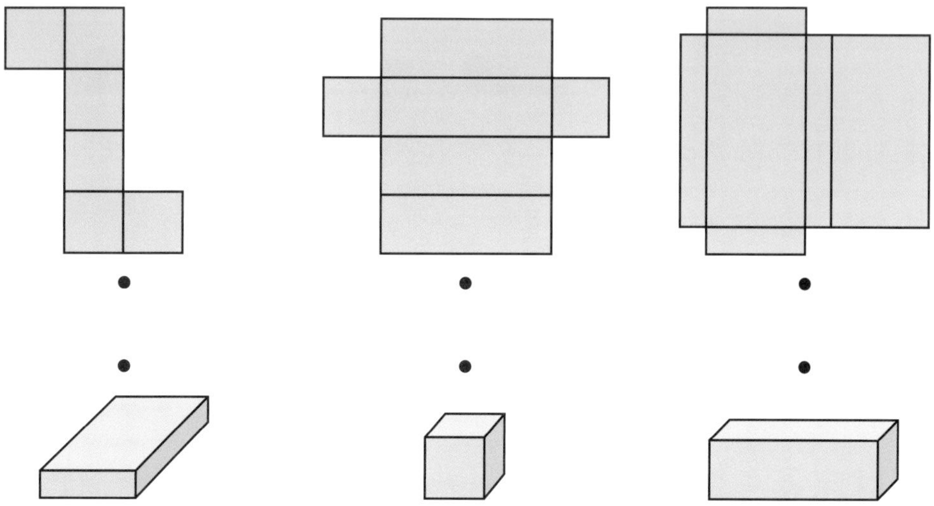

思考・判断・表現　　　　　　　　　　　　　　　／30点

できたらスゴイ！

❹ ひごと　ねん土玉を　つかって、はこの　形を　作ります。
つぎの　もんだいに　答えましょう。

①はぜんぶできて　1もん15点(30点)

① 右の　ひごと　ねん土玉では、はこの
形を　作る　ことが　できません。その
わけを　つぎのように　せつ明しました。
□に　あてはまる　数や　ことばを
書きましょう。

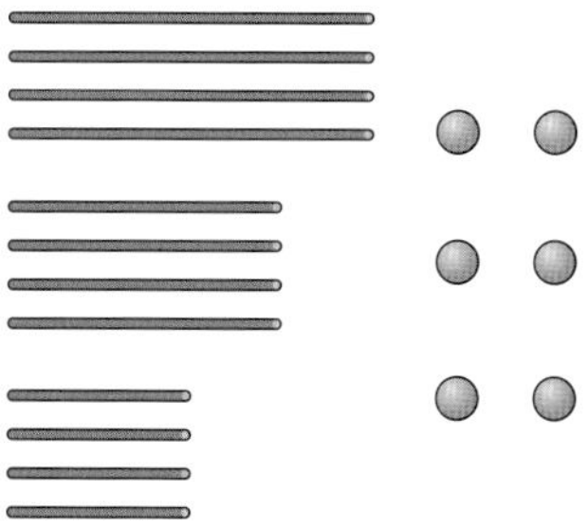

はこの　形を　作ると、ひごは　へんに、ねん土玉は
㋐□に　なります。はこの　形には、へんが　12、
㋑□が　㋒□つ　ありますが、ねん土玉は
㋓□こしか　ないので、はこの　形は　作れません。

② はこの　形が　できるのは、あ、いの　どちらですか。

（　　　　）

ふりかえり　❶が　わからない　ときは、104ページの　❶❷に　もどって　かくにんして　みよう。

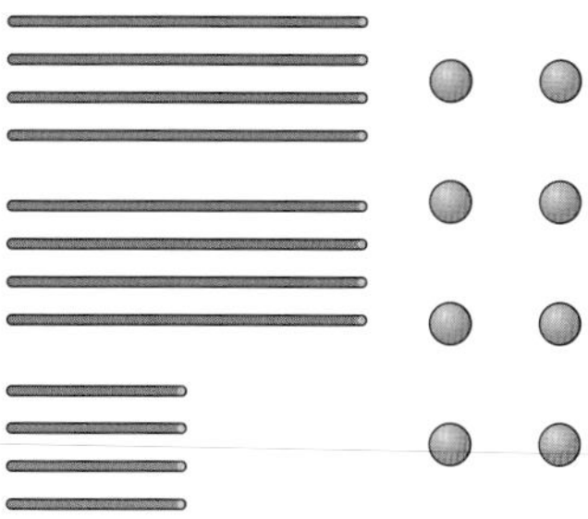

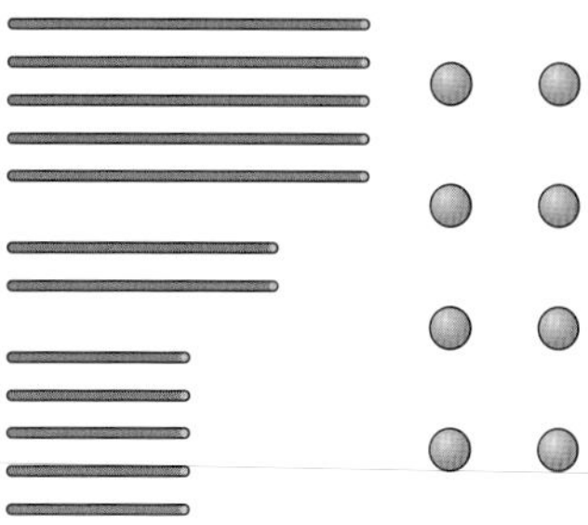

計算　ピラミッド

教科書　下96〜97ページ　答え　28ページ

つぎの　きまりに　したがって、ますに　数《かず》を　入れます。

きまり

となりどうしの　数を　たします。
答《こた》えは、上の　ますに　書《か》きます。

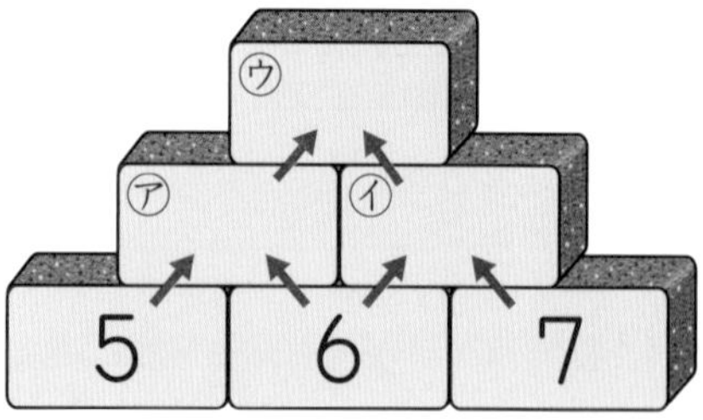

1 □に　あてはまる　数を　書きましょう。

❶ となりどうしの　数を　たして、
上の　ますに　答えを　書くから、㋐に　入る　数は、
5＋□＝□で　□です。

❷ ㋑に　入る　数は、□＋7＝□で　□です。

❸ ㋒に　入る　数は、㋐に　入る　数と　㋑に　入る　数を
たした　答えだから、□＋□＝□で
□です。

2 □に　あてはまる　数を　書きましょう。

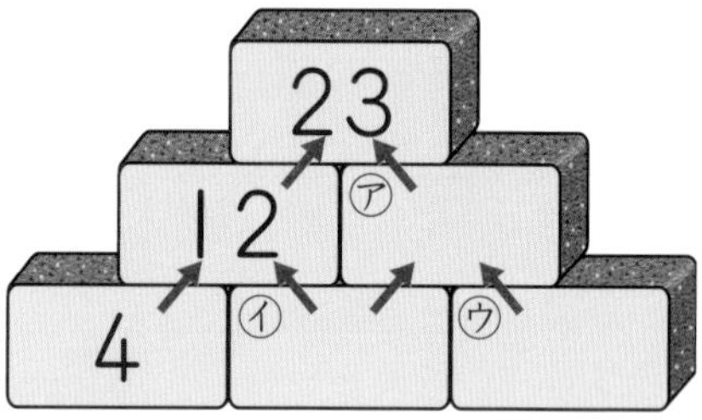

❶ 12と　㋐に　入る　数を　たすと
23に　なるから、㋐に　入る　数は、
□－12＝□で
□です。

❷ ㋑に　入る　数は、□－4＝□で　□です。

❸ ㋑に　入る　数と　㋒に　入る　数を　たした　答えが　㋐に
入るから、㋒に　入る　数は、
□－□＝□で
□です。

いちばん　下の　数が
わかって　いないから、
上から　考《かんが》えて　いるね。

3 ますに　あてはまる　数を　書きましょう。

①
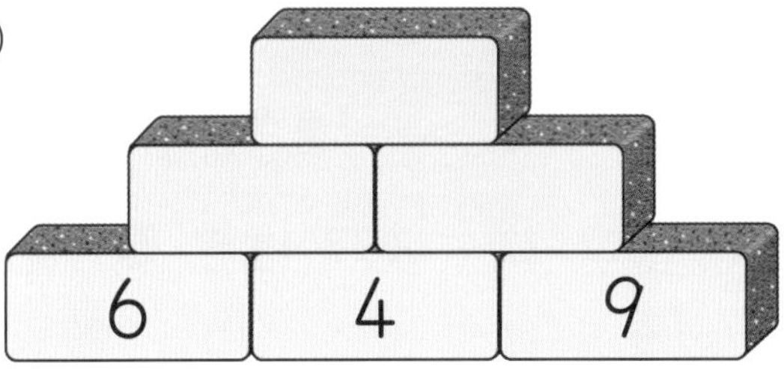

②
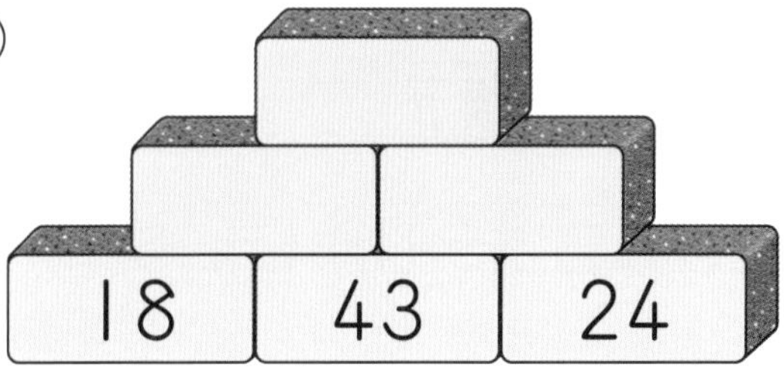

③

④

⑤

⑥

⑦

⑧

すぐに　答えが
わかるのは、どの
ますかを　考えよう。

この　本の　おわりに　ある「春の　チャレンジテスト」を　やって　みよう！

まとめのテスト

2年の　ふくしゅう

数と　計算

がくしゅうび　　月　　日

時間 20 分　　／100　ごうかく 80 点

教科書　下 98〜102 ページ　　答え　29 ページ

1 ひっ算《さん》で　しましょう。　1つ5点(40点)

① 31＋26　② 7＋54

③ 65＋78　④ 639＋47

⑤ 86－52　⑥ 90－3

⑦ 102－45　⑧ 713－64

2 計算《けいさん》を　しましょう。　1つ4点(24点)

① 30＋80

② 900＋500

③ 400＋20

④ 150－70

⑤ 1000－800

⑥ 340－40

3 □に　あてはまる　数《かず》を　書《か》きましょう。　1つ4点(12点)

① 1000 を　5 こ、10 を　1 こ、1 を　2 こ　あわせた　数は、□です。

② 100 を　56 こ　あつめた　数は、□です。

③ 9000 より　1000　大きい　数は、□です。

4 めもりが　あらわす　数を　書きましょう。　1つ4点(12点)

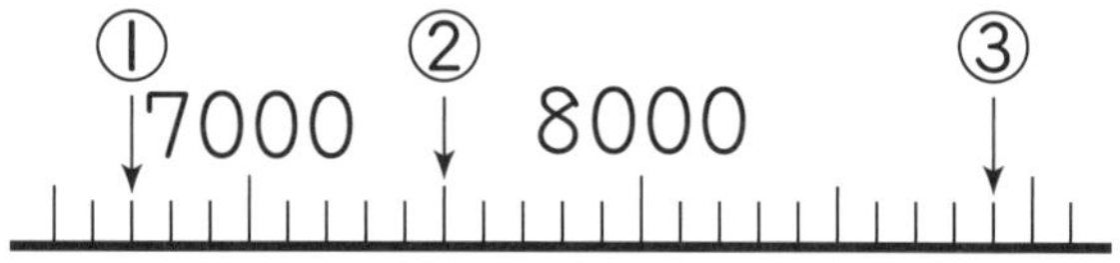

①（　　　　）

②（　　　　）

③（　　　　）

5 □に　あてはまる　＞、＜、＝を　書きましょう。　1つ4点(12点)

① 106－9 □ 95

② 246＋33 □ 280

③ 266 □ 314－48

まとめのテスト

2年の　ふくしゅう

数と　計算、図形

がくしゅうび　　月　　日

時間20分　　/100　ごうかく80点

教科書　下98〜102ページ　答え　29ページ

1 計算を　しましょう。

1つ5点(40点)

① 2×6

② 9×8

③ 1×2

④ 3×5

⑤ 8×2

⑥ 7×3

⑦ 6×7

⑧ 5×4

2 8cmの　5ばいの　長《なが》さは　何《なん》cmですか。　しき・答え　1つ5点(10点)

しき

答《こた》え（　　　　）

3 正方形《せいほうけい》の　大きさの　①には　$\frac{1}{2}$に、②には　$\frac{1}{4}$に　色《いろ》を　ぬりましょう。　1つ5点(10点)

①

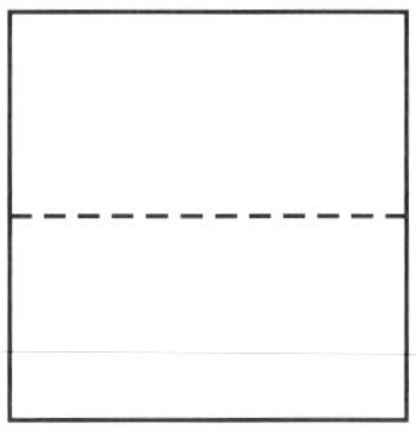

②

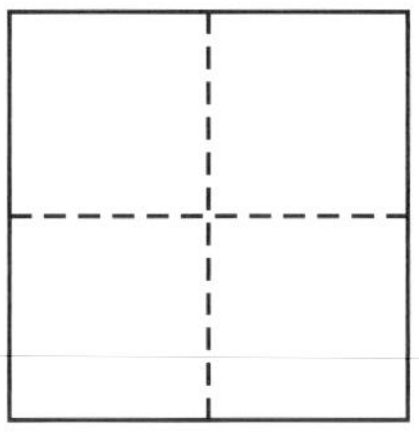

4 下の　形《かたち》は　長方形《ちょうほうけい》です。㋐、㋑の　へんの　長さは、それぞれ　何cmですか。

1つ10点(20点)

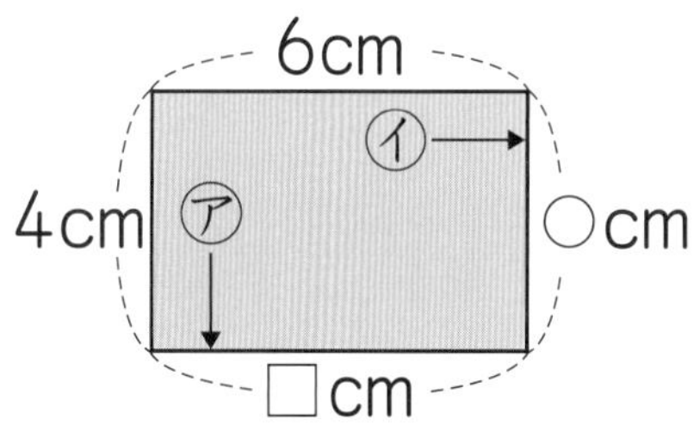

㋐（　　　　）

㋑（　　　　）

5 下のような　はこの　形に　ついて　答えましょう。

1つ10点(20点)

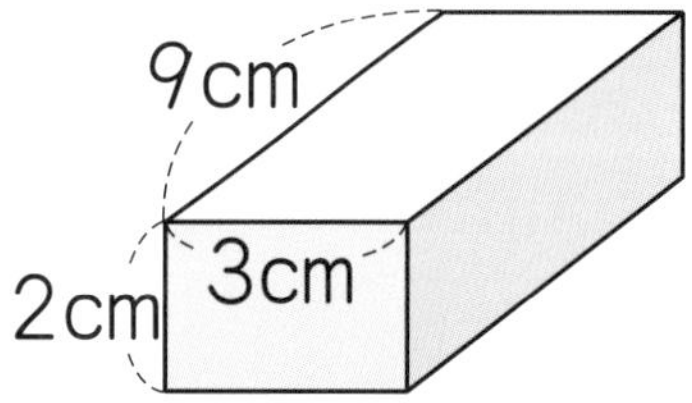

① 長さが　9cmの　へんは　いくつ　ありますか。

（　　　　）

② たて　9cm、よこ　3cmの　長方形の　面《めん》は　いくつ　ありますか。

（　　　　）

2年の　ふくしゅう

りょうと　そくてい、データの　かつよう

教科書　下98～102ページ　答え　30ページ

1 今《いま》の　時《じ》こくは　9時45分《ふん》です。30分前《ぷんまえ》、10分後《あと》、1時間《じかん》後の　時こくを　答《こた》えましょう。　1つ10点(30点)

① 30分前　(　　　)

② 10分後　(　　　)

③ 1時間後　(　　　)

2 □に　あてはまる　数《かず》を　書《か》きましょう。　①、③はぜんぶできて　1もん5点(30点)

① 45mm＝□cm□mm

② 8cm3mm＝□mm

③ 240cm＝□m□cm

④ 3m8cm＝□cm

⑤ 2L＝□dL

⑥ 1L＝□mL

3 おかしの　数を　しらべます。　①、②はぜんぶできて　1もん10点(40点)

① グラフに　あらわしましょう。

おかしの　数

ケーキ	あめ	プリン	クッキー	だんご

② ひょうに　あらわしましょう。

おかしの　数

おかし	ケーキ	あめ	プリン	クッキー	だんご
数					

③ いちばん　多《おお》い　おかしは　何《なん》ですか。

(　　　)

④ 数が　3この　おかしは　何ですか。

(　　　)

この　本の　おわりに　ある「学力しんだんテスト」を　やって　みよう！

教科書ぴったりトレーニング

丸つけラクラクかいとう

この「丸つけラクラクかいとう」は
とりはずしてお使いください。

東京書籍版
算数２年

「丸つけラクラクかいとう」では
もんだいと 同《おな》じ ところに 赤字
で 答《こた》えを 書《か》いて います。

①もんだいが とけたら、まずは
答え合《あ》わせを しましょう。

②まちがえた もんだいは、てびき
を 読《よ》んで、もういちど 見直《なお》し
しましょう。

見やすい答え

おうちのかたへ

おうちのかたへ では、次のような
ものを示しています。

- 学習のねらいやポイント
- 他の学年や他の単元の学習内容との
つながり
- まちがいやすいことやつまずきやすい
ところ

お子様への説明や、学習内容の把握
などにご活用ください。

くわしいてびき

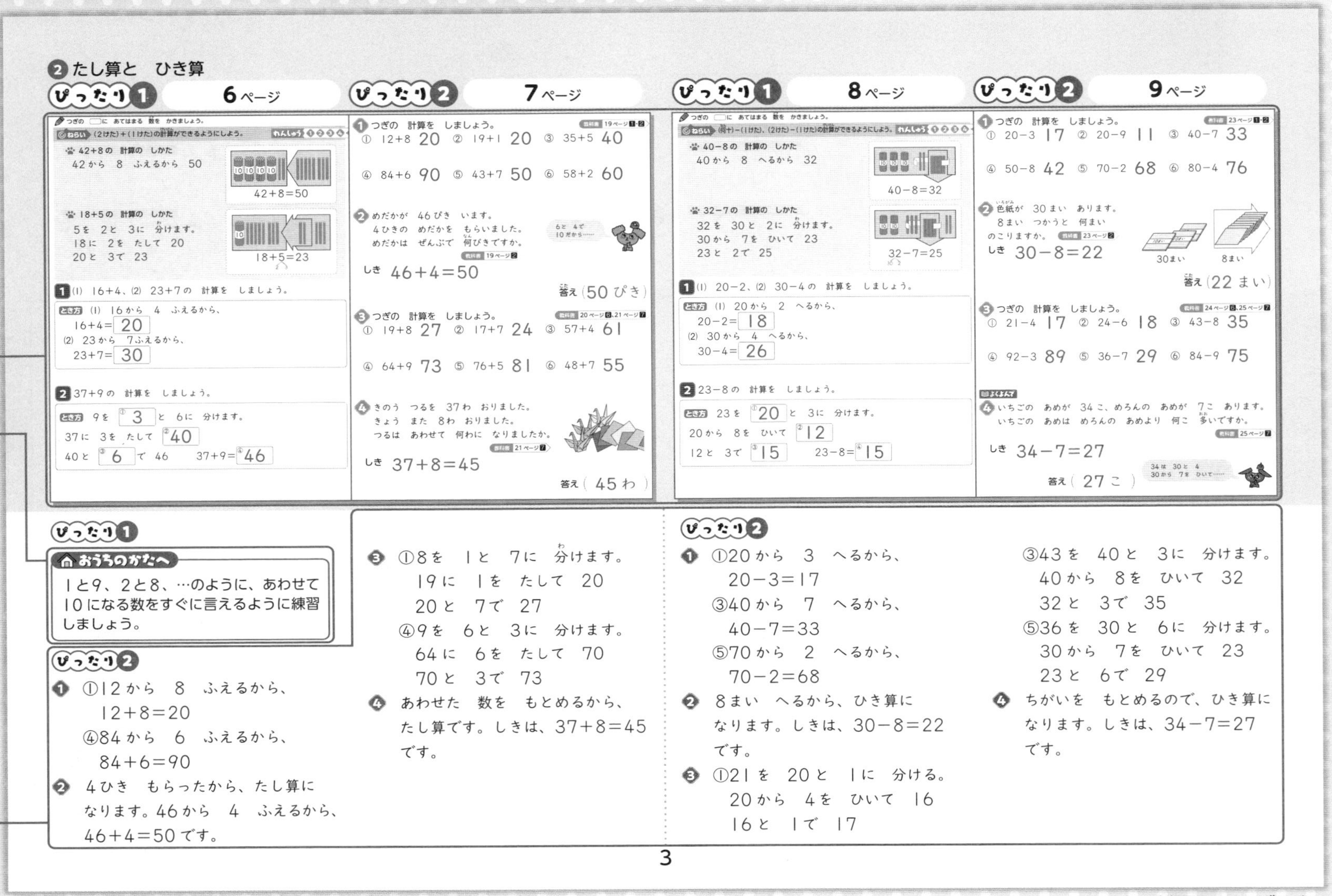
❷たし算と ひき算

ぴったり１ 6ページ

つぎの □に あてはまる 数を かきましょう。
ねらい (2けた)+(1けた)の計算ができるようにしよう。
42+8の 計算の しかた
42から 8 ふえるから 50
42+8=50
18+5の 計算の しかた
5を 2と 3に 分けます。
18に 2を たして 20
20と 3で 23
18+5=23

1 (1) 16+4、(2) 23+7の 計算を しましょう。
とき方 (1) 16から 4 ふえるから、
16+4=20
(2) 23から 7ふえるから、
23+7=30

2 37+9の 計算を しましょう。
とき方 9を 3 と 6に 分けます。
37に 3を たして 40
40と 6 で 46　37+9=46

ぴったり２ 7ページ

1 つぎの 計算を しましょう。
① 12+8 20 ② 19+1 20 ③ 35+5 40
④ 84+6 90 ⑤ 43+7 50 ⑥ 58+2 60

2 めだかが 46ぴき います。
4ひきの めだかを もらいました。
めだかは ぜんぶで 何びきですか。
しき 46+4=50
答え（50 ぴき）

3 つぎの 計算を しましょう。
① 19+8 27 ② 17+7 24 ③ 57+4 61
④ 64+9 73 ⑤ 76+5 81 ⑥ 48+7 55

4 きのう つるを 37わ おりました。
きょう また 8わ おりました。
つるは あわせて 何わに なりましたか。
しき 37+8=45
答え（45 わ）

ぴったり１ 8ページ

つぎの □に あてはまる 数を かきましょう。
ねらい (何十)-(1けた)、(2けた)-(1けた)の計算ができるようにしよう。
40-8の 計算の しかた
40から 8 へるから 32
40-8=32
32-7の 計算の しかた
32を 30と 2に 分けます。
30から 7を ひいて 23
23と 2で 25
32-7=25

1 (1) 20-2、(2) 30-4の 計算を しましょう。
とき方 (1) 20から 2 へるから、
20-2=18
(2) 30から 4 へるから、
30-4=26

2 23-8の 計算を しましょう。
とき方 23を 20 と 3に 分けます。
20から 8を ひいて 12
12と 3で 15　23-8=15

ぴったり２ 9ページ

1 つぎの 計算を しましょう。
① 20-3 17 ② 20-9 11 ③ 40-7 33
④ 50-8 42 ⑤ 70-2 68 ⑥ 80-4 76

2 色紙が 30まい あります。
8まい つかうと 何まい
のこりますか。
しき 30-8=22
答え（22 まい）

3 つぎの 計算を しましょう。
① 21-4 17 ② 24-6 18 ③ 43-8 35
④ 92-3 89 ⑤ 36-7 29 ⑥ 84-9 75

4 いちごの あめが 34こ、めろんの あめが 7こ あります。
いちごの あめは めろんの あめより 何こ 多いですか。
しき 34-7=27
答え（27 こ）

ぴったり１

おうちのかたへ
１と９、２と８、…のように、あわせて
１０になる数をすぐに言えるように練習
しましょう。

ぴったり２

❶ ①12から 8 ふえるから、
12+8=20
④84から 6 ふえるから、
84+6=90

❷ 4ひき もらったから、たし算に
なります。46から 4 ふえるから、
46+4=50です。

❸ ①8を 1と 7に 分けます。
19に 1を たして 20
20と 7で 27
④9を 6と 3に 分けます。
64に 6を たして 70
70と 3で 73

❹ あわせた 数を もとめるから、
たし算です。しきは、37+8=45
です。

ぴったり２

❶ ①20から 3 へるから、
20-3=17
③40から 7 へるから、
40-7=33
⑤70から 2 へるから、
70-2=68
③43を 40と 3に 分けます。
40から 8を ひいて 32
32と 3で 35
⑤36を 30と 6に 分けます。
30から 7を ひいて 23
23と 6で 29

❷ 8まい へるから、ひき算に
なります。しきは、30-8=22
です。

❸ ①21を 20と 1に 分ける。
20から 4を ひいて 16
16と 1で 17

❹ ちがいを もとめるので、ひき算に
なります。しきは、34-7=27
です。

3

※紙面はイメージです。

1 グラフと　ひょう

ぴったり1　2ページ

○や　数を　かきましょう。

めあて　グラフやひょうをかいたりよんだりできるようにしよう。　れんしゅう 1 2

グラフや　ひょうに　あらわすと、しらべた　ものの　数や　多《おお》い　少《すく》ないが　わかりやすく　なります。

1 15人の　すきな　くだものを　しらべました。すきな　くだものと　人数《にんずう》を、グラフと　ひょうに　あらわしましょう。

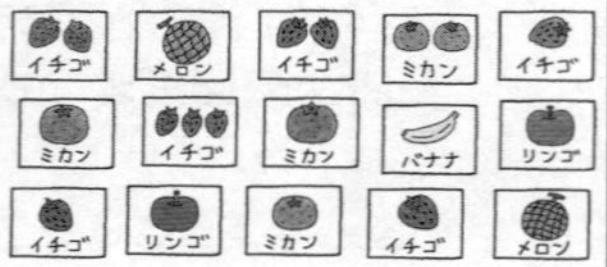

とき方 ▶ 上の　絵《え》に　1つずつ　しるしを　つけながら、右の　グラフに　○を　かいて　いきます。

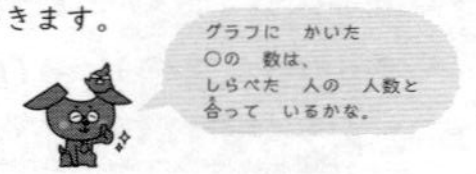

すきな　くだものと　人数

メロン	リンゴ	ミカン	バナナ	イチゴ
				○
				○
		○		○
		○		○
○	○	○		○
○	○	○	○	○

▶ 右の　グラフに　かいた　人数を、下の　ひょうに　あらわしましょう。

すきな　くだものと　人数

くだもの	メロン	リンゴ	ミカン	バナナ	イチゴ
人数	2	2	4	1	6

ぴったり2　3ページ

1 れいぞうこの　中の　野《や》さいを　しらべました。野さいの　しゅるいと　数を、グラフと　ひょうに　あらわしましょう。　教科書 9ページ1

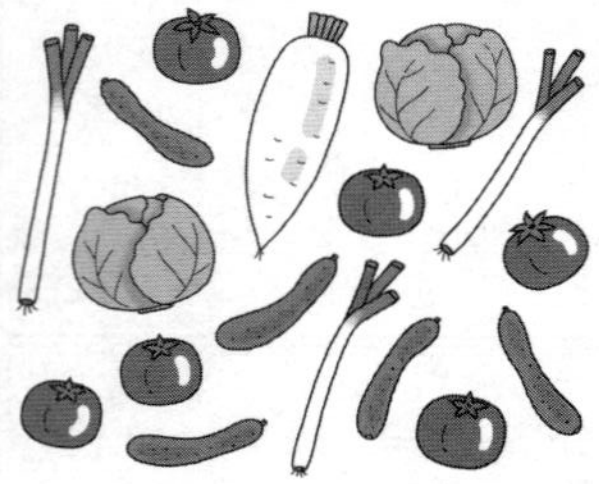

野さいの　しゅるいと　数

ダイコン	ネギ	キャベツ	キュウリ	トマト
				○
			○	○
			○	○
	○		○	○
	○	○	○	○
○	○	○	○	○

野さいの　しゅるいと　数

野さい	ダイコン	ネギ	キャベツ	キュウリ	トマト
数	1	3	2	5	6

2 1で　かいた　グラフや　ひょうを　見て、つぎの　もんだいに　答《こた》えましょう。　教科書 10ページ2、11ページ3

① れいぞうこの　中で　いちばん　多い　野さいは　何ですか。　（　トマト　）

② キャベツと　キュウリでは、どちらが　何こ　多いですか。　（　キュウリ　が　3こ　多い。）

③ 数の　多い　少ないが　わかりやすいのは、グラフと　ひょうの　どちらですか。　（　グラフ　）

ぴったり3　4~5ページ

知識・技能　／40点

1 よく出る　どうぶつの　数《かず》を　しらべましょう。　1つ5点(40点)

① どうぶつの　数を、○を　つかって　右の　グラフに　あらわしましょう。

どうぶつの　数

くま	さる	たぬき	きつね	うさぎ
	○			
	○			
	○		○	
	○		○	○
	○		○	○
	○	○	○	○
	○	○	○	○
○	○	○	○	○
○	○	○	○	○
○	○	○	○	○

② どうぶつの　数を、下の　ひょうに　あらわしましょう。

どうぶつの　数

どうぶつ	くま	さる	たぬき	きつね	うさぎ
数	3	10	5	8	7

思考・判断・表現　／60点

2 よく出る　ゆうとさんの　クラスでは、みんなで　したい　あそびを　きめる　ために、1つずつ　きぼうを　出しました。みんなの　きぼうを　まとめた　グラフと　ひょうを　見て　答《こた》えましょう。　①、②は1つ15点、③は1つ10点(60点)

したい　あそびと　人数

したい あそび	フルーツ バスケット	かくれんぼ	しりとり あそび	おに ごっこ	ドッジ ボール
人数	5	9	3	6	7

したい　あそびと　人数《にんずう》　1回《かい》め

フルーツバスケット	かくれんぼ	しりとりあそび	おにごっこ	ドッジボール
	○			
	○			
	○			○
	○		○	○
○	○		○	○
○	○		○	○
○	○	○	○	○
○	○	○	○	○
○	○	○	○	○

① おにごっこを　えらんだ　人は、何人《なんにん》ですか。　（　6人　）

② えらんだ　人が　3人だった　あそびは　何ですか。　（　しりとりあそび　）

③ 雨が　ふった　ときの　ことも　考《かんが》えて、もう　1回　みんなの　きぼうを　グラフに　まとめました。1回めと　2回めの　グラフを　見て、2人《ふたり》が　話《はなし》を　して　いる　あそびを　（　）に　書《か》きましょう。

けんた
（　ドッジボール　）が　いいと　思《おも》います。雨の　ときも　体《たい》いくかんで　できるし、1回めも　2回めも　2ばんめに　人気《にんき》が　あるからです。

さくら
晴《は》れなら、1回めで　いちばん　多《おお》い　（　かくれんぼ　）が　いいと　思います。雨なら、2回めで　いちばん　多い　（フルーツバスケット）が　いいと　思います。

したい　あそびと　人数　2回め

フルーツバスケット	かくれんぼ	しりとりあそび	おにごっこ	ドッジボール
○				
○				○
○				○
○				○
○		○		○
○	○	○	○	○
○	○	○	○	○
○	○	○	○	○
○	○	○	○	○

ぴったり2

1 野《や》さいの　数《かず》を　しゅるいべつに　グラフに　あらわしましょう。
まず、絵《え》の　中から　ダイコンを　見つけて、しるしを　つけて、しるしの　数だけ　グラフに　○を　かきましょう。ネギ、キャベツ、キュウリ、トマトも、絵に　しるしを　つけながら、グラフに　○を　かいて　いきます。
グラフを　見て、それぞれの　野さいの　○の　数を　数《かぞ》えて、ひょうに　数を　書《か》きましょう。

2 ①グラフで、ならんで　いる　○の　高《たか》さが　いちばん　高いのは、トマトです。
②グラフで、キャベツの　○の　数と　キュウリの　○の　数の　ちがいは、3こです。
③数の　多《おお》い　少《すく》ないは、グラフで　○の　数を　見くらべると、わかります。

ぴったり3

おうちのかたへ

グラフと表には、それぞれよいところがあります。実際にグラフや表をかかせ、それを読み取ることを通して、それぞれのよさを感じられるようにしましょう。

2 ①ひょうで　「おにごっこ」の　人数《にんずう》を　見ます。
②ひょうで　「3」の　あそびを　見ます。
③1回《かい》めも　2回めも　2ばんめに　人気《にんき》が　あるのは　「ドッジボール」です。
1回めで　いちばん　多いのは　「かくれんぼ」です。
2回めで　いちばん　多いのは　「フルーツバスケット」です。

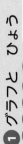

❷ たし算の　ひっ算

ぴったり1　6ページ

あてはまる　数を　書きましょう。

めあて　2けたの数のたし算を、ひっ算でできるようになろう。　れんしゅう ❶❷❸❹

✿ひっ算では、くらいを　たてに　そろえて　書きます。
✿くらいごとに、一のくらい、十のくらいの　じゅんに　計算《けいさん》します。

❶ つぎの　たし算を　ひっ算で　しましょう。
(1) 35+21　(2) 36+27

とき方

(1) 十のくらい　一のくらい
35
+21
くらいを　たてに　そろえて　書く。

35
+21
6
一のくらいの　計算　5+1=⑥

35
+21
56
十のくらいの　計算　3+2=⑤

(2) 十のくらい　一のくらい
36
+27
くらいを　たてに　そろえて　書く。

①
36
+27
3
一のくらいの　計算　6+7=⑬
十のくらいに　①　くり上げる。

1
36
+27
63
十のくらいの　計算
くり上げた　1と　3で　④
④+2=⑥

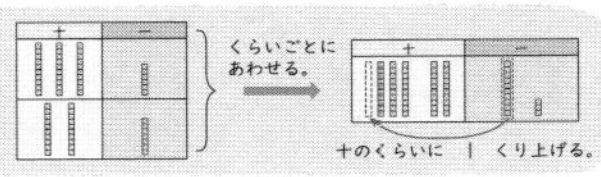

ぴったり2　7ページ

❶ 計算を　しましょう。　教科書 13ページ❶、16ページ❷

① 24+21=45　② 43+14=57　③ 25+51=76
④ 65+20=85　⑤ 25+3=28　⑥ 80+3=83

❷ 計算を　しましょう。　教科書 17ページ❶、19ページ❷

① 58+14=72　② 25+39=64　③ 19+67=86
④ 39+21=60　⑤ 33+9=42　⑥ 5+85=90

❸ ひっ算で　しましょう。　教科書 16ページ❷、19ページ❷

① 41+3　② 9+70　③ 74+7　④ 2+48

①			②			③			④		
	4	1			9		7	4			2
+		3	+	7	0	+		7	+	4	8
	4	4		7	9		8	1		5	0

❹ みほさんは、65円の　クッキーと　28円の　ガムを　買《か》います。だい金は　いくらに　なりますか。　教科書 17ページ❶

しき　65+28=93

答《こた》え（　93円　）

ぴったり1　8ページ

つぎの　□に　あてはまる　数を　書きましょう。

めあて　たし算のきまりがわかり、それをつかえるようにしよう。　れんしゅう ❶❷

たし算の　きまり
たされる数と　たす数を　入れかえて　計算《けいさん》しても、答《こた》えは　同《おな》じに　なります。

たされる数…… 25　　18
たす数…… +18　　+25
答え…… 43　　43

❶ くだものは、ぜんぶで　何《なん》こ　ありますか。

とき方　図に　あらわしましょう。

みかん　①15こ　りんご　②29こ
ぜんぶで　□こ

●みかんの　数に　りんごの　数を　たすと、
しき　15+29=③44
みかん　りんご
答え　④44こ

●りんごの　数に　みかんの　数を　たすと、
しき　29+⑤15=⑥44
りんご　みかん
答え　⑦44こ

たされる数と　たす数を　入れかえて　計算しても、答えは　同じに　なります。

たされる数		1 5
たす数	+	2 9
答え		4 4

⑧
	2	9
+	1	5
	4	4

ぴったり2　9ページ

❶ 赤い　色紙《いろがみ》が　18まい、青い　色紙が　23まい　あります。
□に　あてはまる　数を　書きましょう。　教科書 20ページ❶

① 図に　あらわしましょう。

赤い　色紙　18まい　青い　色紙　23まい
ぜんぶで　□まい

② 色紙は、ぜんぶで　何まい　ありますか。
しき　18+23=41
赤い色紙　青い色紙　ぜんぶで

答え（41まい）

ひっ算
18
+23
41

③ たされる数と　たす数を　入れかえて　しきを　書いて、答えを　もとめましょう。
しき　23+18=41

答え（41まい）

ひっ算
23
+18
41

❷ 計算しなくても、答えが　同じに　なる　ことが　わかる　しきを　見つけて、線《せん》で　むすびましょう。　教科書 20ページ❶

36+28　17+40　65+7

40+17　7+65　14+70　28+36

ぴったり2

おうちのかたへ

文章題では、問題文を読んでたし算の場面であることを捉えられるようにしましょう。たし算の式が書けたら、筆算で計算しましょう。

❶ 一のくらい、十のくらいの　じゅんに　計算《けいさん》します。
④一のくらいの　計算
5+0=5
十のくらいの　計算
6+2=8
だから、65+20=85

❷ 十のくらいに　くり上がった　1を　たすのを　わすれないように　しましょう。
①一のくらいの　計算
8+4=12
十のくらいに　1　くり上げます。
十のくらいの　計算
くり上げた　1と5で6。
6+1=7
だから、58+14=72

❸ ①一のくらい、十のくらいを　たてに　そろえて、ひっ算《さん》を　書きます。

ぴったり2

❶ ぜんぶの　まい数《すう》を　もとめるので、たし算《ざん》に　なります。
②一のくらいの　計算の　答《こた》えが　2けたに　なる　ときは、十のくらいに　1　くり上げます。

18
+23
41

一のくらいの　計算
8+3=11
十のくらいに　1　くり上げます。
十のくらいの　計算
くり上げた　1と　1で　2。
2+2=4
だから、18+23=41

③
23
+18
41

❷ たされる数と　たす数を　入れかえて　計算しても、答えは　同《おな》じです。

36+28=□　17+40=△　65+7=○
28+36=□　40+17=△　7+65=○

ぴったり3　10~11ページ

知識・技能　／60点

1 46+28の 計算《けいさん》を します。□に あてはまる 数《かず》を 書《か》きましょう。　1つ3点(15点)

	一のくらい	
	4	6
+	2	8

❶ 一のくらいの 計算
6+8=14で、
一のくらいに 4 を 書き、
十のくらいに 1 くり上げる。

	十のくらい	
	4	6
+	2	8

❷ 十のくらいの 計算
くり上げた 1と 4で 5。
5+ 2 = 7

❸ 46+28の 答《こた》えは、 74

2 よく出る 計算を しましょう。　1つ3点(18点)

① 14+15=29　② 30+45=75　③ 26+70=96
④ 56+29=85　⑤ 15+45=60　⑥ 78+4=82

3 よく出る ひっ算《さん》で しましょう。　1つ3点(12点)

① 6+43　② 85+7　③ 9+79　④ 42+8

① 6+43=49　② 85+7=92　③ 9+79=88　④ 42+8=50

4 答えが 同《おな》じに なる しきを 線《せん》で むすびましょう。　1つ5点(15点)

41+27　8+61　10+57

61+8　8+69　57+10　27+41

思考・判断・表現　／40点

5 下の ひっ算が 正しければ ○、まちがって いれば 正しい 答えを（　）に 書きましょう。　1つ5点(15点)

① 29+25　29+25=44　(54)
② 67+8　67+8=75　(○)
③ 5+41　5+41=91　(46)

6 よく出る ゆみさんは、シールを 37まい もって います。妹《いもうと》は、6まい もって います。2人《ふたり》が もって いる シールを あわせると、ぜんぶで 何《なん》まいに なりますか。　しき・答え 1つ5点(10点)

しき 37+6=43

答え (43まい)

7 あめは ぜんぶで 何こ ありますか。2とおりの しきを 書いて、答えを もとめましょう。　しき・答え 1つ5点(15点)

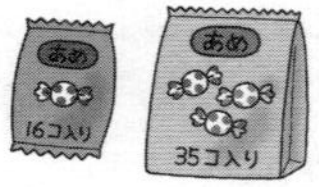

しき 16+35=51

しき 35+16=51

答え (51こ)

3 ひき算の ひっ算

ぴったり1　12ページ

あてはまる 数を 書きましょう。

めあて 2けたの数のひき算を、ひっ算でできるようになろう。　れんしゅう ❶❷❸❹

- ひっ算では、くらいを たてに そろえて 書きます。
- くらいごとに、一のくらい、十のくらいの じゅんに 計算《けいさん》します。

1 つぎの ひき算を ひっ算で しましょう。

(1) 58−17　(2) 56−37

とき方

(1) 十のくらい 一のくらい
58−17　くらいを たてに そろえて 書く。
一のくらいの 計算　8−7=①
十のくらいの 計算　5−1=④
58−17=41

(2) 十のくらい 一のくらい
56−37　くらいを たてに そろえて 書く。
一のくらいの 計算　6から 7は ひけないので、十のくらいから ① くり下げる。 ⑯−7=⑨
十のくらいの 計算　① くり下げたので ④−3=①
56−37=19

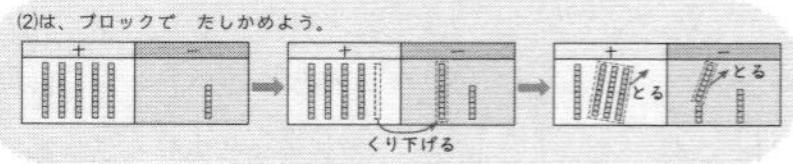

ぴったり2　13ページ

1 計算を しましょう。　教科書 25ページ❶、28ページ❷

① 36−15=21　② 49−30=19　③ 57−24=33
④ 65−30=35　⑤ 48−3=45　⑥ 75−5=70

2 計算を しましょう。　教科書 29ページ❶、31ページ❷

① 63−27=36　② 97−49=48　③ 60−17=43
④ 82−76=6　⑤ 44−9=35　⑥ 50−4=46

十のくらいの 計算が 0に なったら、0は 書かなくて いいよ。

3 ひっ算で しましょう。　教科書 31ページ❷

① 70−32=38　② 83−76=7　③ 26−8=18　④ 30−7=23

4 96ページの 本を 87ページまで 読《よ》みました。あと 何《なん》ページ 読むと、ぜんぶ 読みおわりますか。　教科書 31ページ❷

しき 96−87=9

答《こた》え (9ページ)

ぴったり3

おうちのかたへ

この単元では、はじめて筆算を学習しました。次の単元では、ひき算の筆算を学習し、第9単元では、3けたの数のたし算やひき算の筆算を学習します。位をそろえて計算することを確実に理解できるように、繰り返し練習するとよいですね。

2 ①～③くり上がりの ない たし算《ざん》です。
④～⑥くり上がりの ある たし算です。

3 ひっ算《さん》を 書《か》く ときに、くらいを たてに そろえる ように ちゅういしましょう。

5 ①くり上げた 1を たすのを わすれて います。→ 正しくは 29+25=54

③ひっ算の くらいが そろって いません。→ 正しくは 5+41=46

ぴったり2

おうちのかたへ

文章題では、問題文を読んで、ひき算の場面であることを捉えられるようにしましょう。ひき算の式が書けたら、筆算で計算しましょう。

1 一のくらい、十のくらいの じゅんに 計算《けいさん》します。
①一のくらいの 計算
6−5=1
十のくらいの 計算
3−1=2
だから、36−15=21

2 十のくらいから 1 くり下げた ことを わすれないように しましょう。
①一のくらいの 計算
3から 7は ひけないので、十のくらいから 1 くり下げます。
13−7=6
十のくらいの 計算
1 くり下げたので 5。
5−2=3
だから、63−27=36

3 くらいを そろえて 書きます。

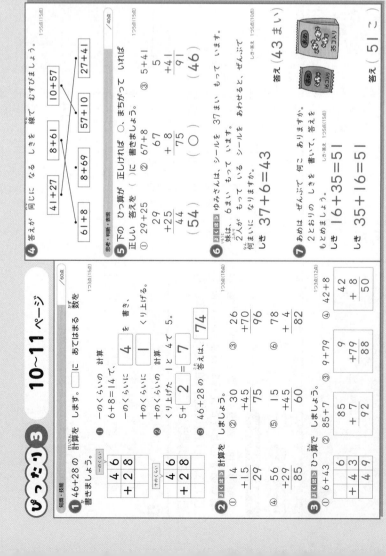

ぴったり1　14ページ

つぎの □に あてはまる 数《かず》を 書《か》きましょう。

めあて　ひき算《ざん》のきまりがわかり、それをつかえるようにしよう。　れんしゅう ❶❷

ひき算の　きまり

ひき算の　答《こた》えに　ひく数を　たすと、ひかれる数に　なります。

ひかれる数… 32　　15
ひく数……… −17　+17
答え………… 15　　32

1 あめが　39こ　ありました。
何《なん》こか　食《た》べました。
今《いま》、18こ　のこって　います。
何こ　食べましたか。

とき方　図《ず》に　あらわしましょう。

ぜんぶで ①39 こ
のこり ②18 こ　食べた □こ

しきを　書いて、答えを　もとめましょう。

しき　39−③18＝④21　　答え ⑤21 こ

ひき算の　答えに　ひく数を　たすと、ひかれる数に　なります。

ひかれる数　39　　⑥21
ひく数　　−18　　+18
答え　　　21　　39

ぴったり2　15ページ

❶ ひろとさんの　クラスには、本が　ぜんぶで　53さつ　あります。今、17さつ　のこって　います。　教科書 32ページ❶

① 図に　あらわしましょう。

ぜんぶで 53 さつ
のこり 17 さつ　かし出し中 □さつ

② かし出し中の　本は　何さつですか。

しき　ぜんぶで 53 − のこり 17 ＝ かし出し中 36

答え（36さつ）

ひっ算《さん》
53
−17
36

③ たし算を　して　答えを　たしかめましょう。

（ 36＋17＝53 ）

ひっ算
36
+17
53

❷ 下の　ひき算の、答えの　たしかめに　なる　たし算の　しきは　どれですか。線《せん》で　むすびましょう。　教科書 32ページ❶

71−34　45−2　53−49

34+71　43+2　37+34　4+49

ぴったり3　16〜17ページ

知識・技能　／60点

❶ 95−67の　計算《けいさん》を　します。
□に　あてはまる　数《かず》を　書《か》きましょう。　1つ4点（20点）

一のくらい
　95
−67

❶ 一のくらいの　計算
5から　7は　ひけないので、
十のくらいから　1　くり下げて
15−7＝8

十のくらい
　95
−67

❷ 十のくらいの　計算
1　くり下げたので　8。
8−6＝2

❸ 95−67の　答《こた》えは、28

❷ よく出る　計算を　しましょう。　1つ3点（18点）

① 99−35＝64　② 74−50＝24　③ 25−5＝20
④ 81−34＝47　⑤ 90−73＝17　⑥ 63−56＝7

❸ ひっ算《さん》で　しましょう。　1つ3点（12点）

① 70−59　② 67−58　③ 52−7　④ 40−4

① 70−59＝11　② 67−58＝9　③ 52−7＝45　④ 40−4＝36

❹ 答えを　たしかめます。□に　あてはまる　数を　書きましょう。　1つ5点（10点）

① 56−41＝15
↓ たしかめ
15＋41＝56

② 83−24＝59　たしかめ→　59＋24＝83

思考・判断・表現　／40点

❺ 下の　ひっ算が　正しければ　○、まちがって　いれば　正しい　答えを　（　）に　書きましょう。　1つ5点（20点）

① 76−34　② 95−87　③ 42−4　④ 82−13

①
76
−34
32
（42）

②
95
−87
18
（8）

③
42
−4
38
（○）

④
82
−13
79
（69）

❻ よく出る　色紙《いろがみ》が、54まい　あります。そのうち　38まい　つかいました。
色紙は、何《なん》まい　のこって　いますか。　しき・答え　1つ5点（10点）

しき　54−38＝16

答え（16まい）

できたらスゴイ！

❼ 90円で、24円の　ガムと、下の　どれか　1つを　買《か》います。どれが　買えますか。　（10点）

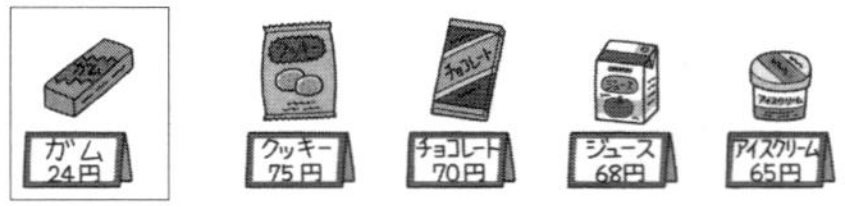

（アイスクリーム）

ぴったり2

❶ ひき算の　答《こた》えに　ひく数《かず》を　たすと、ひかれる数に　なります。
ひき算の　答えは、たし算で　たしかめられます。

②ひっ算
53
−17
36

③ひっ算
36
+17
53

❷ ひき算の　答えに　ひく数を　たすと、ひかれる数に　なります。
むすんだ　たし算の　答えを　もとめて、ひき算の　ひかれる数と　同《おな》じになるか、たしかめます。

71−34＝37　45−2＝43　53−49＝4
37+34＝71　43+2＝45　4+49＝53

ぴったり3

❷ ①〜③　くり下がりの　ない　ひき算です。
④〜⑥　くり下がりの　ある　ひき算です。

❸ ひっ算で　書く　ときに、くらいを　そろえるように　ちゅういしましょう。

❹ ひき算の　答えに　ひく数を　たすと、ひかれる数に　なります。

❺ ①十のくらいから　1　くり下げた　ものと　して　計算して　いるので、まちがいです。
②、④十のくらいから　1　くり下げたのを　わすれて　計算して　いるので、まちがいです。

❻ くり下がりの　ある　ひき算です。

❼ まず、90−24を　計算して、のこりが　何円《なんえん》に　なるかを　もとめます。
くり下がりの　ある　ひき算です。
十のくらいから　1　くり下げたのを　わすれないように　しましょう。
90−24＝66　66円で　買《か》えるのは　アイスクリームだけです。

どんな　計算に　なるのかな？

18〜19ページ

1 公園《こうえん》に　鳥《とり》が　25わ　います。8わ　とんで　いくと、鳥は　何《なん》わに　なりますか。

しき　25−8＝17

「とんで　いくと」は、たし算かな、ひき算かな？

答《こた》え（　17わ　）

2 池《いけ》に、ボートが　14そう　出て　います。ボートは、あと　7そう　あります。ボートは、ぜんぶで　何そう　ありますか。

しき　14＋7＝21

答え（　21そう　）

3 公園に　おとなが　27人　います。公園に　いる　子どもは、公園に　いる　おとなより　15人　多《おお》いです。公園に　いる　子どもは　何人ですか。

しき　27＋15＝42

答え（　42人　）

4 赤い　花が　36本、黄色《きいろ》い　花が　41本　あります。どちらが　何本　多いですか。

しき　41−36＝5

答え（　黄色い　花が　5　本　多い。）

4 長さの　たんい

ぴったり1　20ページ

つぎの □に　あてはまる　数を　書きましょう。

めあて　cm、mm をつかって、長さをあらわせるようにしよう。　れんしゅう 1 2 3 4

○長さは、1センチメートルが　いくつ分《ぶん》　あるかで　あらわし、センチメートルは　cmと　書きます。　1cm

○1cmを　同《おな》じ　長さに、10に　分《わ》けた　1つ分の　長さを　1ミリメートルと　いい、1mmと　書きます。　1mm

1cm＝10mm

cmや　mmは　長さの　たんいです。

1 下の　直線《ちょくせん》の　長さは　何《なん》cmですか。

まっすぐな　線を　直線と　いうよ。

とき方　1cmの　めもりが　7　つ分だから　7　cmです。

2 下の　直線の　長さは　何cm何mmですか。また、何mmですか。

とき方　1cmが　7つ分で　①7　cm、1mmが　8つ分で　②8　mm、あわせて　③7　cm　④8　mmです。

1cmは　⑤10　mmだから、7cmは　⑥70　mmです。

⑦70　mmと　8mmを　あわせて　⑧78　mmです。

ぴったり2　21ページ

1 左はしから、㋐、㋑、㋒までの　長さは、それぞれ　どれだけですか。　教科書 41ページ2

㋐（　8mm　）　㋑（　6cm　）　㋒（11cm5mm）

2 下の　直線の　長さは　何cm何mmですか。また、何mmですか。　教科書 44ページ3

①　（6cm7mm）（67mm）

②　（11cm3mm）（113mm）

3 □に　あてはまる　数を　書きましょう。　教科書 44ページ3

① 4cm＝ 40 mm

② 80mm＝ 8 cm

③ 7cm6mm＝ 76 mm

④ 38mm＝ 3 cm 8 mm

4 つぎの　長さの　直線を　ひきましょう。　教科書 45ページ4

① 9cm　② 6cm5mm

1

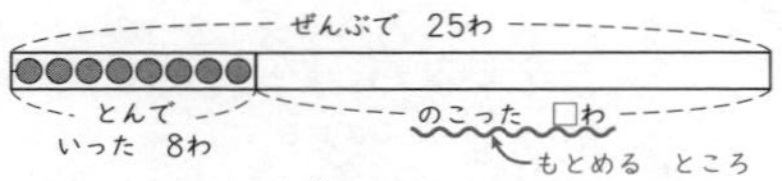

のこった　数《かず》を　もとめるのは　ひき算《さん》です。

ひっ算
$$\begin{array}{r} 25 \\ -\ \ 8 \\ \hline 17 \end{array}$$

2

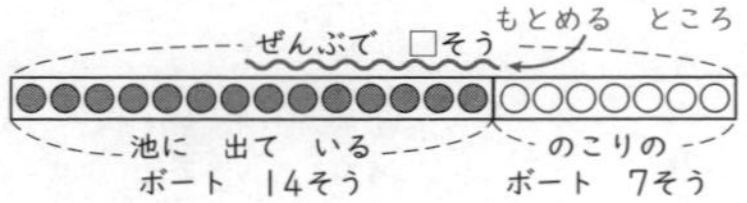

ぜんぶの　数を　もとめるのは　たし算です。

ひっ算
$$\begin{array}{r} 14 \\ +\ \ 7 \\ \hline 21 \end{array}$$

3

ひっ算
$$\begin{array}{r} 27 \\ +15 \\ \hline 42 \end{array}$$

4

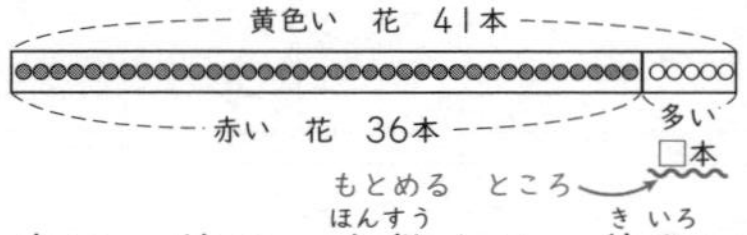

赤い　花の　本数《ほんすう》より　黄色《きいろ》い　花の　本数の　ほうが　多《おお》いから、黄色い　花の　本数から　赤い　花の　本数を　ひきます。

ぴったり2

1 ㋐1mmが　8つ分《ぶん》です。

㋑1cmが　6つ分です。

㋒1cmが　11こ分と　1mmが　5つ分です。

2 1cmが　いくつ分、1mmが　いくつ分　あるかを　考《かんが》えて、長《なが》さを　よみとります。

3 ①1cmは　10mmです。4cmは　1cmの　4つ分だから、10mmの　4つ分で　40mmです。

②10mmは　1cmです。80mmは　10mmの　8つ分だから、1cmの　8つ分で　8cmです。

③7cm6mm → 70mmと6mmで　76mmです。

④38mm → 30mmと8mmで　3cmと8mmです。

4 ②点《てん》を　かき、ものさしを　合《あ》わせて　6cm5mmの　ところに　もう　1つ　点を　かきます。ものさしを　しっかり　おさえて、点と　点を　直線《ちょくせん》で　つなぎます。

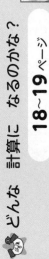

ぴったり1　22ページ

つぎの □に あてはまる 数《かず》や ことばを 書《か》きましょう。

めあて 長《なが》さのたし算《ざん》やひき算ができるようにしよう。　れんしゅう ①②

- 長さも、たし算や　ひき算を　する　ことが　できます。
- 長さの　計算《けいさん》では、同《おな》じ　たんいの　数どうしを　計算します。

1 赤の　線《せん》と　青の　線の　長さを　くらべましょう。

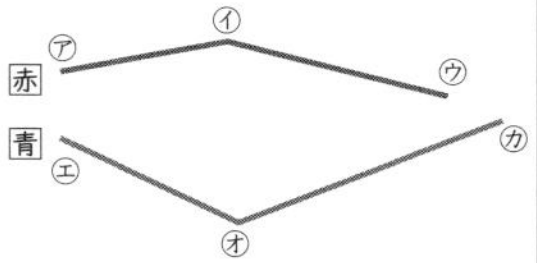

(1) 赤の　線の　長さは　どれだけですか。
(2) 青の　線の　長さは　どれだけですか。
(3) どちらの　線が　どれだけ　長いでしょうか。

とき方 (1) ❶ ㋐から　㋑までを　ものさしで　はかると、3cm
❷ ㋑から　㋒までを　ものさしで　はかると、① 4 cm
❸ あわせて、3cm＋② 4 cm＝③ 7 cm
(2) ❶ ㋓から　㋔までを　ものさしで　はかると、④ 3 cm ⑤ 5 mm
❷ ㋔から　㋕までを　ものさしで　はかると、5cm
❸ あわせて、
⑥ 3 cm ⑦ 5 mm＋5cm＝⑧ 8 cm ⑨ 5 mm
(3) 青の　線の　長さから　赤の　線の　長さを　ひきます。
⑩ 8 cm ⑪ 5 mm－⑫ 7 cm＝⑬ 1 cm ⑭ 5 mm
⑮ 青 の　線が　⑯ 1 cm ⑰ 5 mm　長いです。

ぴったり2　23ページ

1 ㋐の　線の　長さと　㋑の　線の　長さを　くらべます。　教科書 46ページ 1

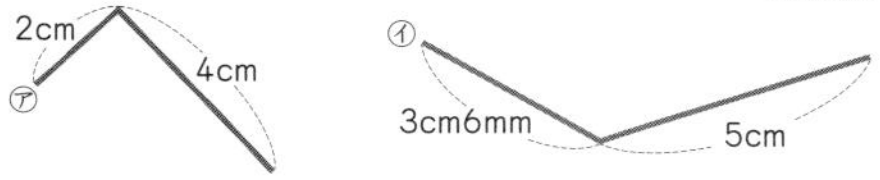

① ㋐の　線の　長さは　どれだけですか。
しき　2 cm＋ 4 cm＝ 6 cm
答《こた》え（　6cm　）

② ㋑の　線の　長さは　どれだけですか。
しき　3cm6mm＋5cm＝8cm6mm
答え（　8cm6mm　）

目 よくよんで
③ どちらの　線が　どれだけ　長いでしょうか。
しき　8cm6mm－6cm
＝2cm6mm

答え（　㋑　の　線が　2cm6mm　長い。）

2 計算を　しましょう。　教科書 46ページ 1

① 2cm8mm＋7cm
9cm8mm
② 12cm4mm－8cm
4cm4mm
③ 4mm＋3cm2mm
3cm6mm
④ 7cm5mm－3mm
7cm2mm

ぴったり3　24～25ページ

知識・技能　／60点

1 よく出る 長《なが》さは　どれだけですか。　1つ4点(12点)

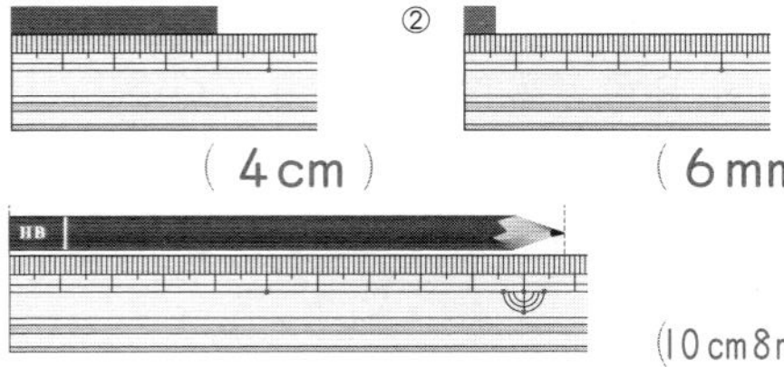

①（　4cm　）
②（　6mm　）
③（10cm8mm）

2 □に　あてはまる　数《かず》を　書《か》きましょう。　1つ4点(8点)

① 1cm＝ 10 mm
② 7cm4mm＝ 74 mm

3 長い　ほうに　○を　かきましょう。　1つ4点(8点)

① 2cm　7mm
（ ○ ）（　）
② 8cm　90mm
（　）（ ○ ）

4 □に　あてはまる　長さの　たんいを　書きましょう。　1つ4点(12点)

① 算数《さんすう》の　教科書《きょうかしょ》の　あつさ　5 mm
② ノートの　たての　長さ　25 cm
③ つくえの　よこの　長さ　67 cm

5 下の　直線《ちょくせん》の　長さは　どれだけですか。　1つ5点(10点)

①（　6cm　）
②（7cm2mm）

6 ものさしを　つかって、つぎの　長さの　直線を　・の　ところから　右へ　ひきましょう。　1つ5点(10点)

① 4cm
② 6cm2mm

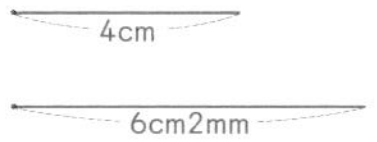

思考・判断・表現　／40点

7 2本の　テープが　あります。あわせた　長さは　どれだけですか。　しき・答え　1つ10点(20点)

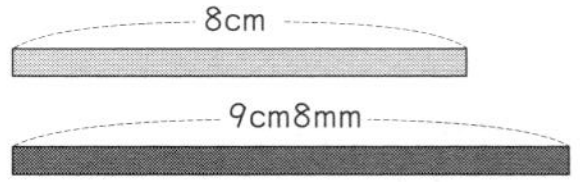

しき　8cm＋9cm8mm＝17cm8mm
答《こた》え（17cm8mm）

できたらスゴイ!
8 長さが　12cm7mmの　赤い　リボンと、15cm9mmの　白い　リボンが　あります。どちらの　リボンが、どれだけ　長いでしょうか。　しき・答え　1つ10点(20点)

しき　15cm9mm－12cm7mm＝3cm2mm
答え（　白い　リボンが　3cm2mm　長い。）

ぴったり2

1 長さも、たし算や　ひき算を　する　ことが　できます。
長さの　計算《けいさん》では、同《おな》じ　たんいの　数どうしを　計算します。
①2cm＋4cm＝6cm
②3cm6mm＋5cm＝8cm6mm
③長さが　長い　ほうから　みじかい　ほうを　ひきます。
6cmと　8cm6mmでは、8cm6mmの　ほうが　長いので、㋑の　線の　ほうが　長いと　わかります。
8cm6mm－6cm＝2cm6mm

2 同じ　たんいの　数どうしを　計算します。
①、②は、cmどうしを　たしたり　ひいたり　します。
③、④は、mmどうしを　たしたり　ひいたり　します。
①2cm8mm＋7cm＝9cm8mm
②12cm4mm－8cm＝4cm4mm
③4mm＋3cm2mm＝3cm6mm
④7cm5mm－3mm＝7cm2mm

ぴったり3

1 ①1cmが　4つ分です。
②1mmが　6つ分です。
③1cmが　10こ分と　1mmが　8つ分です。

3 同じ　たんいに　なおして　考えます。
①2cm＝20mmです。20mmと　7mmでは　20mmの　ほうが　長いです。

5 ②1cmが　7つ分と、1mmが　2つ分です。

6 ①・に　ものさしの　左の　はしを　合わせて、4cmの　ところに　点を　かきます。ものさしを　しっかり　おさえて　・と　点を　直線で　つなぎます。

7 あわせた　長さだから、たし算で　もとめられます。同じ　たんいどうしを　たします。
8cm＋9cm8mm＝17cm8mm

8 cmは　cmどうし、mmは　mmどうしを　計算します。

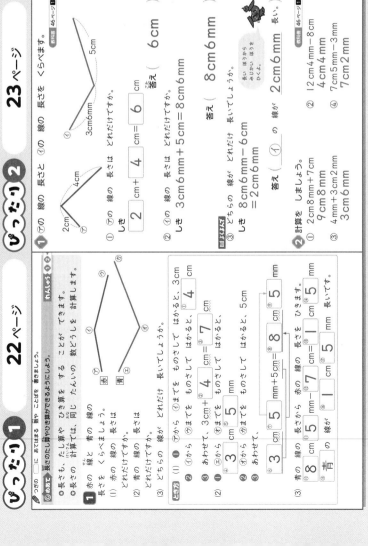

ぴったり1 26ページ

つぎの □に あてはまる 数を 書きましょう。

めあて 100より大きい数を読んだり書いたりできるようにしよう。 れんしゅう 1 2 3

100より 大きい 数を、読んだり 書いたり する ときは、100が 何《なん》こ、10が 何こ、1が 何こ あるかを 考《かんが》えます。

1 □は 何こ ありますか。数字《すうじ》で 書きましょう。

とき方 □の 数を、カードを つかって あらわして みます。

百のくらい	十のくらい	一のくらい
① 2	② 5	③ 7

□の 数は ④257こです。

2 カードを ならべて、数を あらわしました。どんな 数を あらわして いますか。

とき方 10が 10こで ①100

100の カードが 1まい ふえるね。　十のくらいの 10を 10こ まとめて…。

百のくらい	十のくらい	一のくらい
② 5	③ 0	④ 6

100が ⑤5こ、10が ⑥0こ、1が 6こで、⑦506

ぴったり2 27ページ

1 ぼうは 何本 ありますか。数字で 書きましょう。 教科書 51ページ1、53ページ2

① （ 217 ）本　② （ 302 ）本

2 数字で 書きましょう。 教科書 51ページ1、53ページ2

① 八百六十九　② 七百二十　③ 六百三

（ 869 ）（ 720 ）（ 603 ）

3 □に あてはまる 数を 書きましょう。 教科書 54ページ3

① 100を 4こ、10を 7こ、1を 3こ あわせた 数は、473です。

② 100を 3こ、10を 4こ あわせた 数は、340です。

③ 685は、100を 6こ、10を 8こ、1を 5こ あわせた 数です。

④ 902は、100を 9こ、1を 2こ あわせた 数です。

⑤ 百のくらいの 数字が 9、十のくらいの 数字が 3、一のくらいの 数字が 8の 数は、938です。

ぴったり1 28ページ

つぎの □に あてはまる 数を 書きましょう。

めあて 10を何こかあつめた数をあらわせるようにしよう。 れんしゅう 1

10を 10こ あつめた 数は 100に なります。

1 10を 12こ あつめた 数は いくつですか。

とき方 10円玉と 100円玉を つかって あらわして みましょう。

❶ 10を 10こ あつめた 数は 100

❷ 10を 2こ あつめた 数は 20

❸ あわせて 120です。

10円玉が 10まいで 100円に なるから…。

めあて 数の線《せん》にあらわした数をよめるようにしよう。 れんしゅう 2 3 4

数の線を よむ ときは、まず いちばん 小さい 1めもりが いくつかを 考《かんが》えます。

2 ↑の めもりが あらわす 数を 書きましょう。

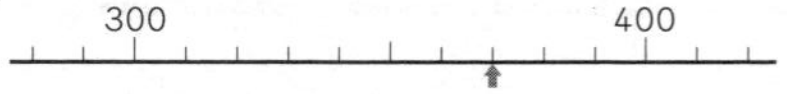

とき方 ❶ いちばん 小さい 1めもりは 10

❷ 300より 70 大きいから、370です。

ぴったり2 29ページ

1 □に あてはまる 数を 書きましょう。 教科書 56ページ4

① 10を 41こ あつめた 数は 410です。

② 10を 50こ あつめた 数は 500です。

③ 530は、10を 53こ あつめた 数です。

④ 800は、10を 80こ あつめた 数です。

2 □に あてはまる 数を 書きましょう。 教科書 57ページ5

① ㋐ 110　㋑ 330　㋒ 590　㋓ 810

② 698　699　㋐ 700　701　㋑ 702　㋒ 703　704

3 □に あてはまる 数を 書きましょう。 教科書 58ページ6

① 1000は、100を 10こ あつめた 数です。

② 975　㋐ 980　㋑ 985　990　995　㋒ 1000

4 □に あてはまる 数を 書きましょう。 教科書 59ページ7

① 470は、400と 70を あわせた 数です。

② 470は、500より 30 小さい 数です。

③ 470は、10を 47こ あつめた 数です。

ぴったり2

1 ぼうの 数《かず》を、カードを つかって あらわして みます。

①

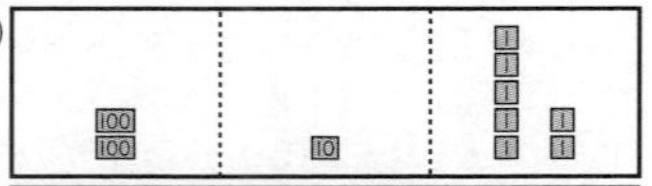

百のくらい	十のくらい	一のくらい
2	1	7

100が 2こ　10が 1こ　1が 7こ

②

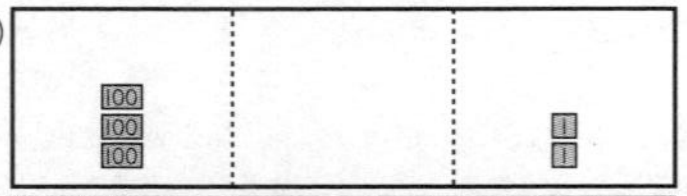

百のくらい	十のくらい	一のくらい
3	0	2

100が 3こ　10が 0こ　1が 2こ

2 ③百のくらいが 6、十のくらいは 10が ないから 0、一のくらいが 3です。

3 ①

百のくらい	十のくらい	一のくらい
4	7	3

100が 4こ　10が 7こ　1が 3こ

②

百のくらい	十のくらい	一のくらい
3	4	0

100が 3こ　10が 4こ　1が 0こ

⑤

百のくらい	十のくらい	一のくらい
9	3	8

ぴったり2

1 ① 10が 41こ＜10が 40こ→400、10が 1こ→ 10

400と 10で、410

③ 530＜500→10が 50こ、30→10が 3こ＞10が 53こ

2 ①数の線《せん》を よむ ときは、まず いちばん 小さい 1めもりが いくつかを 考《かんが》えます。0と 100の 間《あいだ》が 10に 分《わ》かれて いるから、いちばん 小さい めもりは、10です。

②1めもりは、1です。

3 ②1めもりは 5です。

4 ①

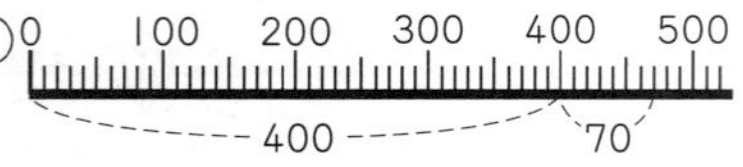

②

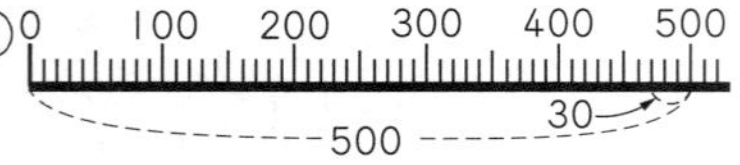

③ 470＜400→10が 40こ、70→10が 7こ＞10が 47こ

ぴったり1　30ページ

つぎの □に あてはまる 数《かず》を 書《か》きましょう。

めあて　何《なん》十、何百の計算《けいさん》ができるようにしよう。　れんしゅう ①②③④

何十の　計算は、10の　たばが　何こに　なるかを、何百の計算は、100の　たばが　何こに　なるかを　考《かんが》えます。

1 計算を　しましょう。
(1)　80+50　　(2)　120−70

とき方　(1)

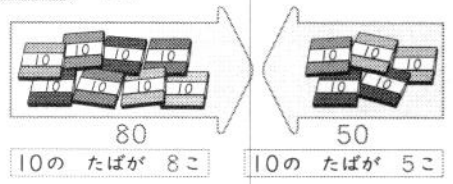

10の　たばは、ぜんぶで
8+ 5 = 13 で
13 こだから、
80+50= 130

(2)

10の　たばは、ひくと
12− 7 = 5 で
5 こだから、
120−70= 50

2 計算を　しましょう。
(1)　200+300　　(2)　800−200

とき方　100の　たばが　何こかを　考えます。
(1)　200は　100の　たばが　2こ、300は　100の　たばが　3 こだから、
200+300= 500
(2)　800は　100の　たばが　8こ、200は　100の　たばが　2 こだから、
800−200= 600

ぴったり2　31ページ

1 計算を　しましょう。　教科書 60ページ 1
① 90+30 120　② 80+80 160
③ 40+70 110　④ 70+60 130
⑤ 140−50 90　⑥ 110−30 80
⑦ 170−90 80　⑧ 160−90 70

2 計算を　しましょう。　教科書 60ページ 2
① 200+500 700　② 400+600 1000
③ 600−300 300　④ 1000−200 800

3 計算を　しましょう。　教科書 61ページ 3
① 300+60 360
② 360−60 300
③ 700+5 705
④ 705−5 700

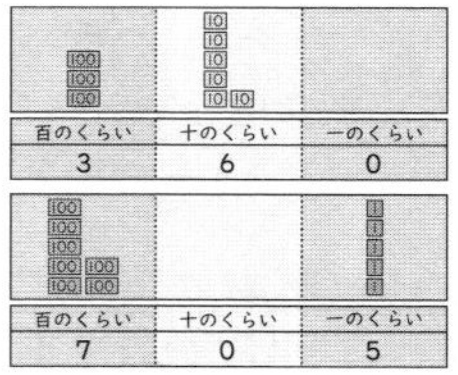

よくよんで
4 画用紙《がようし》が　180まい　あります。90まい　つかいました。のこりは　何まいに　なりますか。　教科書 60ページ 1
しき　180−90=90
答《こた》え（90 まい）

ぴったり1　32ページ

つぎの □に あてはまる ことばや しるしを 書《か》きましょう。

めあて　数《かず》の大小を、>、<をつかってあらわせるようにしよう。　れんしゅう ①②

数の　大小は、大きい　くらいの数字《すうじ》から　くらべて　いき、>、<のしるしを　つかって　あらわします。

○>△「○は △より 大きい」
○<□「○は □より 小さい」

1 数の　大小を、>、<の　しるしを　つかって　あらわしましょう。
(1)　573□618　　(2)　452□425

とき方　(1)　❶　いちばん　大きい　くらいは百のくらいだから、百のくらいの　数字でくらべます。

百	十	一
⑤	7	3
⑥	1	8

❷　5は　6より　小さいから、573は、618より 小さい。
❸　>、<を　つかって　あらわすと、573 < 618

(2)　いちばん　大きい　くらいの　数字が同《おな》じだから、つぎに　大きい　十のくらいの数字で　くらべます。　452 > 425

百	十	一
4	⑤	2
4	②	5

めあて　数やしきの大小を、>、<、=をつかってあらわせるようにしよう。　れんしゅう ③

50 > 10+30「50は、10+30より　大きい。」
50 < 10+60「50は、10+60より　小さい。」
50 = 10+40「50は、10+40と　大きさが　同じ。」

2 □に　あてはまる　>、<、=を　書きましょう。
130□90+50

とき方　130は、90+50 (140) より　小さい。130 < 90+50

ぴったり2　33ページ

1 □に　あてはまる　>、<を　書きましょう。　教科書 62ページ 1
① 573 > 481　② 816 < 832
③ 408 > 403　④ 120 > 98

よくみて
2 つぎの　★に　入る　数字を　考《かんが》えます。
□に　あてはまる　ことばや　①、②、数字を　書きましょう。　教科書 62ページ 1

① 436 > ② 4★6

百のくらいの　数字は　同じです。
★に　3が　入る　とき、①と　②の　大きさが ㋐同じ です。
★に　4が　入る　とき、㋑ ② の　ほうが　大きいです。
★に　2が　入る　とき、㋒ ① の　ほうが　大きいです。
だから、★に　入る　数字は、㋓ 2 、㋔ 1 、㋕ 0 です。

3 □に　あてはまる　>、<、=を　書きましょう。　教科書 63ページ 2
① 160 > 70+80
② 600 = 680−80
③ 40+50 < 103
④ 150−60 < 96

ぴったり2

❶ 10の　たばが　いくつ　あるかで考えます。
①10の　たばは、ぜんぶで
9+3=12で、12こだから、
90+30=120です。
⑤10の　たばは、ひくと
14−5=9で、9こだから、
140−50=90です。

❷ 100の　たばが　いくつ　あるかで考えます。
①100の　たばは、ぜんぶで
2+5=7で、7こだから、
200+500=700です。

❸ ①300と　60で　360だから、
300+60=360です。
②360は　300と　60だから、
360−60=300です。

❹ 180は　10の　たばが　18こ、
90は　10の　たばが　9こ。
18−9で、10の　たばが
9こだから、180−90=90です。

ぴったり2

おうちのかたへ

不等号(>、<)を使って数や式の大小を表す学習をした後で、大きさが等しいときに等号(=)を使うことを、あらためて捉えられるようにしましょう。

❶ 数の　大小は、大きい　くらいの数字《すうじ》から　くらべて　いきます。
①百のくらいの　数字で　くらべます。
5は　4より　大きいから、
573>481と　なります。
③百のくらい、十のくらいの　数字がそれぞれ　同《おな》じだから、
一のくらいの　数字でくらべます。

❷ ㋓㋔㋕じゅんじょが　ちがっていても　正かいです。

❸ まず、たし算《ざん》や　ひき算の　答《こた》えをもとめてから、大きさを　くらべます。
①70+80=150だから、160と150を　くらべます。
百のくらいの　数字が　同じだから、十のくらいの　数字で　くらべます。
6は　5より　大きいから、
160>70+80と　なります。

ぴったり3　34~35ページ

知識・技能　／80点

1 数《かず》を　数字《すうじ》で　書《か》きましょう。　1つ4点(8点)

① 　（ 224 ）

② 　（ 302 ）

2 数字で　書きましょう。　1つ4点(8点)

① 八百二十三　（ 823 ）

② 五百九十　（ 590 ）

3 よく出る　つぎの　数を　数字で　書きましょう。　1つ4点(16点)

① 100を　9こ、10を　2こ、1を　8こ　あわせた　数　（ 928 ）

② 百のくらいの　数字が　5、十のくらいの　数字が　0、一のくらいの　数字が　7の　数　（ 507 ）

③ 10を　63こ　あつめた　数　（ 630 ）

④ 900より　100　大きい　数　（ 1000 ）

4 めもりが　あらわす　数を　書きましょう。　1つ4点(8点)

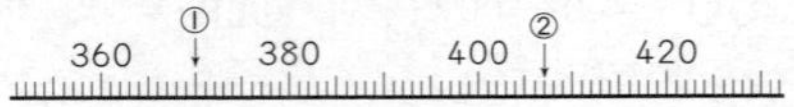

①（ 370 ）　②（ 407 ）

5 よく出る　計算《けいさん》を　しましょう。　1つ4点(32点)

① 40+90　130　② 190−80　110

③ 500+400　900　④ 800−500　300

⑤ 300+40　340　⑥ 520−20　500

⑦ 700+9　709　⑧ 402−2　400

6 □に　あてはまる　＞、＜、＝を　書きましょう。　1つ4点(8点)

① 383 ＞ 359　② 150 ＝ 60+90

思考・判断・表現　／20点

7 みきさんは、150円　もって　います。80円の　キャラメルを　買《か》うと、のこりは　何円《なんえん》に　なりますか。　しき・答え　1つ5点(10点)

しき　150−80=70

答《こた》え（ 70円 ）

できたらスゴイ！

8 ともえさんと　いくみさんは、0から　9までの　10まいの　カードを　それぞれ　もって　います。カードを　ならべて、3けたの　数の　大きさくらべを　して　います。数が　大きい　ほうが　かちです。

いくみさんの　十のくらいが　いくつの　とき、いくみさんは　かちますか。ぜんぶ　書きましょう。　ぜんぶできて　10点

2 6 4（ともえさん）　2 □ 4（いくみさん）

（ 7、8、9 ）

6 水の　かさの　たんい

ぴったり1　36ページ

つぎの　□に　あてはまる　数を　書きましょう。

めあて　dL《デシリットル》　をつかって、かさをあらわせるようにしよう。　れんしゅう 1

水などの　かさは、1デシリットルが　いくつ分《ぶん》　あるかで　あらわします。デシリットルは　かさの　たんいで、dLと　書きます。　1dL

1 水とうに　入る　水の　かさは、それぞれ　何《なん》dLですか。

(1) 　(2) 

とき方　(1)　1dLの　ます　5はい分だから、　5　dLです。

(2)　1dLの　ます　7　はい分だから、　7　dLです。

めあて　L《リットル》をつかって、かさをあらわせるようにし、mL《ミリリットル》を知ろう。　れんしゅう 2 3

大きな　かさを　あらわす　ときは　リットルと　いう　たんいを、1dLより　小さい　かさを　あらわす　ときは　ミリリットルと　いう　たんいを　つかいます。

1L　1L=10dL

1mL　1L=1000mL

2 なべに　入る　水の　かさは、何L何dLですか。

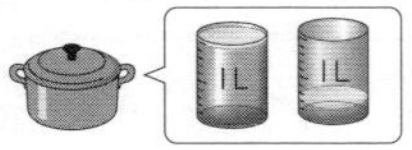

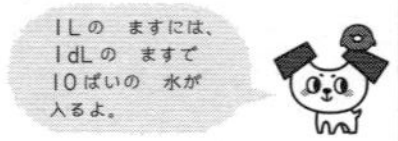

とき方　1Lの　ますの　1めもりは　1　dLです。

1Lの　ます　1ぱいと、1Lの　ますの　2めもりだから、 1 L 2 dLです。

ぴったり2　37ページ

1 下の　入れものに　入る　水の　かさは、何dLですか。　教科書 68ページ 2

① 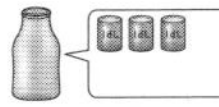　（ 3dL ）

② 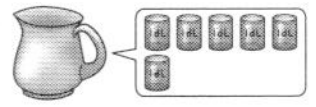　（ 6dL ）

2 つぎの　水の　かさを、それぞれ　㋐、㋑の　あらわし方《かた》で　書きます。□に　あてはまる　数を　書きましょう。　教科書 69ページ 3

① 　㋐ 2 L　㋑ 20 dL

② 　㋐ 1 L 8 dL　㋑ 18 dL

③ 　㋐ 3 L 7 dL　㋑ 37 dL

④ 　㋐ 2 L 3 dL　㋑ 23 dL

3 □に　あてはまる　数を　書きましょう。　教科書 69ページ 3、72ページ 4

① 1L= 10 dL　② 1L= 1000 mL

ぴったり3

おうちのかたへ

この単元では、3けたの数の仕組みと1000(千)という数について学習しました。続いて、第13単元では4けたの数と10000(一万)という数について学習し、3年生になると、さらに大きい数を学習します。数が大きくなっても位取りの仕組みは同じです。位取りという考え方に慣れておきましょう。

1 ①100を　2こ、10を　2こ、1を　4こ　あわせた　数《かず》です。

2 ②一のくらいは　ないから　0を　書《か》きます。

7 10の　たばが　いくつ　あるかで　計算《けいさん》の　しかたを　考《かんが》えます。

8 いくみさんの　十のくらいの　カードが　6の　とき、2人《ふたり》の　数の　大きさは　同《おな》じに　なります。

いくみさんの　十のくらいの　カードが　5の　とき、ともえさんの　数の　ほうが　大きく　なります。

いくみさんの　十のくらいの　カードが　7の　とき、いくみさんの　数の　ほうが　大きく　なります。

ぴったり2

おうちのかたへ

第4単元での長さの学習に続いて、かさでも単位変換の学習をします。

1L=10dLであることを確実に理解し、○L○dLでも表すことができるように練習しましょう。

1 ①1dLの　ます　3ばい分《ぶん》だから、3dLです。

②1dLの　ます　6ぱい分だから、6dLです。

2 ①1Lの　ます　2はい分だから、2Lです。

1Lは　10dLです。2Lは　1Lの　2つ分だから、10dLの　2つ分で　20dLです。

②1Lの　ます　1ぱい分と　1dLの　ます　8ぱい分で

1L8dL → 10dLと8dL

18dL

③1Lの　ます　3ばい分と　1dLの　ます　7はい分で

3L7dL → 30dLと7dL

37dL

④2L3dL → 20dLと3dL

23dL

ぴったり1　38ページ

つぎの □に あてはまる 数を 書きましょう。

めあて　かさのたし算やひき算ができるようにしよう。　れんしゅう ①②③

○かさも たし算や ひき算を する ことが できます。
○かさの 計算《けいさん》では、同《おな》じ たんいの 数どうしを 計算します。

1 やかんには 3L6dL、水とうには 2Lの 水が 入ります。　3L6dL　2L

(1) 水は あわせて どれだけ 入りますか。
(2) やかんと 水とうに 入る 水の かさの ちがいは どれだけですか。

とき方 (1) たし算の しきを つくり、同じ たんいの 数どうしを 計算します。

3 L 6 dL + 2 L = 5 L 6 dL

(2) ひき算の しきを つくり、同じ たんいの 数どうしを 計算します。3L6dLは 2Lより 多《おお》いから、

3 L 6 dL − 2 L = 1 L 6 dL

2 計算を しましょう。

(1) 2L5dL＋4L　　(2) 1L8dL−6dL

とき方 (1) Lどうしを 計算します。
2L5dL＋4L＝ 6 L 5 dL
(2) dLどうしを 計算します。
1L8dL−6dL＝ 1 L 2 dL

長《なが》さの 計算の ときと 同じだね。

ぴったり2　39ページ

1 なべに 5L8dL、ポットに 2Lの 水が 入って います。
□に あてはまる 数を 書きましょう。　教科書 73ページ5

5L8dL　2L

① 水は あわせて どれだけ ありますか。
しき 5 L 8 dL＋ 2 L＝ 7 L 8 dL
答《こた》え（ 7 L 8 dL）

② なべと ポットに 入って いる 水の かさの ちがいは どれだけですか。
しき 5 L 8 dL− 2 L＝ 3 L 8 dL
答え（ 3 L 8 dL）

2 計算を しましょう。　教科書 73ページ5

① 4L3dL＋5L
　9L3dL
② 7L2dL−2L
　5L2dL
③ 6L4dL＋4dL
　6L8dL
④ 2L9dL−4dL
　2L5dL

よくよんで

3 ジュースが 1L8dL あります。4dL のむと、のこりの ジュースは どれだけに なりますか。　教科書 73ページ5

しき 1L8dL−4dL＝1L4dL

答え（ 1L4dL ）

ぴったり3　40～41ページ

知識・技能　／70点

1 よく出る つぎの 水の かさは どれだけですか。　1つ5点(10点)

①（ 9dL ）　②（ 3L ）

2 よく出る つぎの 水の かさは、何《なん》L何dLですか。また、何dLですか。　1つ5点(20点)

①（ 1 L 4 dL）（ 14 dL）
②（ 1 L 6 dL）（ 16 dL）

3 （ ）に あてはまる、かさの たんいを 書《か》きましょう。　1つ5点(15点)

① やかんに 入る 水……………2（ L ）
② コップに 入る 水……………3（ dL ）
③ ジュースの かんに 入る 水……… 250（ mL ）

4 計算《けいさん》を しましょう。　1つ5点(25点)

① 2L＋6L5dL
　8L5dL
② 3L8dL＋4L
　7L8dL
③ 7L6dL−1L
　6L6dL
④ 5L7dL＋2dL
　5L9dL
⑤ 6L8dL−4dL
　6L4dL

思考・判断・表現　／30点

5 りんごジュースが 1L6dL、オレンジジュースが 3dL あります。
どちらの ジュースが どれだけ 多《おお》いですか。　しき・答え 1つ10点(20点)

しき 1L6dL−3dL＝1L3dL

答《こた》え（りんごジュースが 1 L 3 dL 多い。）

できたらスゴイ！

6 水の 入った 水そうから 7dLの ますと 6dLの ますを つかって 5dLの 水を せんめんきに うつすには どうしたら いいですか。
□に あてはまる 数《かず》を 書きましょう。　ぜんぶできて 10点

6dLの ますで 2 はい せんめんきに うつし、
7dLの ますで 1 ぱい 水そうに もどす。

ぴったり2

1 同じ たんいの 数どうしを 計算します。

①「あわせて」なので、たし算《ざん》に なります。
Lどうしを 計算します。
5L8dL＋2L＝7L8dL

②「ちがい」なので、ひき算に なります。
Lどうしを 計算します。
5L8dL−2L＝3L8dL

2 同じ たんいの 数どうしを 計算します。

①②Lどうしを 計算します。
①4L3dL＋5L＝9L3dL
②7L2dL−2L＝5L2dL
③④dLどうしを 計算します。
③6L4dL＋4dL＝6L8dL
④2L9dL−4dL＝2L5dL

3 のこりを もとめるから、ひき算に なります。
dLどうしを 計算します。
1L8dL−4dL＝1L4dL

ぴったり3

3 大きな かさを あらわす ときは Lを、dLより 小さい かさを あらわす ときは mLを つかいます。

4 同じ たんいの 数どうしを 計算します。
⑤6L8dL−4dL＝6L4dL

5 りんごジュースの かさを、dLで あらわします。
1L6dL→10dLと 6dLです。
オレンジジュースは 3dLだから、りんごジュースの ほうが 多《おお》い ことが わかります。ちがいを もとめるから、ひき算に なります。
1L6dL−3dL＝1L3dL

6

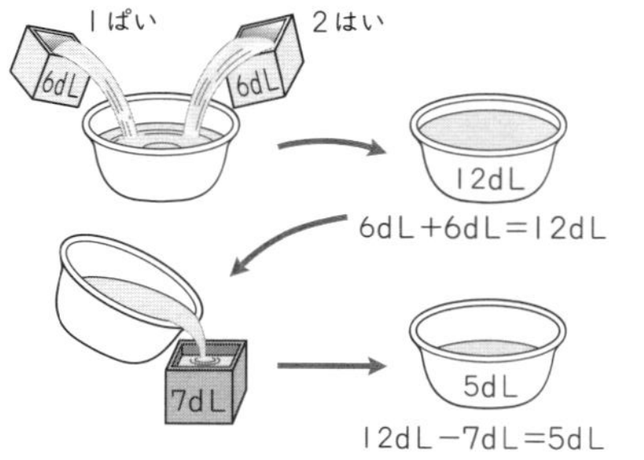

7 時こくと　時間

ぴったり1　42ページ

つぎの　□に　あてはまる　数《かず》や　ことばを　書《か》きましょう。

めあて　時こくや時間《じかん》をもとめることができるようにしよう。　れんしゅう ①②

長《なが》い　はりが　１めもり　すすむ　時間は　１分《ぷん》で、長い　はりが　ひと回《まわ》りする　時間は　１時間です。　１時間＝60分

1

(1)　おきてから　家を　出るまでに　かかった　時間は　何分《なんぷん》ですか。

(2)　おきてから　学校に　つくまでに　かかった　時間は　どれだけですか。

とき方　(1)　おきた　時こくは　7時で、家を　出た　時こくが　7時 45 分。

だから、かかった　時間は 45 分です。

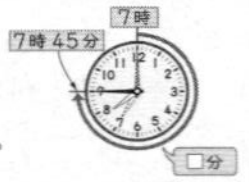

(2)　長い　はりが　ひと回りして　いるから、かかった　時間は 1 時間です。

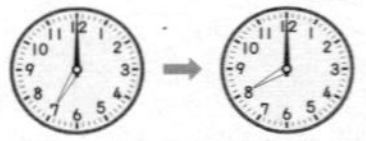

めあて　午前《ごぜん》、午後《ごご》をつかって、時こくをいうことができるようにしよう。　れんしゅう ③

午前、午後は、それぞれ　12 時間です。　１日＝24 時間

2 けいさんは、朝《あさ》　6時に　おきました。けいさんの　おきた　時こくを、午前、午後を　つかって　書きましょう。

とき方　右の　図《ず》から、けいさんの　おきた　時こくは 午前 6時。

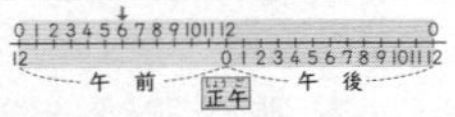

ぴったり2　43ページ

❶ ㋐から　㋑までの　時間を　答《こた》えましょう。　教科書 76ページ 1

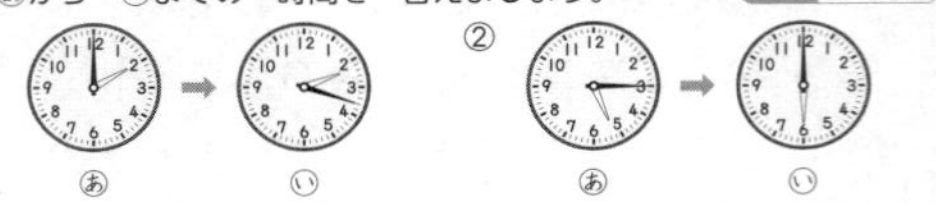

①（ 18 分 ）　②（ 45 分 ）

❷ 今《いま》の　時こくは、8 時 30 分です。つぎの　時こくを　答えましょう。　教科書 76ページ 1

①　１時間後《あと》　（9 時 30 分）　②　１時間前《まえ》　（7 時 30 分）

③　30 分前　（ 8時 ）　④　20 分後　（8 時 50 分）

❸ つぎの　もんだいに　答えましょう。　教科書 78ページ 2

①　つぎの　時こくを、午前、午後を　つかって　書きましょう。

朝　家を　出る　　昼《ひる》　昼ごはんを　食《た》べる　　夜《よる》　家に　帰《かえ》る

（午前 9 時 28 分）（ 午後 1 時 ）（ 午後 7 時 ）

②　昼ごはんを　食べてから、家に　帰るまでの　時間は　何時間ですか。　（ 6 時間 ）

ぴったり3　44〜45ページ

知識・技能　／55点

❶ よく出る　□に　あてはまる　数《かず》を　書《か》きましょう。　1つ5点(10点)

①　１時間《じかん》＝ 60 分《ぷん》

②　１日＝ 24 時間

❷ つぎの　時こくを　答《こた》えましょう。　1つ5点(10点)

今《いま》の　時こく

①　20 分前《まえ》の　時こく　（ 8時 ）

②　20 分後《あと》の　時こく　（ 8時 40 分 ）

❸ つぎの　時間を　答えましょう。　1つ5点(15点)

①　午前《ごぜん》9時から　午前9時 25 分《ふん》まで

（ 25 分 ）

②　午後《ごご》4時 10 分から　午後4時 40 分まで

（ 30 分 ）

③　午前 10 時から　午後6時まで

（ 8時間 ）

❹ □に　あてはまる　数を　書きましょう。　1つ5点(10点)

①　午前、午後は　それぞれ 12 時間です。

②　１時間 30 分＝ 90 分

❺ つぎの　時こくを、午前、午後を　つかって　書きましょう。　1つ5点(10点)

①　朝《あさ》

（午前 7 時 15 分）

②　夜《よる》

（午後 6 時 40 分）

思考・判断・表現　／45点

できたらスゴイ！

❻ ゆきさんは　おかあさんと　どうぶつ園《えん》に　行《い》きました。　1つ15点(45点)

①　ゆきさんは、家《いえ》を　出てから　どうぶつ園に　つくまでに　40 分　かかりました。ゆきさんが　家を　出た　時こくを、午前、午後を　つかって　答えましょう。　（午前 10 時 20 分）

②　ライオンバスに　のって　いた　時間は　どれだけですか。　（ 20 分 ）

③　どうぶつ園に　ついてから　出るまでの　時間は　どれだけですか。　（ 5時間 ）

ぴったり2

❶ ①

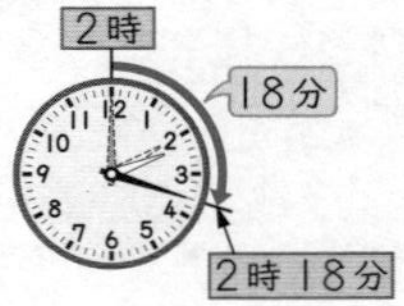

②

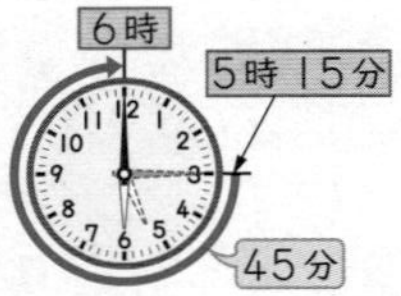

❷

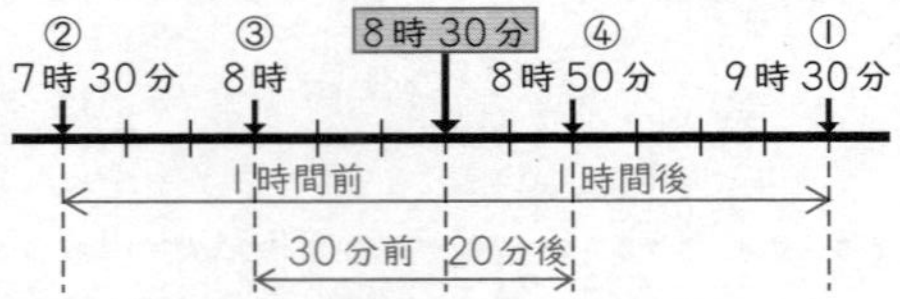

❸ ①時計《とけい》は　9時 28 分《ふん》を　さして　いて、朝《あさ》なので　「午前《ごぜん》」を　つけます。

時計は　1時を　さして　いて、昼《ひる》なので　「午後《ごご》」を　つけます。

時計は　7時を　さして　いて、夜《よる》なので　「午後」を　つけます。

②午後 1 時から　午後 7 時までの　時間《じかん》は、6時間です。

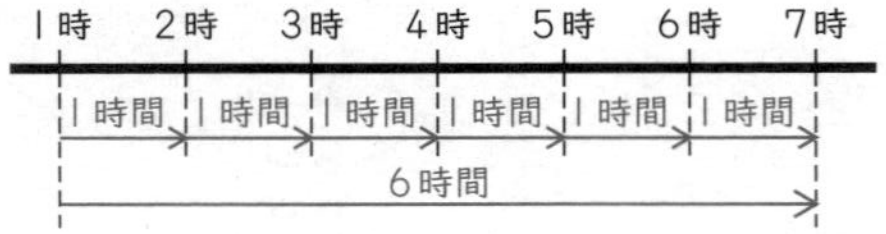

ぴったり3

❷

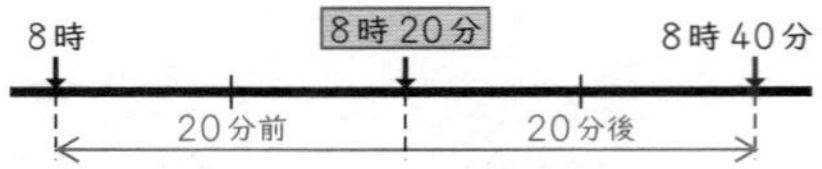

❸ ①9時ちょうどから　9時 25 分までの　時間は、25 分です。

③午前 10 時から　正午《しょうご》までは　2時間。正午から　午後6時までは　6時間。

❺ ①時計は　7時 15 分を　さして　いて、朝なので　「午前」を　つけます。

②時計は　6時 40 分《ぷん》を　さして　いて、夜なので　「午後」を　つけます。

❻ ①

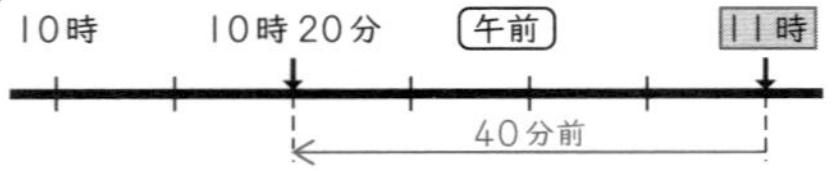

③

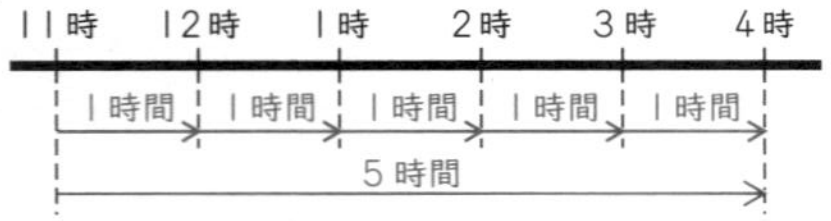

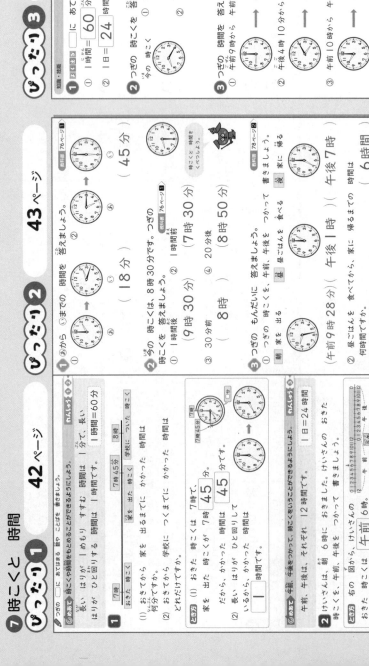

ぴったり1　46ページ

つぎの　□に　あてはまる　数を　書きましょう。

◎めあて　3つの数のたし算《さん》をくふうしてできるようにしよう。　れんしゅう ❶❷❸

✪たし算では、たす　じゅんじょを　かえても、答《こた》えは　同《おな》じに　なります。
✪(《かっこ》　)は　ひとまとまりの　数を　あらわし、先に　計算《けいさん》します。

1 数を　よく　見て、くふうして　計算しましょう。
26+28+12

とき方　どこから　計算すれば　計算が　かんたんに　なるかを　考《かんが》えます。
❶ 26+(28+12)
❷ 26+(28+12)=26+ 40 = 66

2 公園《こうえん》に、おとなが　6人と　子どもが　13人　います。
子どもが　7人　来《き》ました。
公園には、みんなで　何人　いますか。(　　)を　つかって　1つの　しきに　あらわして　もとめましょう。

とき方
●はじめに　いた　人数《にんずう》を　先に　計算すると、
しき　$\underbrace{(6+13)}_{はじめに\ いた\ 人数}+7$
=① 19 +7=② 26
答え　③ 26 人

●子どもの　人数を　先に　計算すると、
しき　$6+\underbrace{(13+7)}_{子どもの\ 人数}$
=6+④ 20 =⑤ 26
答え　⑥ 26 人

ぴったり2　47ページ

❶ さくらさんは、赤い　色紙《いろがみ》を　18まい、青い　色紙を　16まい　もって　います。青い　色紙を　4まい　もらいました。
色紙は　ぜんぶで　何まいに　なりましたか。
つぎのような　考えで、(　　)を　つかって　1つの　しきに　あらわして　もとめましょう。　教科書 81ページ❶
① はじめに　あった　色紙の　数を　先に　計算する。
しき　(18+16)+4=38　　答え (38 まい)
② 青い　色紙の　数を　先に　計算する。
しき　18+(16+4)=38　　答え (38 まい)

❷ 数を　よく　見て、くふうして　計算しましょう。　教科書 81ページ❶
① 8+25+15　48　　② 9+13+7　29
③ 17+38+2　57　　④ 47+15+3　65

よくよんで
❸ きのう、アルミかんを　16こと　スチールかんを　30こ　あつめました。今日《きょう》は、スチールかんだけ　28こ　あつめました。
ぜんぶで　何こ　あつめたかを　もとめました。
どのように　考えて　計算したのでしょうか。あ、いから　えらびましょう。　教科書 83ページ❷
① (16+30)+28=74　　(い)
② 16+(30+28)=74　　(あ)

あ　スチールかんの　数を　先に　計算した。
い　きのう　あつめた　かんの　数を　先に　計算した。

ぴったり1　48ページ

つぎの　□に　あてはまる　数を　書きましょう。

◎めあて　たし算《さん》をくふうしてできるようにしよう。　れんしゅう ❶❷

たす数か　たされる数を　2つの　数に　分《わ》けてから　計算《けいさん》します。

1 47+8を　くふうして　計算しましょう。

とき方
●たされる数を　分けて　計算すると、
47+8
40　7
❶ 7と　8で　① 15
❷ 40と　② 15 で　③ 55

●たす数を　分けて　計算すると、
47+8
3　5
❶ 47と　3で　④ 50
❷ ⑤ 50 と　5で　⑥ 55

◎めあて　ひき算をくふうしてできるようにしよう。　れんしゅう ❸❹

ひく数か　ひかれる数を　2つの　数に　分けてから　計算します。

2 85−7を　くふうして　計算しましょう。

とき方
●ひかれる数を　分けて　計算すると、
85−7
70　15
❶ 15から　7を　ひいて　① 8
❷ 70と　② 8 で　③ 78

●ひく数を　分けて　計算すると、
85−7
5　2
❶ 85から　5を　ひいて　④ 80
❷ ⑤ 80 から　2を　ひいて　⑥ 78

ぴったり2　49ページ

❶ 9+28の　計算の　しかたを　考《かんが》えます。□に　あてはまる　数を　書きましょう。　教科書 84ページ❶

❶ たされる数を　7と　① 2 に　分けます。
❷ ② 2 と　28で　30
❸ 7と　30で　③ 37

❶ たす数を　④ 1 と　27に　分けます。
❷ 9と　⑤ 1 で　10
❸ 10と　⑥ 27 で　⑦ 37

❷ くふうして　計算しましょう。　教科書 84ページ❶
① 43+9　52　　② 35+5　40
③ 8+25　33　　④ 6+47　53

❸ 64−7の　計算の　しかたを　考えます。□に　あてはまる　数を　書きましょう。　教科書 84ページ❷

❶ ひかれる数を　50と　① 14 に　分けます。
❷ ② 14 から　7を　ひいて　7
❸ 50と　7で　③ 57

❶ ひく数を　④ 4 と　3に　分けます。
❷ 64から　⑤ 4 を　ひいて　60
❸ 60から　3を　ひいて　⑥ 57

❹ くふうして　計算しましょう。　教科書 84ページ❷
① 62−9　53　　② 83−6　77
③ 41−8　33　　④ 70−8　62

ぴったり2

❶ 色紙《いろがみ》の　ぜんぶの　数《かず》を　もとめる　しきは、18+16+4に　なります。
先に　計算《けいさん》する　ところに　(《かっこ》　)を　つけます。
①はじめに　あった　色紙の　数を　もとめる　しきは、18+16だから、
$\underbrace{(18+16)}_{34}+4=38$
②青い　色紙の　数を　もとめる　しきは、16+4だから、
$18+\underbrace{(16+4)}_{20}=38$

❷ どこを　先に　計算すれば　何十《なんじゅう》が　できるかを　考《かんが》えます。
①$8+\underbrace{(25+15)}_{40}=48$

❸ 先に　計算する　ところに　(　　)を　つけるから、(　　)の　中が　どんな　数を　あらわして　いるのかを　考えます。
①16は　きのう　あつめた　アルミかんの　数で、30は　きのう　あつめた　スチールかんの　数だから、(16+30)は、きのう　あつめた　かんの　数を　あらわして　います。

ぴったり2

おうちのかたへ

たし算やひき算の計算の工夫ができるようになると、暗算でできる範囲が増えます。筆算も大切ですが、暗算でできる範囲を広くしていくと、これからとても役に立ちます。どちらの数を分けるといいか、とっさに思いつくことができるように、たくさん練習しましょう。

❶ ●たされる数　9を　7と　2に　分《わ》けます。
●たす数　28を　1と　27に　分けます。

❷ たされる数を　何十と　いくつに　なるように　分けるか、たす数を　たした　ときに　何十に　なるように　分けます。
①43+9
40　3
❶3と　9で　12
❷40と　12で　52

43+9
7　2
❶43と　7で　50
❷50と　2で　52

❹ ①
62−9
50　12
❶12から　9を　ひいて　3
❷50と　3で　53

62−9
2　7
❶62から　2を　ひいて　60
❷60から　7を　ひいて　53

9 たし算と　ひき算の　ひっ算

ぴったり3　50~51ページ

知識・技能　／60点

1 つぎの　しきで、先に　計算《けいさん》するのは、あ、いの　どちらですか。　1つ5点(10点)

① (5+2)+8　（あ）　② 5+(2+8)　（い）

2 よく出る 計算が　かんたんに　なるように、しきに　(　)を　書《か》き、くふうして　計算しましょう。　1つ5点(20点)

① 8+(9+1) 18　② 7+(4+6) 17

③ 5+(18+2) 25　④ 8+(15+5) 28

3 43+12+27を　くふうして　計算しましょう。　(10点)

43+12+27=43+27+12
=(43+27)+12
=70+12
=82

4 つぎのように　くふうして　計算しました。□に　あてはまる　数《かず》を　書きましょう。　ぜんぶできて　1もん10点(20点)

① 58+5=63（2　3）　② 65−8=57（50　15）

思考・判断・表現　／40点

5 クッキーの　数を　もとめました。どのように　考《かんが》えて　計算したのでしょうか。あ、いから　えらびましょう。　1つ10点(20点)

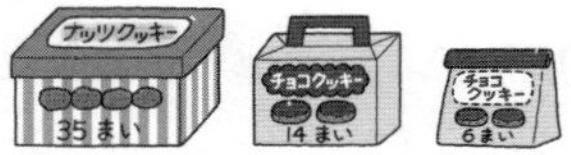

① (35+14)+6=55　答《こた》え　55まい　（い）

② 35+(14+6)=55　答え　55まい　（あ）

あ チョコクッキーの　数を　先に　計算した。
い はこ入りの　クッキーの　数を　先に　計算した。

できたらスゴイ！

6 みちよさんと　ゆたかさんは、73−5の　計算の　しかたを　つぎのように　せつ明《めい》しました。ア、イ、ウ、エに　あてはまる　数を　書きましょう。　1つ5点(20点)

みちよさんの　せつ明
73−5（ア　イ）
① イから　5を　ひいて　8
② アと　8を　たします。

ゆたかさんの　せつ明
73−5（ウ　エ）
① 73から　ウを　ひいて　70
② 70から　エを　ひきます。

ア（60）　イ（13）　ウ（3）　エ（2）

ぴったり1　52ページ

あてはまる　数を　書きましょう。

めあて　答えが3けたになる、2けたの数のたし算ができるようになろう。　れんしゅう 1 2 3 4

十のくらいの　計算《けいさん》が　10を　こえる　ときは、百のくらいに　1　くり上げます。

1 つぎの　たし算を　ひっ算《さん》で　しましょう。

(1) 83+52　(2) 49+73

とき方

(1) 十のくらい　一のくらい

	8	3
+	5	2

くらいを　たてに　そろえて　書く。

	8	3
+	5	2
		5

一のくらいの　計算　3+2=5

	8	3
+	5	2
1	3	5

十のくらいの　計算　8+5=13
十のくらいに　3を　書き、百のくらいに　1　くり上げる。

(2) 十のくらい　一のくらい

	4	9
+	7	3

くらいを　たてに　そろえて　書く。

	4	9
+	7	3
		2

一のくらいの　計算　9+3=12
十のくらいに　1　くり上げる。

	4	9
+	7	3
1	2	2

十のくらいの　計算　くり上げた　1と　4で　5。　5+7=12

(1)の　十のくらいの　計算を　カードで　たしかめて　みよう。

ぴったり2　53ページ

1 計算を　しましょう。　教科書 87ページ1

① 54+61=115　② 36+82=118　③ 70+74=144　④ 69+90=159

2 計算を　しましょう。　教科書 89ページ2

① 83+58=141　② 67+93=160　③ 76+24=100　④ 99+7=106

3 ひっ算で　しましょう。　教科書 89ページ2

① 43+78=121　② 19+86=105　③ 97+5=102　④ 6+95=101

よくみて

4 ゆみさんは、きのうまでに　本を　83ページ　読《よ》みました。今日《きょう》は、37ページ　読みました。ぜんぶで　何《なん》ページ　読みましたか。　教科書 89ページ2

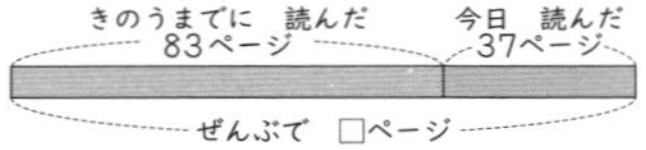

きのうまでに　読んだ　83ページ　今日　読んだ　37ページ　ぜんぶで　□ページ

しき　83+37=120

答《こた》え（120ページ）

ぴったり3

1 (　)の　中を　先に　計算《けいさん》します。

2 どこを　先に　計算すれば　何十《なんじゅう》が　できるかを　考《かんが》えます。
その　ぶぶんを　先に　計算すると、計算が　かんたんに　なります。

3 まず、たす　じゅんじょを　かえます。
43+12+27=43+27+12
つぎに、43+27を　先に　計算します。
(43+27)+12=70+12

4 ①5を　2と　3に　分《わ》けます。
58と　2で　60、60と　3で　63です。
②65を　50と　15に　分けます。
15から　8を　ひいて7、50と　7で　57です。

5 ①(35+14)は、はこ入りの　クッキーの　数《かず》を　あらわして　います。
②(14+6)は　チョコクッキーの　数を　あらわして　います。

6 ●73を　60と　13に　分けます。
●5を　3と　2に　分けます。

ぴったり2

1 十のくらいの　計算が　10を　こえる　ときは、百のくらいに　1　くり上げます。

2 十のくらいに　くり上げた　1を　たすのを　わすれないように　しましょう。
①一のくらいの　計算
3+8=11
十のくらいに　1　くり上げます。
十のくらいの　計算
くり上げた　1と　8で　9。
9+5=14

3 くらいを　そろえて　ひっ算《さん》を　書《か》きます。
②一のくらいの　計算
9+6=15
十のくらいに　1　くり上げます。
十のくらいの　計算
くり上げた　1と　1で　2。
2+8=10

4 「ぜんぶで」だから、たし算《ざん》に　なります。
十のくらいに　1　くり上げるのを　わすれないように　します。

ぴったり1　54ページ

あてはまる　数を　書きましょう。

めあて　百のくらいからくり下げるひき算ができるようになろう。　れんしゅう ①②③④

十のくらいの　計算《けいさん》で　ひけない　ときは、
百のくらいから　1　くり下げて　計算します。

1 つぎの　ひき算を　ひっ算《さん》で　しましょう。
(1) 139−72　　(2) 104−56

とき方

(1) 百のくらい　十のくらい　一のくらい

139 − 72　くらいを たてに そろえて 書く。

一のくらいの 計算　9−2=7

十のくらいの 計算　3から 7は ひけないので、百のくらいから 1 くり下げる。13−7=6

答え 67

百のくらいから くり下がりが ある ひっ算も、前に 学しゅうした 十のくらいから くり下がりが ある ひっ算と 同じ 考え方だね。

(2) 百のくらい　十のくらい　一のくらい

104 − 56　くらいを たてに そろえて 書く。

一のくらいの 計算　十のくらいからは くり下げられないので、はじめに、百のくらいから 十のくらいに 1 くり下げる。
つぎに、十のくらいから 一のくらいに 1 くり下げる。14−6=8

十のくらいの 計算　1 くり下げたので 9。9−5=4

答え 48

ぴったり2　55ページ

1 計算を　しましょう。　教科書 91ページ 1

① 126−35=91　② 173−90=83　③ 148−78=70　④ 102−81=21

2 計算を　しましょう。　教科書 93ページ 2・3

① 113−46=67　② 156−68=88　③ 108−79=29　④ 105−7=98

3 ひっ算で　しましょう。　教科書 93ページ 2・3

① 130−55=75　② 106−38=68　③ 104−17=87　④ 101−3=98

よくよんで

4 ひろきさんの　学校の　1、2年生は　あわせて　116人です。
1年生は　59人です。
2年生は　何人《なんにん》ですか。　教科書 93ページ 2

1、2年生　116人
1年生　59人　2年生 □人

しき　116−59=57

答《こた》え（57人）

ぴったり1　56ページ

あてはまる　数を　書きましょう。

めあて　3けたの数のたし算やひき算をひっ算でできるようになろう。　れんしゅう ①②③

ひっ算では、数が　大きく　なっても、くらいを　そろえて
書いて、一のくらいから　じゅんに　計算《けいさん》します。

1 つぎの　計算を　ひっ算で　しましょう。
(1) 657+25　　(2) 543−15

とき方　これまでに　学しゅうした　ひっ算の　しかたを　もとに
考《かんが》えます。

(1) 百のくらい　十のくらい　一のくらい

657 + 25　くらいを たてに そろえて 書く。

一のくらいの 計算　7+5=12　1 くり上がる。

十のくらいの 計算　くり上げた 1と 5で 6。6+2=8

百のくらいは そのまま おろす。

答え 682

(2) 百のくらい　十のくらい　一のくらい

543 − 15

一のくらいの 計算　十のくらいから 1 くり下げる。13−5=8

十のくらいの 計算　1 くり下げたので 3。3−1=2

答え 528

ぴったり2　57ページ

1 計算を　しましょう。　教科書 96ページ 1

① 523+46=569　② 135+41=176　③ 243+15=258
④ 546−13=533　⑤ 874−62=812　⑥ 469−37=432

2 計算を　しましょう。　教科書 97ページ 2

① 248+25=273　② 87+206=293　③ 302+8=310
④ 842−17=825　⑤ 546−9=537　⑥ 312−8=304

3 ひっ算で　しましょう。　教科書 97ページ 2

① 308+53=361　② 447+6=453　③ 5+247=252
④ 453−48=405　⑤ 627−9=618　⑥ 713−8=705

ぴったり2

1 十のくらいで　ひけない　ときは、
百のくらいから　1　くり下げて
計算します。

2 くり下がりが　2回《かい》　ある
ひき算です。
③、④は、十のくらいから
一のくらいに　くり下げられないので、
まず　百のくらいから
十のくらいに　1　くり下げてから
計算します。

3 ①一のくらいの　計算
一のくらいで　ひけないので、
十のくらいから　一のくらいに
1　くり下げます。
10−5=5
十のくらいの　計算
1　くり下げたので　2。
2から　5は　ひけないので、
百のくらいから　1　くり下げます。
12−5=7

ぴったり2

1 これまでの　ひっ算を　もとに
考えます。くらいを　そろえて、
一のくらいから　じゅんに
計算して　いきます。

2 ①〜③は、十のくらいに
くり上げた　1を　たすのを
わすれないように　しましょう。
④〜⑥は、十のくらいから　1
くり下げた　ことを
わすれないように　しましょう。
①一のくらいの　計算
8+5=13
十のくらいに　1　くり上げます。
十のくらいの　計算
くり上げた　1と　4で　5。
5+2=7

3 ④一のくらいの　計算
一のくらいで　ひけないので、
十のくらいから　一のくらいに
1　くり下げます。
13−8=5
十のくらいの　計算
1　くり下げたので　4。
4−4=0

ぴったり3 58~59ページ

知識・技能 /70点

1 □に あてはまる 数《かず》を 書《か》きましょう。 1つ3点(30点)

① 48+75の 計算《けいさん》を します。

一のくらい

	4	8
+	7	5

❶ 一のくらいの 計算
8+5=13で
一のくらいに [3] を 書く。
十のくらいに 1 くり上げる。

十のくらい

	4	8
+	7	5

❷ 十のくらいの 計算
くり上げた 1と 4で 5。
[5]+7=[12]

❸ 48+75の 答《こた》えは [123]

② 142−87の 計算を します。

一のくらい

	1	4	2
−		8	7

❶ 一のくらいの 計算
2から 7は ひけないので、
十のくらいから 1 くり下げる。
[12]−7=[5]

十のくらい

	1	4	2
−		8	7

❷ 十のくらいの 計算
1 くり下げたので [3]。
百のくらいから 1 くり下げる。
[13]−8=[5]

❸ 142−87の 答えは [55]

2 よく出る 計算を しましょう。 1つ3点(24点)

① 13+94 → 107
② 62+39 → 101
③ 38+245 → 283
④ 476+5 → 481
⑤ 163−72 → 91
⑥ 107−99 → 8
⑦ 653−28 → 625
⑧ 512−7 → 505

3 ひっ算《さん》で しましょう。 1つ4点(16点)

① 4+98 → 102
② 72+129 → 201
③ 103−15 → 88
④ 516−8 → 508

思考・判断・表現 /30点

4 色紙《いろがみ》が 132まい あります。25まい つかいました。のこった 色紙は 何《なん》まいですか。 しき・答え 1つ5点(10点)

しき 132−25=107

答え (107まい)

できたらスゴイ!

5 つぎの ひっ算で、●で かくれて いる 数を ( )に 書きましょう。 1つ10点(20点)

① 54 +6● → 121 (7)
② 1●6 −32 → 74 (0)

10 長方形と 正方形

ぴったり1 60ページ

つぎの □に あてはまる 記ごうを 書きましょう。

めあて 三角形《さんかくけい》や四角形《しかくけい》がわかるようになろう。 れんしゅう 1 2 3

○3本の 直線《ちょくせん》で かこまれた 形《かたち》を、三角形と いいます。
○4本の 直線で かこまれた 形を、四角形と いいます。
○三角形や 四角形で 直線の ところを へんと いい、かどの 点《てん》を ちょう点と いいます。

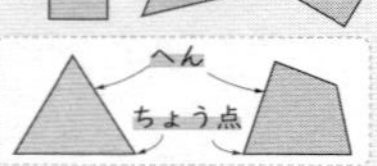

1 下の 図《ず》で 三角形は どれですか。また、四角形は どれですか。

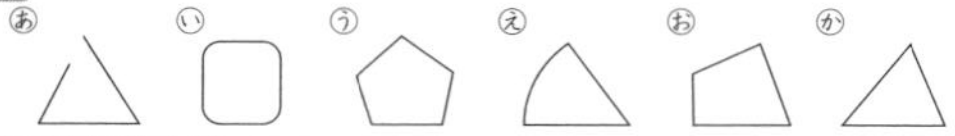

とき方 へんの 数《かず》や ちょう点の 数を 見て いきます。
三角形は へんも ちょう点も 3つ あり、四角形は へんも ちょう点も 4つ あります。

三角形は [か] で、四角形は [お] です。

ぴったり2 61ページ

1 □に あてはまる 数や ことばを 書きましょう。 教科書 101ページ1

① 3本の 直線で かこまれた 形を、[三角形] と いいます。
② [4] 本の 直線で かこまれた 形を、四角形と いいます。

2 ・と ・を 直線で つないで つぎの 形を かきましょう。 教科書 101ページ1

① 三角形 ② 四角形

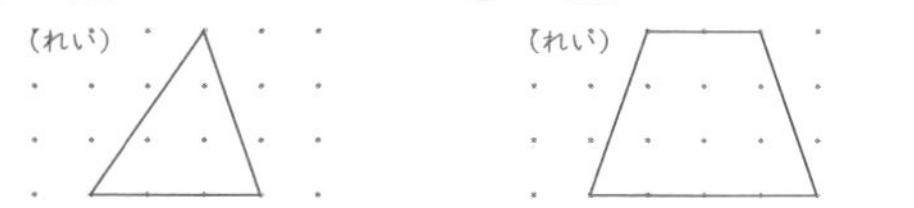

ふくしゅう

3 下の 図で、三角形には △を、四角形には □を、どちらでも ない 形には ×を、( )に かきましょう。 教科書 101ページ1

① 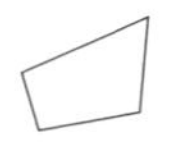 (□)
② 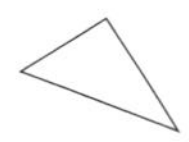 (△)
③ 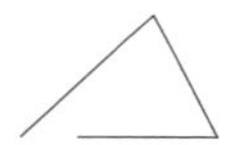 (×)
④  (×)

ぴったり3

おうちのかたへ

2年生では(2けた)+(1、2けた)=(3けた)、(3けた)−(1、2けた)=(1~3けた)まで学習しました。3年生になると、さらにけた数が増えた場合のたし算やひき算を学習します。

❸ ひっ算《さん》を 書《か》く ときに、くらいを そろえるように ちゅういしましょう。

❺ ①十のくらいの 計算《けいさん》を 見ると、5+6=11では なく、答《こた》えが 12に なって いるから、一のくらいから 1 くり上げて いる ことが わかります。
4+●=11に なる ●に 入る 数《かず》を 考《かん》えます。
②一のくらいの 計算を 見ると、6−2=4なので、十のくらいから 1 くり下げて いない ことが わかります。
■−3=7に なる ■に 入る 数は 10なので、百のくらいから 1 くり下げて きた ことが わかります。
ひかれる数の ●に 入る 数は 0です。

ぴったり2

❶ 三角形《さんかくけい》や 四角形《しかくけい》は、何本《なんぼん》の 直線《ちょくせん》で かこまれた 形《かたち》かを おぼえて おきましょう。
三角形は、3本の 直線で かこまれた 形です。
四角形は、4本の 直線で かこまれた 形です。

❷ ①三角形の ちょう点《てん》に なる 3つの 点を きめて、へんを 3つ かきます。
②四角形の ちょう点に なる 4つの 点を きめて、へんを 4つ かきます。

❸ ①4本の 直線で かこまれて いるので、四角形です。
②3本の 直線で かこまれて いるので、三角形です。
③あいて いる ところが あるので、三角形では ありません。
④かどが まるく なって いて、ちょう点に なって いないので、四角形では ありません。

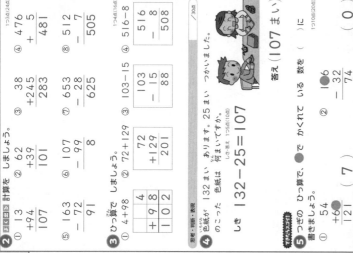

ぴったり1　62ページ

つぎの □に あてはまる 数《かず》や 記《き》ごうを 書《か》きましょう。

めあて　直角《ちょっかく》がわかるようになろう。　れんしゅう①

・右の 図《ず》のように、紙《かみ》を 2回《かい》、きちんと おって できた かどの 形《かたち》を、直角と いいます。
・三角《さんかく》じょうぎの かどには 直角が あります。

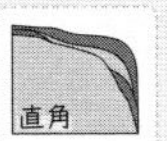

1 紙を おって できた 形に 直角の かどは いくつ ありますか。

とき方　紙を 3回 おって できた かどは、上の 図の ◌の ところです。だから、直角の かどは 2 つ あります。

めあて　長方形《ちょうほうけい》、正方形《せいほうけい》、直角三角形《ちょっかくさんかくけい》についてわかるようになろう。　れんしゅう②③

・4つの かどが、みんな 直角に なって いる 四角形《しかくけい》を、長方形と いいます。
・4つの かどが みんな 直角で、4つの へんの 長《なが》さが みんな 同《おな》じに なって いる 四角形を、正方形と いいます。
・直角の かどが ある 三角形を、直角三角形と いいます。

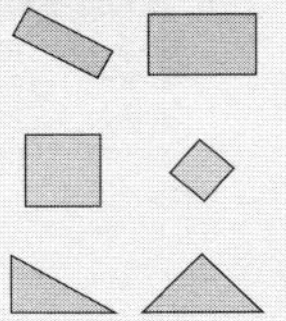

2 右の 図で、正方形は どれですか。

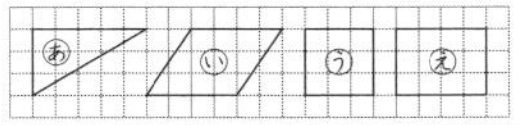

とき方　正方形の とくちょうを 考《かんが》えます。正方形は う です。

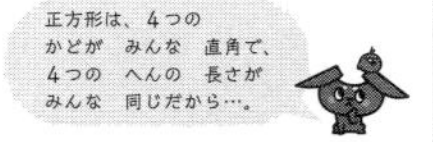

ぴったり2　63ページ

1 三角じょうぎの 直角の かどは どれですか。下の 図の 直角の かどに ○を つけましょう。　教科書 104ページ1

① ②

よくみて

2 下の 図で、長方形、正方形、直角三角形は、それぞれ どれですか。　教科書 105ページ2、107ページ3、108ページ4

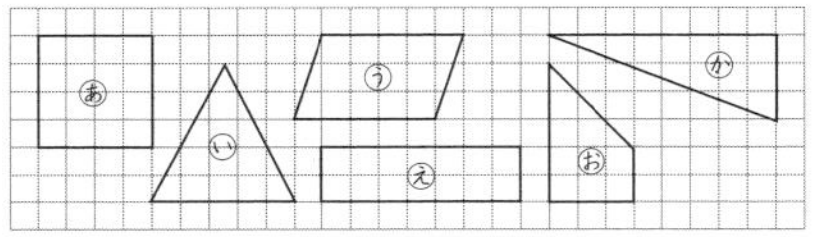

長方形（え）　正方形（あ）　直角三角形（か）

3 下の 形を 方《ほう》がん紙《し》に かきましょう。　教科書 109ページ5

① たて 2cm、よこ 4cmの 長方形

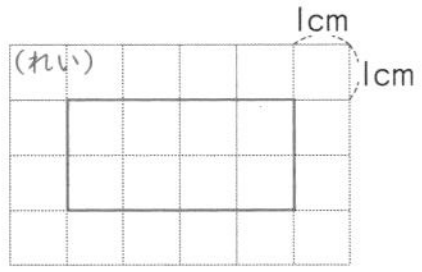

② 1つの へんの 長さが 2cmの 正方形

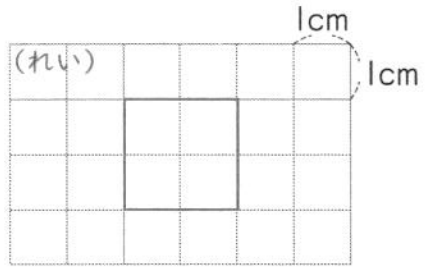

ぴったり3　64~65ページ

知識・技能　／85点

1 よく出る　□に あてはまる 数《かず》や ことばを 書《か》きましょう。　1つ5点(20点)

① 三角形《さんかくけい》には、へんが 3 つ あります。
② 四角形《しかくけい》には、ちょう点《てん》が 4 つ あります。
③ 4つの かどが、みんな 直角《ちょっかく》に なって いる 四角形を、長方形 と いいます。
④ 4つの かどが みんな 直角で、4つの へんの 長《なが》さが みんな 同《おな》じに なって いる 四角形を、正方形 と いいます。

2 三角じょうぎの 直角の かどは どれですか。　1つ5点(10点)

①（い）　②（え）

3 よく出る　下の 図《ず》で、長方形《ちょうほうけい》、正方形《せいほうけい》、直角三角形《ちょっかくさんかくけい》は、それぞれ どれですか。　1つ5点(15点)

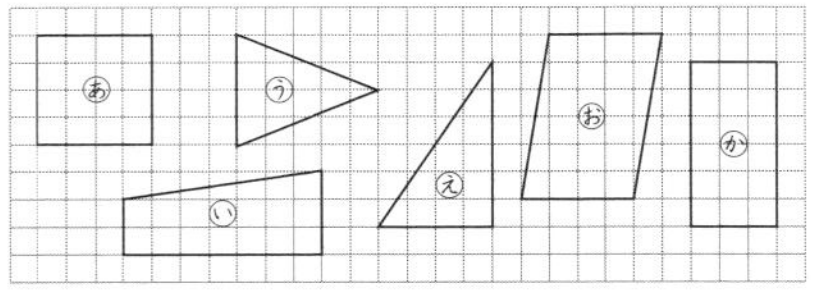

長方形（か）　正方形（あ）　直角三角形（え）

4 へんを かきたして、つぎの 形《かたち》を かきましょう。　1つ10点(20点)

① 三角形　② 四角形

5 下の 形を 方《ほう》がん紙《し》に かきましょう。　1つ10点(20点)

① たて 4cm、よこ 3cmの 長方形

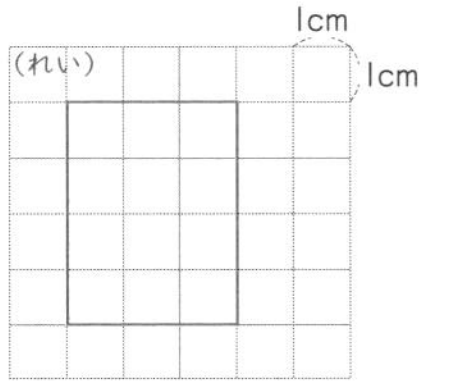

② 2cmの へんと 4cmの へんの 間《あいだ》に、直角の かどが ある 直角三角形

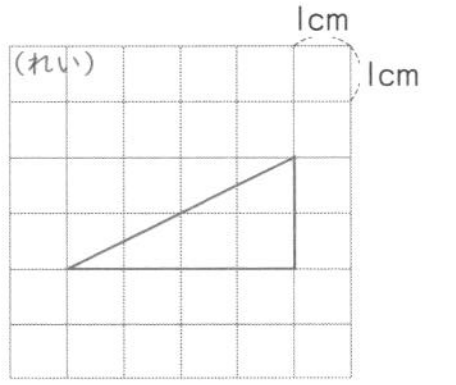

思考・判断・表現　／15点

できたらスゴイ!

6 長方形の 紙《かみ》を、右のように 切《き》ります。□に あてはまる 数や ことばを 書きましょう。　1つ5点(15点)

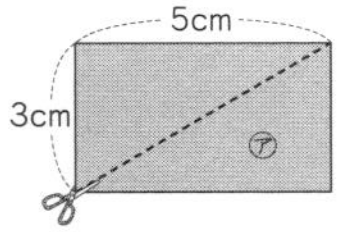

㋐の 形は、5 cmの へんと 3 cmの へんの 間に 直角の かどが ある 直角三角形 に なります。

ぴったり2

1 三角じょうぎには、それぞれ 1つずつ 直角《ちょっかく》の かどが あります。

2 ㋐4つの かどが みんな 直角で、4つの へんの 長《なが》さが みんな 同《おな》じに なって いる 四角形なので、正方形《せいほうけい》です。

㋑直角の かどが ないので、直角三角形《ちょっかくさんかくけい》では ありません。

㋒直角の かどが ないので、長方形《ちょうほうけい》では ありません。

㋓4つの かどが みんな 直角に なって いる 四角形なので、長方形です。

㋔直角の かどが 2つしか ないので、長方形では ありません。

㋕直角の かどが ある 三角形なので、直角三角形です。

3 方《ほう》がん紙《し》の ますが 正方形に なって いる ことを つかって、長方形や 正方形を かきます。

ぴったり3

3 ㋐4つの かどが みんな 直角で、4つの へんの 長さが みんな 同じに なって いる 四角形なので、正方形です。

㋑直角の かどが 2つしか ないので、長方形では ありません。

㋒直角の かどが ないので、直角三角形では ありません。

㋔直角の かどが ないので、長方形では ありません。

4 ① 1つ 点を きめて、へんを 2つ かきたします。

6 長方形の むかい合《あ》って いる へんの 長さは 同じです。

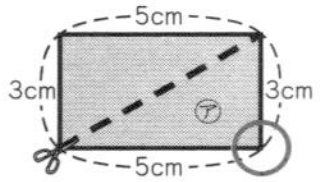

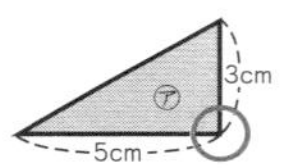

また、◯の ぶぶんは 長方形の 1つの かどだから、直角です。

㋐の 形は、5cmの へんと 3cmの へんの 間《あいだ》に 直角の かどが ある 直角三角形に なります。

5と 3は じゅんじょが ちがって いても 正かいです。

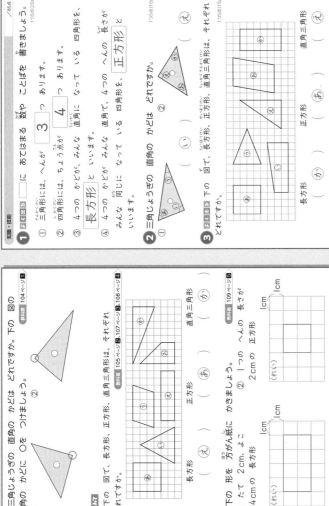

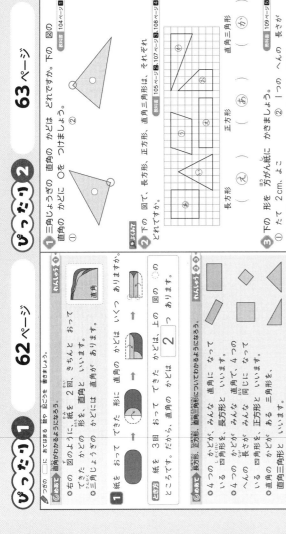

⑪ かけ算(1)

ぴったり1　66ページ

つぎの □に あてはまる 数を 書きましょう。

めあて　かけ算《ざん》のしきのいみが、わかるようになろう。　れんしゅう ①②③

・2×3のような 計算《けいさん》を、かけ算と いいます。

1 りんごの 数を かけ算の しきに 書きましょう。

とき方　りんごの 数は、1さらに 3こずつの 4さら分《ぶん》で、12こです。この ことを しきで あらわすと、
3 × 4 = 12
（1つ分の 数）（いくつ分）（ぜんぶの 数）

2 5×3の 答《こた》えを もとめましょう。

とき方　5×3は 5この 3つ分と いう ことだから、5×3の 答えは 5 + 5 + 5 の 計算で もとめる ことが できます。
5×3= 15

5×3を 図で あらわすと、

3 4cmの 2ばいの 長《なが》さは、何《なん》cmですか。

とき方　図に あらわします。
4cm　4cm
4cmの 2つ分だから、
しきは 4 × 2 に なり、
その 答えは 4 + 4 で もとめられます。
4cmの 2ばいは、4cmの 2つ分の ことだよ。
答え 8 cm

ぴったり2　67ページ

1 ドーナツの 数を もとめます。　教科書 5ページ1

① □に あてはまる 数を 書きましょう。
ドーナツは、1ふくろに 6 こずつ 4 ふくろ あります。

② かけ算の しきに 書きましょう。
（6×4=24）

2 あめの 数を かけ算の しきに 書いて、答えを もとめましょう。　教科書 10ページ2

①

しき 7×2=14
答え（14こ）

かけ算の 答えは、たし算で もとめられるよ。

②

しき 4×3=12
答え（12こ）

3 2cmの 5ばいの 高《たか》さは 何cmですか。かけ算の しきに 書いて、答えを もとめましょう。　教科書 11ページ3

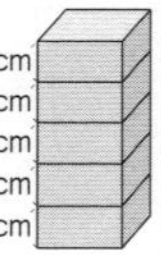

しき 2×5=10
答え（10cm）

ぴったり1　68ページ

つぎの □に あてはまる 数を 書きましょう。

めあて　5のだん、2のだんの九九《くく》をおぼえよう。　れんしゅう ①②③④

5のだんの 九九の 答《こた》えは 5ずつ、2のだんの 九九の 答えは 2ずつ ふえて いきます。

1 5のだんの 九九と 2のだんの 九九を 書きましょう。

とき方　5のだんの 九九の 答えは 5ずつ ふえる ことから 考《かんが》えます。
5×1=5
5×2= 10　（5 ふえる）
5×3= 15　（5 ふえる）
5×4= 20　（5 ふえる）
5×5= 25　（5 ふえる）
5×6= 30
5×7= 35　（5ずつ ふえて いく。）
5×8= 40
5×9= 45

2のだんの 九九の 答えは 2ずつ ふえる ことから 考えます。
2×1=2
2×2= 4　（2 ふえる）
2×3= 6　（2 ふえる）
2×4= 8　（2 ふえる）
2×5= 10　（2 ふえる）
2×6= 12
2×7= 14　（2ずつ ふえて いく。）
2×8= 16
2×9= 18

かける数 1 2 3 4 5 6 7 8 9
かけられる数 1 2 3 4 5

かける数 1 2 3 4 5 6 7 8 9
1 2

ぴったり2　69ページ

1 計算《けいさん》を しましょう。　教科書 13ページ1、14ページ2
① 5×2 10　② 5×8 40　③ 5×6 30
④ 5×1 5　⑤ 5×9 45　⑥ 5×3 15

2 5人の 4ばいは 何人《なんにん》ですか。　教科書 14ページ2
しき 5×4=20

答え（20人）

3 計算を しましょう。　教科書 15ページ3、16ページ4
① 2×3 6　② 2×5 10　③ 2×2 4
④ 2×7 14　⑤ 2×4 8　⑥ 2×9 18

4 1はこに 2こ 入った ドーナツを 買《か》います。　教科書 16ページ4
① 6はこ 買うと、ドーナツは ぜんぶで 何こに なりますか。
しき 2×6=12
答え（12こ）
② もう 1はこ 買うと、ドーナツは 何こ ふえますか。また、ぜんぶで 何こに なりますか。
（2こ ふえて、ぜんぶで 14こ に なる。）

ぴったり2

おうちのかたへ

九九を覚える前に、まず、かけ算の意味を捉えさせることが大切です。かけ算は、「1つ分の数」×「いくつ分」=「全部の数」を表しています。問題の場面から、「1つ分の数」と「いくつ分」の数が読み取れるようにしましょう。

1 ①1ふくろに 入って いる ドーナツの 数《かず》は 6こで、ふくろの 数は 4ふくろです。

2 かけ算《ざん》の 答《こた》えは、たし算で もとめられます。
①あめの 数は、1ふくろに 7こずつの 2ふくろだから、しきは 7 × 2 に なり、
（1つ分《ぶん》の 数）（いくつ分）
答えは 7+7=14 で もとめる ことが できます。

3 2cmの 5ばいは、2cmの 5つ分の 長《なが》さの ことだから、しきは 2 × 5 に なり、
（1つ分の 数）（いくつ分）
答えは 2+2+2+2+2=10 で もとめる ことが できます。

ぴったり2

おうちのかたへ

4の②では、「いくつ分」が1増えると、答えは「1つ分の数」だけ増えることがわかります。

九九《くく》の じゅんばんどおりで なくても、答えが いえるように れんしゅうしよう。

2 ●ばいの 数を もとめる ときは、かけ算の しきに なります。
5人の 4ばい→5×4=20（五四《ごし》 20）
5のだんの 九九

4 ①1はこに 2こ 入った ドーナツ 6はこ分の 数だから、
2×6=12（二六《にろく》 12）
2のだんの 九九
②ドーナツは 1はこに 2こ 入って いるから、もう 1はこ 買《か》うと、2こ ふえます。
12+2=14
べつの 考《かんが》え
もう 1はこ 買うと、7はこに なります。
2×7=14（二七《にしち》 14）

ぴったり1　70ページ

つぎの □に あてはまる 数を 書きましょう。

めあて　3のだん、4のだんの九九をおぼえよう。　れんしゅう ①②③④

3のだんの　九九の　答えは　3ずつ、4のだんの　九九の　答えは　4ずつ　ふえて　いきます。

1 3のだんの　九九と　4のだんの　九九を　書きましょう。

とき方　3のだんの 九九の 答えは 3ずつ ふえる ことから 考《かんが》えます。

かけられる数　かける数

3×1=3
3×2= 6
3×3= 9
3×4= 12
3×5= 15
3×6= 18
3×7= 21
3×8= 24
3×9= 27

3 ふえる　3 ふえる　3 ふえる　3 ふえる　3ずつ ふえて いく。

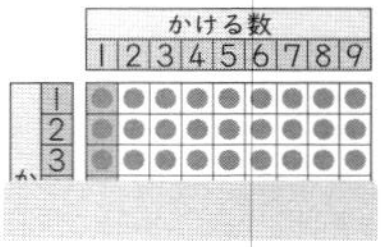

4のだんの 九九の 答えは 4ずつ ふえる ことから 考えます。

かけられる数　かける数

4×1=4
4×2= 8
4×3= 12
4×4= 16
4×5= 20
4×6= 24
4×7= 28
4×8= 32
4×9= 36

4 ふえる　4 ふえる　4 ふえる　4 ふえる　4ずつ ふえて いく。

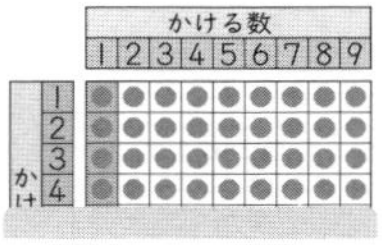

ぴったり2　71ページ

1 計算《けいさん》を　しましょう。　教科書 17ページ1、18ページ2

① 3×2 6　② 3×6 18　③ 3×3 9
④ 3×1 3　⑤ 3×7 21　⑥ 3×9 27

2 かきが　3こずつ　のった　さらが　5さら　あります。かきは　ぜんぶで　何《なん》こ　ありますか。　教科書 18ページ2

しき　3×5=15

答え（ 15こ ）

3 計算を　しましょう。　教科書 19ページ3、20ページ4

① 4×2 8　② 4×7 28　③ 4×8 32
④ 4×1 4　⑤ 4×3 12　⑥ 4×9 36

4 1この　高《たか》さが　4cmの　つみ木が　あります。　教科書 20ページ4

① 5こ　かさねると、高さは　何cmに　なりますか。

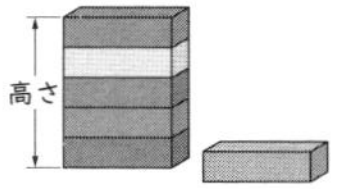

高さ

しき　4×5=20

答え（ 20cm ）

② もう　1こ　かさねると、高さは　何cm　ふえますか。
また、ぜんぶで　何cmに　なりますか。

（ 4cm　ふえて、ぜんぶで　24cmに　なる。）

ぴったり3　72〜73ページ

知識・技能　／73点

1 花の　数《かず》を　もとめます。□に　あてはまる　数を　書《か》きましょう。　ぜんぶできて　1もん4点(8点)

3本の　4つ分《ぶん》だから、

① しきは、 3 × 4 です。

② 答《こた》えは、 3 + 3 + 3 + 3 の　計算《けいさん》で　もとめる　ことが　できます。

2 □に　あてはまる　数を　書きましょう。　①はぜんぶできて　1もん10点(20点)

① 3×8の　しきで、 3 を　かけられる数と　いい、 8 を　かける数と　いいます。

② 4のだんでは、かける数が　1　ふえると、答えは 4 ふえます。

3 よく出る 計算を　しましょう。　1つ5点(45点)

① 5×7 35　② 2×6 12　③ 5×5 25
④ 2×2 4　⑤ 4×4 16　⑥ 3×7 21
⑦ 4×6 24　⑧ 3×2 6　⑨ 2×1 2

思考・判断・表現　／27点

4 かけ算《ざん》の　しきに　合《あ》う　絵《え》を　えらんで、線《せん》で　むすびましょう。　1つ5点(15点)

2×4　5×3　3×5

てきたらスゴイ！

5 おもちゃの　バスを　作《つく》ります。1台《だい》に、タイヤを　4こ　つけます。　①しき・答え 1つ3点、②1つ3点(12点)

① 4台分では、タイヤは　何《なん》こ　いりますか。

しき　4×4=16

答え（ 16こ ）

② バスが　もう　1台　ふえると、タイヤは　あと　何こ　いりますか。
また、ぜんぶで　何こ　いりますか。

（あと　4こ　いる。）
（ぜんぶで　20こ　いる。）

ぴったり2

おうちのかたへ

「1人に4個ずつ×3人分」と「1人に3個ずつ×4人分」は、答えが同じですが、ちがう場面です。式は場面を表すことに気づくことができるようにしましょう。

2 「1つ分」と　「いくつ分」を　考えます。
3この　5さら分だから、
3×5=15(三五《さんご》 15)
3のだんの　九九

4 ①4cmの　5こ分の　長さだから
4×5=20(四五《しご》 20)
4のだんの　九九

②つみ木の　1この　高《たか》さは　4cmだから、もう　1こ　かさねると、高さは　4cm　ふえます。
20+4=24

べつの　考え
もう　1こ　かさねると、つみ木は　6こに　なります。
4×6=24(四六《しろく》 24)

ぴったり3

おうちのかたへ

この単元では、5、2、3、4の段の九九を学習しました。九九は今後の学習の基礎になります。繰り返し練習し、完璧に覚えられるようにしましょう。

1 花の　数は、3本の　4つ分だから、しきは、3 × 4 になり、
（1つ分の　数）（いくつ分）
答えは、3+3+3+3=12　で　もとめる　ことが　できます。

2 ①●×▲の　しきで、●を　かけられる数と　いい、▲を　かける数と　いいます。

●　×　▲
（かけられる数）（かける数）

4 「1つ分の　数」と「いくつ分」を　考えます。

2 × 4
1つ分の　数　いくつ分

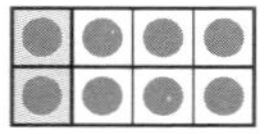

5 × 3
1つ分の　数　いくつ分

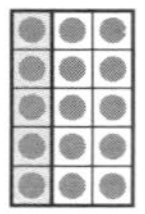

3 × 5
1つ分の　数　いくつ分

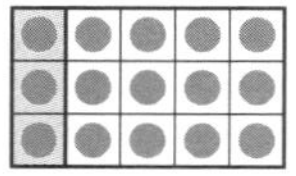

ぴったり1　74ページ

つぎの □に あてはまる 数を 書きましょう。

めあて　6のだん、7のだんの九九をおぼえよう。　れんしゅう ①②③④

6のだんの 九九の 答《こた》えは、かける数が 1 ふえると 6 ふえ、7のだんの 九九の 答えは、かける数が 1 ふえると 7 ふえます。

1 6のだんの 九九と 7のだんの 九九を 書きましょう。

とき方　6のだんの 九九の 答えは 6ずつ、7のだんの 九九の 答えは 7ずつ ふえる ことから 考《かんが》えます。

6のだん		7のだん	
6×1=6		7×1=7	
6×2=12	6+6	7×2=14	7+7
6×3=18	12+6	7×3=21	14+7
6×4=24	+6	7×4=28	+7
6×5=30	+6	7×5=35	+7
6×6=36	+6	7×6=42	+7
6×7=42	+6	7×7=49	+7
6×8=48	+6	7×8=56	+7
6×9=54	+6	7×9=63	+7

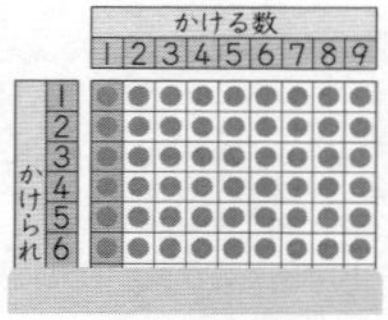

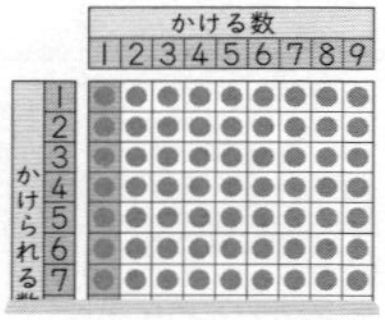

ぴったり2　75ページ

1 計算《けいさん》を しましょう。　教科書 27ページ1、28ページ2

① 6×4 24　② 6×5 30　③ 6×8 48

④ 6×6 36　⑤ 6×1 6　⑥ 6×9 54

2 6×3と 答えが 同《おな》じに なる、3のだんの 九九を 書きましょう。　教科書 28ページ2

3が いくつ分 あるかな。

(3×6)

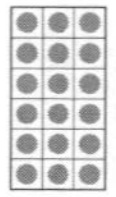

3 計算を しましょう。　教科書 29ページ3、30ページ4

① 7×5 35　② 7×9 63　③ 7×2 14

④ 7×1 7　⑤ 7×7 49　⑥ 7×4 28

4 □に あてはまる 数を 書きましょう。　教科書 30ページ4

① 7のだんの 九九の 答えは、4のだんの 答えと、3 のだんの 答えを たした 数に なって います。

② 4×6=㋐24
3×6=㋑18
7×6=㋐24+㋑18=㋒42

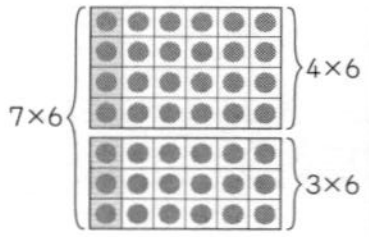

ぴったり1　76ページ

つぎの □に あてはまる 数を 書きましょう。

めあて　8のだん、9のだん、1のだんの九九をおぼえよう。　れんしゅう ①②③④

8のだんの 九九の 答《こた》えは、かける数が 1 ふえると 8 ふえ、9のだんの 九九の 答えは、かける数が 1 ふえると 9 ふえ、1のだんの 九九の 答えは、かける数が 1 ふえると 1 ふえます。

1 8のだんの 九九と、9のだんの 九九と、1のだんの 九九を 書きましょう。

とき方　8のだんの 九九の 答えは 8ずつ、9のだんの 九九の 答えは 9ずつ、1のだんの 九九の 答えは 1ずつ ふえる ことから 考《かんが》えます。

8のだん	9のだん	1のだん
8×1=8	9×1=9	1×1=1
8×2=16	9×2=18	1×2=2
8×3=24	9×3=27	1×3=3
8×4=32	9×4=36	1×4=4
8×5=40	9×5=45	1×5=5
8×6=48	9×6=54	1×6=6
8×7=56	9×7=63	1×7=7
8×8=64	9×8=72	1×8=8
8×9=72	9×9=81	1×9=9

今《いま》まで 見つけた きまりや、知って いる だんの 九九を つかえば、8のだんと 9のだんの 九九が つくれるね。

1のだんの 九九は、かける数と 答えが 同じに なるね。

ぴったり2　77ページ

1 計算《けいさん》を しましょう。　教科書 31ページ1、32ページ2

① 8×4 32　② 8×3 24　③ 8×9 72

④ 8×1 8　⑤ 8×8 64　⑥ 8×7 56

2 計算を しましょう。　教科書 33ページ3、34ページ4

① 9×5 45　② 9×1 9　③ 9×4 36

④ 9×7 63　⑤ 9×9 81　⑥ 9×6 54

3 色紙《いろがみ》が 3たば あります。1たばは 9まいです。色紙は ぜんぶで 何《なん》まい ありますか。　教科書 34ページ4

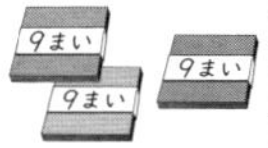

しき　9×3=27

答え (27 まい)

4 計算を しましょう。　教科書 35ページ5

① 1×3 3　② 1×6 6

③ 1×1 1　④ 1×4 4

⑤ 1×5 5　⑥ 1×7 7

ぴったり2

おうちのかたへ

これまで学習してきたいろいろなきまりを使うと、新しい段の九九をつくることができます。この過程を大切に扱うことによって、九九を覚えやすくなります。

2 かけられる数《かず》と かける数を 入れかえても、答《こた》えは 同《おな》じに なります。

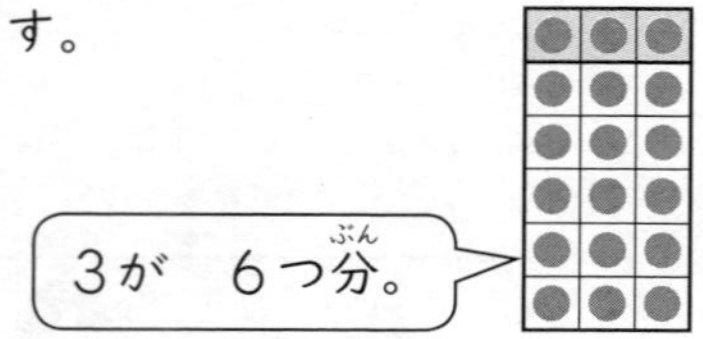

4 7のだんの 九九の 答えは、4のだんの 答えと 3のだんの 答えを たした 数に なって います。

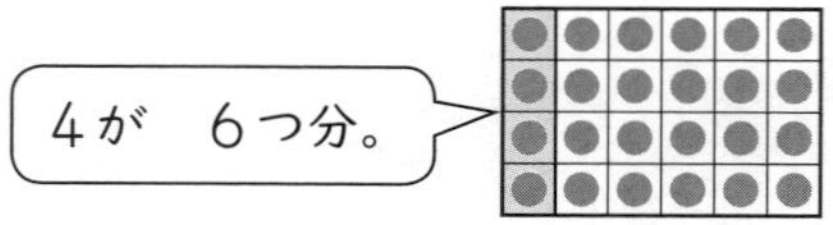

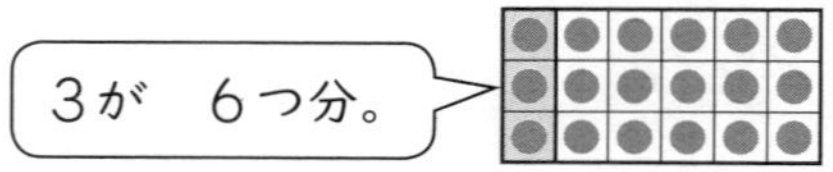

ぴったり2

九九の じゅんばんどおりで なくても、答えが いえるように れんしゅうしよう。

1 8のだんの 九九の 答えは、かける数が 1 ふえると 8 ふえます。

2 9のだんの 九九の 答えは、かける数が 1 ふえると 9 ふえます。

3 もんだいの ばめんを 考《かんが》えましょう。「1つ分の 数」と 「いくつ分」を 考えます。色紙《いろがみ》の 数は、1たば 9まいずつの 3たば分です。この ことを しきに あらわすと、9×3に なります。

4 1のだんの 九九は、かける数と 答えが 同じに なります。

ぴったり1　78ページ

つぎの □に あてはまる 数《かず》を 書《か》きましょう。

めあて　九九のひょうできまりをたしかめて、つかえるようになろう。　れんしゅう①

九九の　ひょうを　見ると、九九を　つくった　ときに　つかった　きまりを　たしかめる　ことが　できます。

1 6のだんでは、かける数が　1　ふえると、答《こた》えは　いくつ　ふえますか。

とき方　九九の　ひょうの　6のだんを　見て　考《かんが》えます。
6のだんでは、かける数が
1　ふえると、
答えは　6　ふえます。

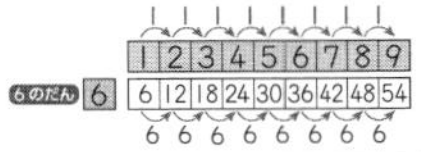

めあて　ばいのいみが、わかるようになろう。　れんしゅう②

何《なん》ばいかの　大きさを　もとめる　ときは、かけ算《ざん》の　しきを　つかいます。

2 ㋐の　テープの　長《なが》さは　5cmです。
(1) ㋑の　テープの　長さは、㋐の　テープの　長さの　何ばいですか。
(2) ㋑の　テープの　長さは　何cmですか。

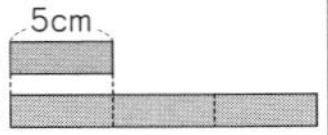

とき方　(1) ㋑の　テープは、㋐の　テープの　3つ分《ぶん》だから、㋑の　テープの　長さは、㋐の　テープの　長さの　3　ばいです。
(2) ㋑の　テープの　長さは、5cmの　3　ばいだから、
5×3＝15　　答え　15 cm

ぴったり2　79ページ

1 つぎの　もんだいに　答えましょう。　教科書 37ページ1、39ページ2

① 答えが　18に　なる　九九を　ぜんぶ　書きましょう。
（2×9）（3×6）
（6×3）（9×2）

② 右の　九九の　ひょうを　広《ひろ》げた　ひょうの　㋐、㋑に　入る　数は、どんな　しきで　もとめられますか。
㋐（4×12）
㋑（12×4）

かけられる数＼かける数	1	2	3	4	5	6	7	8	9	10	11	12
1	1	2	3	4	5	6	7	8	9			
2	2	4	6	8	10	12	14	16	18			
3	3	6	9	12	15	18	21	24	27			
4	4	8	12	16	20	24	28	32	36			㋐
5	5	10	15	20	25	30	35	40	45			
6	6	12	18	24	30	36	42	48	54			
7	7	14	21	28	35	42	49	56	63			
8	8	16	24	32	40	48	56	64	72			
9	9	18	27	36	45	54	63	72	81			
10												
11												
12				㋑								

③ ㋐に　入る　数を　もとめましょう。（48）

④ ㋑に　入る　数を　もとめましょう。（48）

2 つぎの　もんだいに　答えましょう。　教科書 40ページ1

① ㋐の　3ばいの　長さの　テープは　どれですか。（㋒）

② ㋓の　テープの　長さは、㋐の　テープの　長さの　何ばいですか。（4ばい）

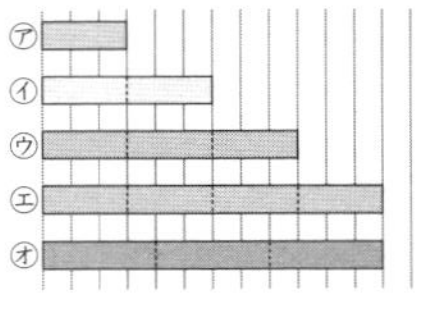

ぴったり1　80ページ

つぎの □に あてはまる 数《かず》を 書《か》きましょう。

めあて　かけ算《ざん》をつかって、いろいろなもとめ方《かた》を考《かんが》えよう。　れんしゅう①②③

右の　図《ず》のような　●の　数は、同《おな》じ　数の　まとまりに　ちゅう目すれば、かけ算を　つかって　もとめる　ことが　できます。

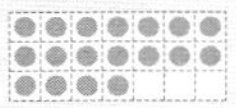

1 上の　図の　●の　数を、くふうして　もとめましょう。

とき方　❶ 3この　まとまりと　2この　まとまりに　分《わ》けます。
3×①4＝12　2×②3＝6
12＋6＝③18

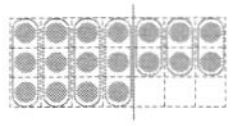

❷ 2こを　あいて　いる　場《ば》しょに　うごかし、6この　まとまりを　つくります。
6×④3＝⑤18

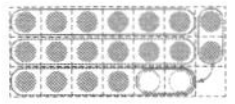

❸ 7この　まとまりを　つくって、ない　ところを　ひきます。
7×⑥3＝21
21－⑦3＝⑧18

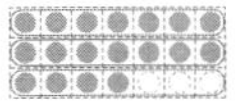

❹ 同じ　数の　まとまりに　なるように　分けます。
⑨6×3＝⑩18

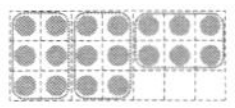

答《こた》え　⑪18こ

ぴったり2　81ページ

1 図から　●の　数を　もとめる　かけ算の　しきを　書きましょう。　教科書 41ページ1

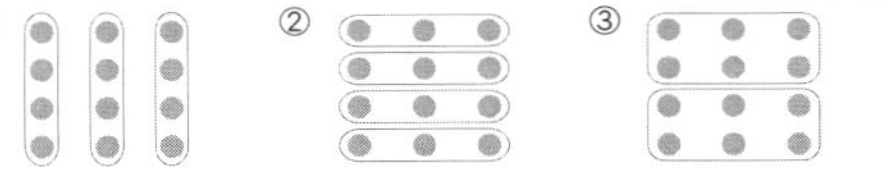

①（4×3）　②（3×4）　③（6×2）

2 右の　●の　数を、つぎのように　くふうして　もとめましょう。　教科書 41ページ1

① 4この　まとまりと　3この　まとまりに　分ける。
しき　4×5＝20　3×4＝12
20＋12＝32　　答え（32こ）

② 3こを　うごかして、8この　まとまりを　つくる。
しき　8×4＝32　　答え（32こ）

③ 9この　まとまりを　つくって、ない　ところを　ひく。
しき　9×4＝36　36－4＝32　　答え（32こ）

よくみて

3 ●の　数を、くふうして　もとめましょう。　教科書 41ページ1

① 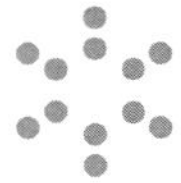
しき
（れい）
2×6＝12
答え（12こ）

② 
しき
（れい）
8×2＝16
16＋2＝18
答え（18こ）

ぴったり2

おうちのかたへ

これまでに学習してきたいろいろなきまりを使うと、かける数やかけられる数が9より大きくなっても、答えを求めることができます。九九の表を広げて作ったり、p.79の❶の表のあいているところに書きこんだりするとよいですね。

おうちのかたへ

「○○の何倍」というときの○○(もとにする量)を正しく捉えられるようにしましょう。倍の考え方は、このあと3年生、4年生へとつながっていきます。

❶ ③九九の　ひょうを　広《ひろ》げた　とき、4×12の　ところに　入る　数は、九九の　ひょうの　4のだんを　広げた　ところに　あるから、答えは　4ずつ　ふえて　いきます。
④かけられる数と　かける数を　入れかえても　答えは　同じだから、12×4の　答えは、4×12の　答えと　同じに　なります。

ぴったり2

❷ ①
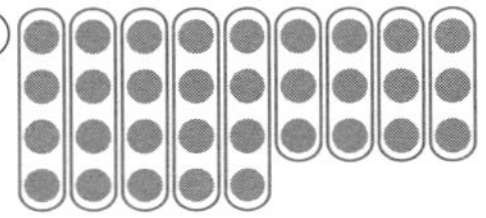
4この　まとまりが　5つと、3このまとまりが　4つです。

②
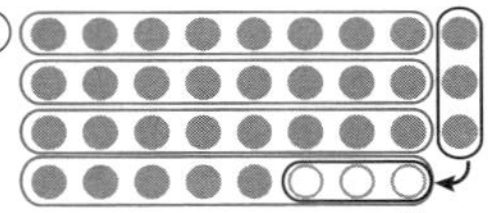
あいて　いる　場《ば》しょに　3こ　うごかして、8この　まとまりを　4つ　つくります。

③9この　まとまり　4つから、●の　ない　ところを　ひきます。

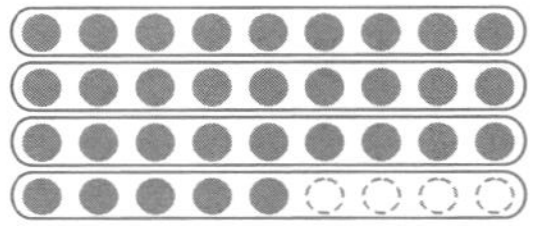

❸ ①同じ　数の　まとまりに　なるように　分《わ》けます。

②同じ　数の　まとまりを　2つ　つくって、のこりを　たします。

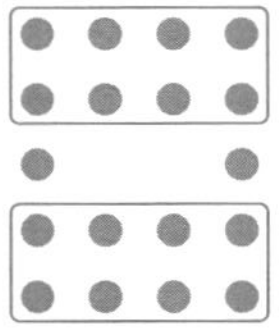

ぴったり3　82~83ページ

知識・技能　／70点

1 計算《けいさん》を　しましょう。　1つ5点(40点)

① 7×3　21　　② 8×5　40

③ 1×9　9　　④ 9×8　72

⑤ 1×2　2　　⑥ 6×2　12

⑦ 7×8　56　　⑧ 8×6　48

2 よく出る　□に　あてはまる　数《かず》を　書《か》きましょう。　1つ6点(18点)

① 9のだんの　九九の　答《こた》えは、かける数が　1　ふえると　9　ふえます。

② 8×7=8×6+ 8

③ 6×9= 9 ×6

3 九九の　ひょうを　見て　答えましょう。　②はぜんぶできて　1もん6点(12点)

① 8×4の　答えに　なる　ところを　○で　書きましょう。

② 答えが　16に　なる　九九を　ぜんぶ　書きましょう。

（2×8、4×4、8×2）

	かける数								
かけられる数	1	2	3	4	5	6	7	8	9
1のだん 1	1	2	3	4	5	6	7	8	9
2のだん 2	2	4	6	8	10	12	14	16	18
3のだん 3	3	6	9	12	15	18	21	24	27
4のだん 4	4	8	12	16	20	24	28	32	36
5のだん 5	5	10	15	20	25	30	35	40	45
6のだん 6	6	12	18	24	30	36	42	48	54
7のだん 7	7	14	21	28	35	42	49	56	63
8のだん 8	8	16	24	(32)	40	48	56	64	72
9のだん 9	9	18	27	36	45	54	63	72	81

思考・判断・表現　／30点

4 長《なが》いすが　7つ　あります。1つの　長いすに　6人ずつ　すわります。　しき・答え　1つ5点(20点)

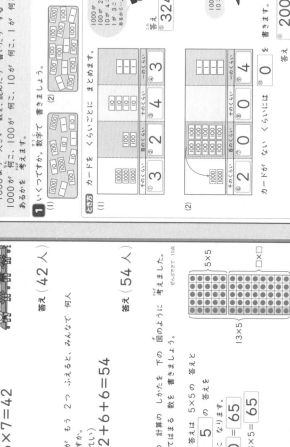

① みんなで　何人《なんにん》　すわれますか。

しき　6×7=42

答え（42人）

できたらスゴイ!

② 長いすが　もう　2つ　ふえると、みんなで　何人　すわれますか。

しき（れい）

42+6+6=54

答え（54人）

できたらスゴイ!

5 13×5の　計算の　しかたを　下の　図《ず》のように　考《かん》えました。□に　あてはまる　数を　書きましょう。　ぜんぶできて　10点

13×5の　答えは　5×5の　答えと　8 × 5 の　答えを　たした　数に　なります。

25+ 40 = 65

だから、13×5= 65

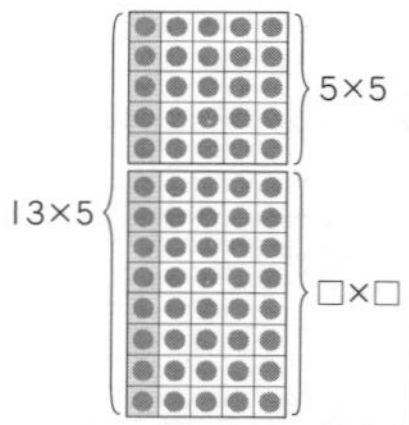

13　4けたの　数

ぴったり1　84ページ

つぎの　□に　あてはまる　数を　書きましょう。

めあて　1000より大きい数を読んだり書いたりできるようにしよう。　れんしゅう 1 2 3 4

1000より　大きい　数を、読んだり　書いたり　する　ときは、1000が　何《なん》こ、100が　何こ、10が　何こ、1が　何こ　あるかを　考《かんが》えます。

1 いくつですか。数字《すうじ》で　書きましょう。

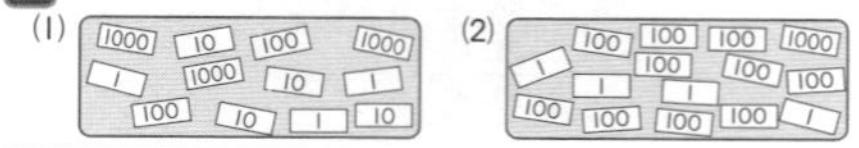

とき方　カードを　くらいごとに　まとめます。

(1)

千のくらい	百のくらい	十のくらい	一のくらい
① 3	② 2	③ 4	④ 3

1000が　3こ、100が　2こ、10が　4こ、1が　3こ　あるから…。

答《こた》え　⑤ 3243

(2)

千のくらい	百のくらい	十のくらい	一のくらい
⑥ 2	⑦ 0	⑧ 0	⑨ 4

100が　10こで…。

カードが　ない　くらいには　⑩ 0　を　書きます。

答え　⑪ 2004

ぴったり2　85ページ

1 5024の　千のくらい、百のくらいの　数字は、それぞれ　何ですか。　教科書 51ページ1

千のくらい（5）　百のくらい（0）

2 数字で　書きましょう。　教科書 53ページ2

① 四千五十一　（4051）　② 八千六百　（8600）　③ 二千三　（2003）

3 □に　あてはまる　数を　書きましょう。　教科書 54ページ3

① 1000を　3こ、100を　4こ、1を　6こ　あわせた　数は、3406 です。

② 2106は、1000を　2 こ、100を　1 こ、1を　6 こ　あわせた　数です。

③ 千のくらいの　数字が　4、百のくらいの　数字が　3、十のくらいの　数字が　7、一のくらいの　数字が　5の　数は、4375 です。

よくよんで

4 つぎの　文を　しきに　あらわします。□に　あてはまる　数を　書きましょう。　教科書 54ページ3

4170は、4000と　100と　70を　あわせた　数です。

4170= 4000 + 100 + 70

ぴったり3

おうちのかたへ

この単元では、6、7、8、9、1の段の九九を学習しました。九九は、今後の学習の基礎になります。繰り返し練習し、完璧に覚えられるようにしましょう。

2 ①かける数《かず》が　1　ふえると、答《こた》えは　かけられる数だけ　ふえます。

②かける数が　1　へって　いるので、かけられる数を　たすと、答えが　同《おな》じに　なります。

③かけられる数と　かける数を　入れかえても、答えは　同じに　なります。

4 ①もんだいの　ばめんを　しっかり　考《かんが》えましょう。長《なが》いすに　すわれる　人数《にんずう》は、1つの　長いすに　6人ずつの　長いす　7つ分《ぶん》です。この　ことを　しきに　あらわすと、6×7に　なります。

②1つの　長いすに　6人　すわるから、長いすが　2つ　ふえると、すわれる　人数は　6+6=12で　12人　ふえます。42+12=54

ぴったり2

おうちのかたへ

2の①の「四千五十一」を「451」と書くなど、位の数がないときに「0」を書き忘れるミスが多いです。位取りの表を使うなどして、「千が4個、百が0個、十が5個、一が1個」と確認しながら、数を書くようにするといいですね。

1

千のくらい	百のくらい	十のくらい	一のくらい
5	0	2	4

2 ①千のくらいは4、百のくらいは　ないから　0、十のくらいは　5、一のくらいは　1です。

②千のくらいは8、百のくらいは　6、十のくらいと　一のくらいは　ないから　0です。

3 ①

千のくらい	百のくらい	十のくらい	一のくらい
3	4	0	6

②2106は、2000と　100と　6を　あわせた　数です。

③

千のくらい	百のくらい	十のくらい	一のくらい
4	3	7	5

4 「あわせて」の　ときは、たし算《ざん》に　なります。

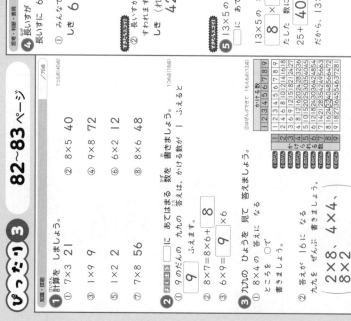

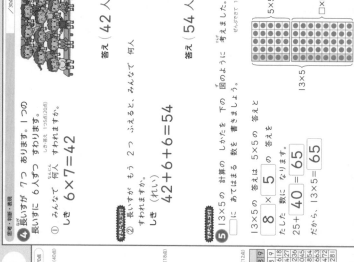

ぴったり1　86ページ

つぎの □に あてはまる 数を 書きましょう。

めあて　100をもとにして、数の大きさを考《かんが》えよう。　れんしゅう ① ②

100を 10こ あつめた 数は 1000です。

1 100を 27こ あつめた 数は いくつですか。

とき方　カードを つかって あらわして みます。

100が 27こ ＜ 100が 20こ → ①2000、100が 7こ → ②700 ＞ 答《こた》え ③2700

めあて　数の線をつかって、4けたの数の大小やじゅんじょがわかるようにしよう。　れんしゅう ③ ④ ⑤

数の線を よむ ときは、まず いちばん 小さい 1めもりが いくつかを 考《かんが》えます。

2 ↑の めもりが あらわす 数は いくつですか。

0　1000　2000　3000　4000

とき方　いちばん 小さい 1めもりは 100です。

▶ 2000と 100が ①8 こで ②2800です。

▶ 3000より ③200 小さいから ④2800です。

0と 1000の 間が、10に 分かれて いるね。

ぴったり2　87ページ

1 □に あてはまる 数を 書きましょう。　教科書 56ページ 4

① 100を 73こ あつめた 数は 7300 です。

② 6900は、100を 69 こ あつめた 数です。

③ 3000は、100を 30 こ あつめた 数です。

2 計算《けいさん》を しましょう。　教科書 56ページ 4

① 600+300　900

② 500+700　1200

③ 800−300　500

④ 1000−600　400

100の 何こ分に なるかな…。

3 □に あてはまる 数を 書きましょう。　教科書 57ページ 5

3990　㋐4000　4010　4020　㋑4030　4040

4 □に あてはまる 数を 書きましょう。　教科書 58ページ 6

① 1000を 10こ あつめた 数は 10000です。

② 10000より 2 小さい 数は 9998です。

③ 9500　9600　㋐9700　9800　9900　㋑10000

一万《いちまん》

よくよんで

5 □に あてはまる 数を 書きましょう。　教科書 60ページ 7

① 5200は、6000より 800 小さい 数です。

② 5200は、100を 52 こ あつめた 数です。

③ 5200=5000+200

ぴったり3　88〜89ページ

知識・技能　／80点

1 いくつですか。数字《すうじ》で 書きましょう。　1つ5点(10点)

① (5143)

② (3026)

2 つぎの 数《かず》に ついて 答《こた》えましょう。　1つ5点(10点)

2022（㋐ ㋑㋒）

① 0は、何《なん》の くらいの 数字ですか。　(百のくらい)

② 1000が 2こ ある ことを あらわして いるのは、㋐、㋑、㋒の どれですか。　(㋐)

3 よく出る　□に あてはまる 数を 書きましょう。　□はぜんぶできて 1もん5点(20点)

① 1000を 8こ、100を 3こ、1を 9こ あわせた 数は、8309 です。

② 6095は、1000を 6 こ、10を 9 こ、1を 5 こ あわせた 数です。

③ 100を 74こ あつめた 数は 7400 です。

④ 10000より 10 小さい 数は 9990 です。

4 計算《けいさん》を しましょう。　1つ5点(20点)

① 500+600　1100

② 800+900　1700

③ 700−400　300

④ 1000−200　800

5 □に あてはまる ＞、＜を 書きましょう。　1つ5点(10点)

① 6928 ＜ 7000

② 2041 ＞ 2039

6 □に あてはまる 数を 書きましょう。　1つ5点(10点)

9920　9930　9940　㋐9950　9960　9970　9980　9990　㋑10000

思考・判断・表現　／20点

7 下の 数の線《せん》で、↑が あらわす 数に ついて、あつしさんと えいたさんは、つぎのように せつ明《めい》しました。□に あてはまる 数を 書きましょう。　ぜんぶできて 1もん10点(20点)

0　1000　2000　3000

▶ あつしさんの せつ明

いちばん 小さい 1めもりは 100です。

2000と いちばん 小さい 1めもり 9 こ分《ぶん》で 2900です。

▶ えいたさんの せつ明

いちばん 小さい 1めもりは 100です。

3000より 100 小さいから 2900です。

ぴったり2

1 ① 100が 73こ ＜ 100が 70こ → 7000、100が 3こ → 300

② 6900 ＜ 6000 → 100が 60こ、900 → 100が 9こ ＞ 100が 69こ

2 100の 何《なん》こ分かで 考えます。

①100が、6+3=9で 9こだから、900

②100が、5+7=12で 12こだから、1200

③100が、8−3=5で 5こだから、500

④100が、10−6=4で 4こだから、400

3 1めもりは、10です。

4 ①1000を 10こ あつめると、10000に なります。

②

9980　9990　2　10000

10000

③1めもりは、100です。

5 ③5200は、5000と 200を あわせた 数です。

ぴったり3

おうちのかたへ

2年生では、第5単元で3けたの数と千という数を学習し、本単元で4けたの数と一万という数を学習しました。この後、3年生では一億までの数を、4年生では、一億より大きい数を1兆あたりまで学習し、整数の数範囲での学習を完成させます。十進位取り記数法のしくみを、ここで確実に理解できるといいですね。あとは、同じしくみを広げて適用していくだけです。

2

千のくらい	百のくらい	十のくらい	一のくらい
2	0	2	2

3 ①

千のくらい	百のくらい	十のくらい	一のくらい
8	3	0	9

③100が 70こで 7000、100が 4こで 400。あわせて 7400です。

7 あつしさんの せつ明《めい》を 数の線《せん》に あらわすと、つぎのように なります。

0　1000　2000　3000

2000　900

えいたさんの せつ明を 数の線に あらわすと、つぎのように なります。

0　1000　2000　3000　100

3000

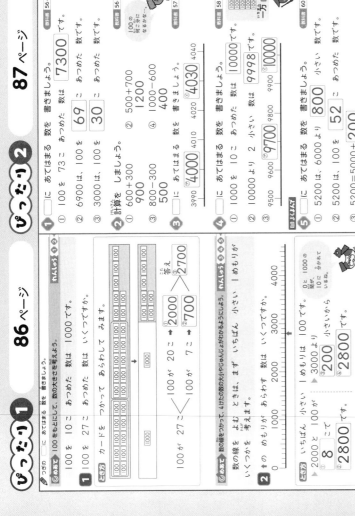

ぴったり1　90ページ

つぎの □に あてはまる 数《かず》を 書《か》きましょう。

めあて　m《メートル》、cm をつかって長《なが》さをあらわせるようにしよう。　れんしゅう ①②③④

○長い　ものの　長さを　あらわす　ときは、メートルと　いう　たんいを　つかいます。
○メートルは　m と　書きます。

1m

1m＝100 cm

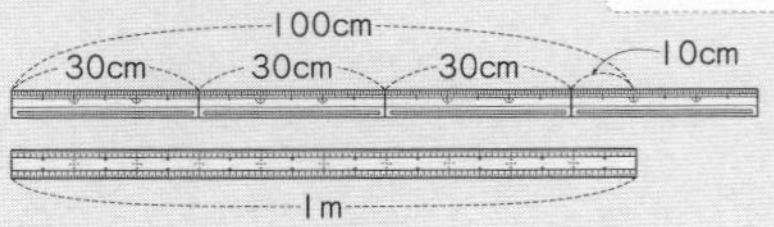

1 けいじばんの　よこの　長さを　はかったら、1m の　ものさしで、ちょうど　2つ分《ぶん》でした。けいじばんの　よこの　長さは　何《なん》m ですか。また、何 cm ですか。

とき方　1m の　ものさし　2つ分で　[2] m です。
1m は　[100] cm だから、それが　2つ分で
[200] cm です。

2 1m 60 cm の　テープに、1m の　テープを　つなぎます。つないだ　テープの　長さは　何 m 何 cm ですか。

とき方　同《おな》じ　たんいの　数どうしを　たします。
1m 60 cm＋1m＝[2] m [60] cm

cm や mm の ときと 同じだね。

答《こた》え　[2] m [60] cm

ぴったり2　91ページ

ふくしゅう

1 ①、②の　直線《ちょくせん》の　長さは、それぞれ　どれだけですか。　教科書 65ページ1

①

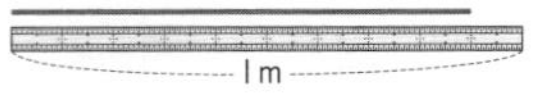

（90 cm）

②

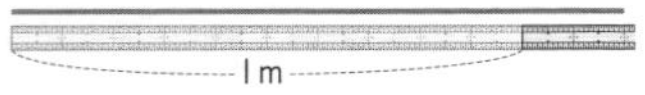

（1m 20 cm）

2 □に　あてはまる　数を　書きましょう。　教科書 67ページ2

① 300 cm＝[3] m　② 6m＝[600] cm
③ 4m 30 cm＝[430] cm
④ 503 cm＝[5] m [3] cm

3 1m 40 cm の　ぼうに、1m の　ぼうを　つなぎます。つないだ　ぼうの　長さは　何 m 何 cm ですか。　教科書 67ページ2

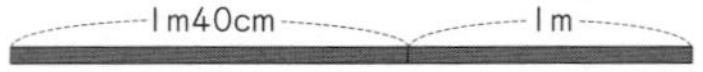

（2m 40 cm）

4 □に　あてはまる、長さの　たんいを　書きましょう。　教科書 67ページ2

① ノートの　よこの　長さ　……………… 18 [cm]
② プールの　たての　長さ　……………… 25 [m]
③ けずった　えんぴつの　しんの　長さ　……… 5 [mm]

ぴったり3　92〜93ページ

知識・技能　／80点

1 よくでる □に　あてはまる　数を　書きましょう。　もんだいできて 1もん4点(16点)

① 1 cm が　[100]　あつまった　長《なが》さは、1m です。
② 1m の　8つ分《ぶん》の　長さは　[8] m です。
③ 2m 5 cm は、[205] cm です。
④ 369 cm は、[3] m [69] cm です。

2 左はしから、㋐、㋑までの　長さは、それぞれ　どれだけですか。　1つ4点(8点)

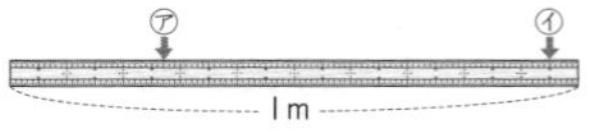

㋐（27 cm）
㋑（95 cm）

3 つぎの　長さは　何《なん》m 何 cm ですか。また、それは　何 cm ですか。　ぜんぶできて 1もん5点(20点)

① 1m の　ものさしで　3つ分と、あと　70 cm の　長さ。
㋐ [3] m [70] cm
㋑ [370] cm

② 1m の　ものさしで　2つ分と、あと　30 cm の　ものさしで　2つ分の　長さ。
㋐ [2] m [60] cm
㋑ [260] cm

できたらスゴイ！

4 計算《けいさん》を　しましょう。　1つ5点(20点)

① 2m 60 cm＋4m
6m 60 cm
② 5m 90 cm−3m
2m 90 cm
③ 3m 28 cm＋16 cm
3m 44 cm
④ 7m 45 cm−6 cm
7m 39 cm

5 □に　あてはまる、長さの　たんいを　書きましょう。　1つ4点(16点)

① したじきの　よこの　長さ　20 [cm]
② すな場《ば》の　たての　長さ　4 [m]
③ 図《ず》かんの　あつさ　3 [cm]
④ ろうかの　長さ　36 [m]

思考・判断・表現　／20点

できたらスゴイ！

6 かだんの　たてと　よこの　長さを　はかりました。
たての　長さは、30 cm の　ものさしで　3つ分でした。よこの　長さは、30 cm の　ものさしで　4つ分と　あと　20 cm　ありました。　1つ5点(20点)

① かだんの　たての　長さは　何 cm ですか。　（90 cm）
② たての　長さは、1m より　何 cm　みじかいですか。　（10 cm）
③ よこの　長さは　何 cm ですか。　（140 cm）
④ よこの　長さは、1m より　何 cm　長いですか。　（40 cm）

ぴったり2

1 ①10 cm が　9こ分《ぶん》で　90 cm です。
②1m と　10 cm が　2こ分です。

2 ①②1m は、1 cm が　100こ分の　長《なが》さです。
1m＝100 cm
③4m 30 cm→400 cm と 30 cm で
430 cm
④503 cm → 500 cm と 3 cm で
5m 3 cm

3 同《おな》じ　たんいの　数《かず》どうしを　たします。
1m 40 cm＋1m＝2m 40 cm

4 1m、1 cm、1 mm の　長さを　かくにんして　おきます。
小学校に　ある　プールの　たての　長さは、ふつう　25m です。
ノートの　長さは、cm で　あらわします。
えんぴつの　長さは、およそ　18 cm です。けずった　しんの　長さは、mm で　あらわします。

ぴったり3

おうちのかたへ

長さについては、2年生の第4単元で「cm」「mm」を学習し、本単元で「m」を学習しました。この後、3年生で「km」を学習します。日常生活の中でも、単位を使って長さを表現させたりして、それぞれの単位の量感を養っておきましょう。

3 ①㋐1m が　3つ分と　70 cm で　3m 70 cm です。
㋑300 cm と　70 cm で　370 cm です。

4 同じ　たんいの　数どうしを　計算《けいさん》します。
①2m 60 cm＋4m＝6m 60 cm
②5m 90 cm−3m＝2m 90 cm
④7m 45 cm−6 cm＝7m 39 cm

6 ①30 cm が　3つ分で、90 cm です。
②1m は　100 cm だから、
100 cm−90 cm＝10 cm
③30 cm が　4つ分と　あと　20 cm で、140 cm です。
④1m は　100 cm だから、
140 cm−100 cm＝40 cm

ぴったり1　94ページ

つぎの □に あてはまる 数を 書きましょう。

めあて　お話《はなし》のとおりに、ばめんを図《ず》にあらわし、しきや答《こた》えを書けるようになろう。　れんしゅう ①②③

わからない　数を　□と　して、ばめんを　しきに　あらわす　ことが　できます。ぜんたいと　ぶぶんに　ちゅう目して　図を　見ると、どんな　計算《けいさん》に　なるかが　わかります。

1 子どもが　15人　あそんで　います。後《あと》から　何人《なんにん》か　来《き》たので、みんなで　27人に　なりました。後から　来た　人は　何人ですか。

とき方　図に　あらわして　みます。

はじめに　いた　①15人　後から　来た　□人

みんなで　27人

②15＋□＝27

↓

27－③15＝④12　答え　⑤12人

2 みかんが　何こか　あります。11こ　食《た》べたら、のこりが　21こに　なりました。みかんは、はじめに　何こ　ありましたか。

とき方　図に　あらわして　みます。

はじめに　あった　□こ

食べた　①11こ　のこり　21こ

□－②11＝21

③11＋21＝④32　答え　⑤32こ

ぴったり2　95ページ

1 リボンが　何mか　あります。そのうち、18m　つかって、まだ　27m　のこって　います。リボンは　何m　ありましたか。□に　あてはまる　数を　書いて　考《かんが》えましょう。　教科書 75ページ2

はじめに　あった　□m

つかった　㋐18m　のこり　㋑27m

しき　18＋27＝45　　答え（45m）

2 かおりさんの　クラスには　本が　何さつか　あります。本を　16さつ　ふやしたので、ぜんぶで　60さつに　なりました。本は、はじめに　何さつ　ありましたか。□に　あてはまる　数を　書いて　考えましょう。　教科書 76ページ3

はじめに　あった　□さつ　ふやした　㋐16さつ

ぜんぶで　㋑60さつ

しき　60－16＝44　　答え（44さつ）

3 公園《こうえん》で　子どもが　26人　あそんで　います。何人か　帰《かえ》ったので、のこりは　14人に　なりました。公園から　帰った　子どもは　何人ですか。□に　あてはまる　数を　書いて　考えましょう。　教科書 77ページ4

はじめに　いた　㋐26人

帰った　□人　のこり　㋑14人

しき　26－14＝12　　答え（12人）

ぴったり3　96〜97ページ

知識・技能　／70点

1 あめが　何《なん》こか　あります。7こ　もらったので、ぜんぶで　25こに　なりました。わからない　数《かず》を　□と　して、□に　あてはまる　数や　□を　書《か》きましょう。
ぜんぶできて　1もん15点（30点）

① この　もんだいを　図《ず》に　あらわしましょう。

はじめに　あった　㋐□こ　もらった　㋑7こ

ぜんぶで　㋒25こ

② 答《こた》えを　もとめる　しきを　つくります。
はじめに　あった　あめの　数と　もらった　あめの　数を　あわせると　25こに　なるから、

㋓□＋㋔7＝25

答えは、図を　見て、㋕25－㋖7　で　もとめられます。

2 よく出る　ともやさんは、何円か　もって　買《か》いものに　行《い》きました。95円　つかったので、のこりは　57円に　なりました。ともやさんは、はじめに　何円　もって　いましたか。
しき・答え　1つ10点（20点）

しき　95＋57＝152

答え（152円）

3 よく出る　色紙《いろがみ》で　つるを、きのうまでに　28わ　作《つく》りました。今日《きょう》　何わか　作ったので、ぜんぶで　52わに　なりました。今日　作った　つるは　何わですか。
しき・答え　1つ10点（20点）

しき　52－28＝24

答え（24わ）

思考・判断・表現　／30点

できたらスゴイ！

4 れなさんは、38－21＝17と　いう　しきに　なる　もんだいを　つくりました。
①はぜんぶできて　1もん15点（30点）

① れなさんが　つくった　もんだいの　□に　あてはまる　数を　書きましょう。

れなさんが　つくった　もんだい

赤い　花と　白い　花が　あわせて　㋐38本　あります。
そのうち、赤い　花は　㋑21本です。
白い　花は　何本ですか。

② れなさんが　つくった　もんだいを　あらわして　いる　図は、つぎの　あ、い、うの　どれですか。

あ　38本／□本　17本

い　38本／21本　□本

う　□本／21本　17本

（い）

ぴったり2

❶ わからない　数を　□と　して　しきに　あらわすと、□－18＝27に　なります。図《ず》を　見ると、もとめる　ところは　ぜんたいだと　わかるから、
□－18＝27 → 18＋27＝45に　なります。
図で　あらわした　とき、ぜんたいを　もとめる　しきは、たし算《ざん》に　なります。

❷ わからない　数を　□と　して　しきに　あらわすと、□＋16＝60に　なります。図を　見ると、もとめる　ところは　ぶぶんだと　わかるから、
□＋16＝60 → 60－16＝44に　なります。
図で　あらわした　とき、ぶぶんを　もとめる　しきは、ひき算に　なります。

❸ わからない　数を　□と　して　しきに　あらわすと、26－□＝14に　なります。図を　見ると、もとめる　ところは　ぶぶんだと　わかるから、
26－□＝14 → 26－14＝12に　なります。

ぴったり3

おうちのかたへ

この単元では、たし算の場面ですが、答えを求める式はひき算になるものや、ひき算の場面ですが、答えを求める式は、たし算になるものなどを学習します。
お話の順に場面を図に表し、求めるものは全体なのか部分なのかを考え、立式するという手順を踏みます。

❷ 図に　あらわして　みます。

はじめに　もって　いた　□円

つかった　95円　のこり　57円

図を　見ると、もとめる　ところが　ぜんたいだと　わかるので、
□－95＝57 → 95＋57＝152に　なります。

❸ きのうまでに　作った　28わ　今日　作った　□わ

ぜんぶで　52わ

図を　見ると、もとめる　ところが　ぶぶんだと　わかるので、
28＋□＝52 → 52－28＝24

❹ ①　38　－　21　＝　17

ぜんたい　ぶぶん　もとめるもの

赤い　花と　白い　花を　あわせた　数／赤い　花の　数／白い　花の　数

16 分数

ぴったり1　98ページ

つぎの □に あてはまる 記ごうを 書きましょう。

めあて　同《おな》じ大きさに分《わ》けた１つ分《ぶん》をあらわせるようになろう。　れんしゅう ❶❷❸

○同じ　大きさに　２つに　分けた
１つ分を、もとの　大きさの
二分《にぶん》の一《いち》と　いい、$\frac{1}{2}$ と　書きます。

○同じ　大きさに　４つに　分けた
１つ分を、もとの　大きさの
四分《よんぶん》の一《いち》と　いい、$\frac{1}{4}$ と　書きます。

○$\frac{1}{2}$ や　$\frac{1}{4}$ のような　数《かず》を　分数《ぶんすう》と　いいます。

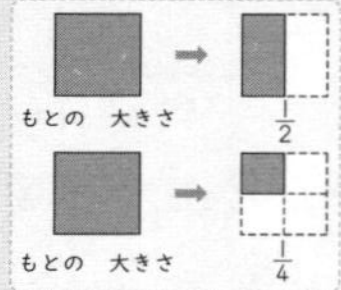

1 もとの　大きさの　$\frac{1}{2}$ に　なって　いるのは　どれですか。

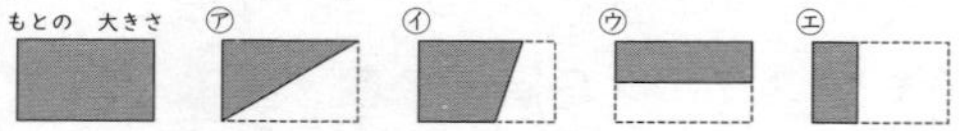

とき方　もとの　大きさを、同じ　大きさに　２つに　分けて　いる　ものだから、
［㋐］、［㋒］です。

2 ㋐は、ある　テープを　４つに　分けた　１つ分で、もとの　長《なが》さの　$\frac{1}{4}$ です。もとの　長さは　㋑、㋒、㋓の　どれですか。

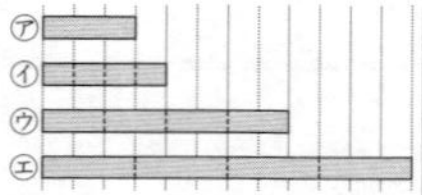

とき方　$\frac{1}{4}$ の　４つ分は、もとの　長さに　なるから、もとの　長さは　［㋓］です。

ぴったり2　99ページ

1 色《いろ》を　ぬった　ところは、もとの　大きさの　何分《なんぶん》の一《いち》ですか。分数で　答《こた》えましょう。　教科書 81ページ1、83ページ2

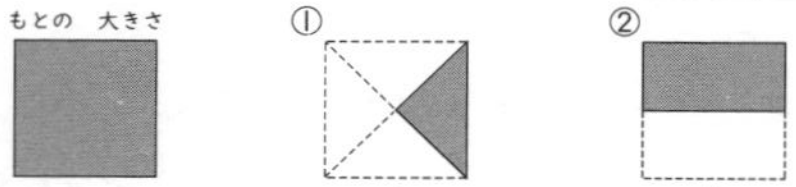

①（$\frac{1}{4}$）　②（$\frac{1}{2}$）

2 つぎの　もんだいに　答えましょう。　教科書 81ページ1、83ページ2

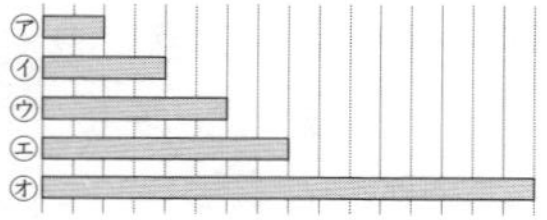

① ㋑の　長さの　$\frac{1}{2}$ に　なって　いるのは　どれですか。　（㋐）

② ㋐の　長さは、㋔の　長さの　何分の一ですか。分数で　答えましょう。　（$\frac{1}{8}$）

3 ６この　クッキーが　あります。　教科書 85ページ3

① ６この　$\frac{1}{2}$ は　何こですか。　（３こ）

② ６この　$\frac{1}{3}$ は　何こですか。　（２こ）

ぴったり1　100ページ

つぎの □に あてはまる 数を 書きましょう。

めあて　ばいと分数《ぶんすう》のかんけいがわかるようになろう。　れんしゅう ❶❷

㋑の　長《なが》さが、㋐の　長さの　２ばいの　とき、
㋐の　長さは、㋑の　長さの　$\frac{1}{2}$ です。

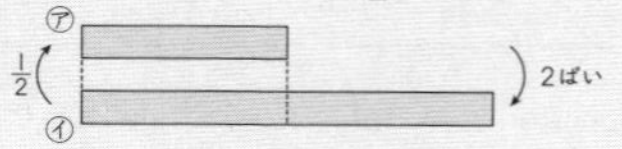

1 下の　㋒の　テープの　長さと、㋓の　テープの　長さを　くらべます。

(1) ㋓の　テープの　長さは、㋒の　テープの　長さの　何《なん》ばいですか。

(2) ㋒の　テープの　長さは、㋓の　テープの　長さの　何分《なんぶん》の一《いち》ですか。

とき方　(1) ㋒の　テープの　［３］つ分《ぶん》の　長さが、㋓の　テープと　同《おな》じ　長さです。
だから、㋓の　テープの　長さは、㋒の　テープの　長さの　［３］ばいです。

(2) ㋒の　テープの　長さは、㋓の　テープの　長さの　［$\frac{1}{3}$］です。

ぴったり2　101ページ

1 下の　㋐の　テープの　長さと　㋑の　テープの　長さを　くらべます。　教科書 86ページ1

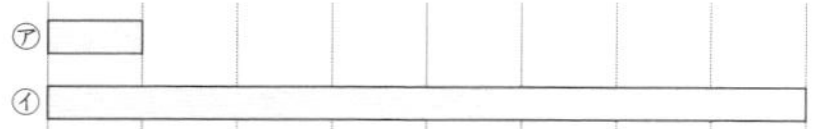

① ㋑の　テープの　長さは、㋐の　テープの　長さの　何ばいですか。　（８ばい）

② ㋐の　テープの　長さは、㋑の　テープの　長さの　何分の一ですか。分数で　答《こた》えましょう。　（$\frac{1}{8}$）

2 長さの　ちがう　２本の　ひもを　ならべました。□に　あてはまる　数を　書きましょう。　教科書 86ページ1

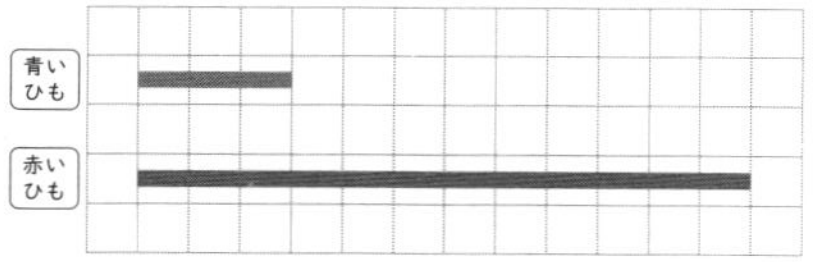

赤い　ひもの　長さは、青い　ひもの　長さの　①［４］ばい。

青い　ひもの　長さは、赤い　ひもの　長さの　②［$\frac{1}{4}$］。

ぴったり2

❶ ①同《おな》じ　大きさに　４つに　分《わ》けた
１つ分《ぶん》を、もとの　大きさの
四分《よんぶん》の一《いち》と　いい、$\frac{1}{4}$ と
書《か》きます。

②同じ　大きさに　２つに　分けた
１つ分を、もとの　大きさの
二分《にぶん》の一《いち》と　いい、$\frac{1}{2}$ と
書きます。

❷ ①㋑の　長《なが》さを、２つに　分けた
１つ分だから、㋐に　なります。

②㋔の　長さを、８つに　分けた
１つ分だから、$\frac{1}{8}$ に　なります。

❸ 同じ　数《かず》に　分ける　ことも、
分数《ぶんすう》で　あらわせます。

①６この　$\frac{1}{2}$ は　３こです。

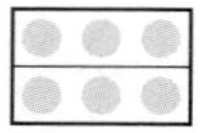

②６この　$\frac{1}{3}$ は　２こです。

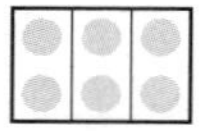

ぴったり2

❶ ㋑の　テープの　長さが、㋐の
テープの　長さの　８ばいの　とき、
㋐の　テープの　長さは、㋑の
テープの　長さの　$\frac{1}{8}$ です。

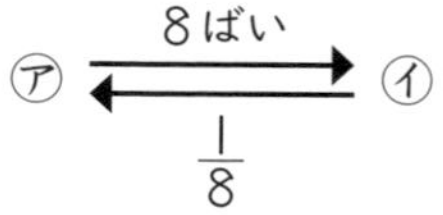

❷ 青い　ひもの　長さは、ます
３こ分です。
赤い　ひもの　長さは、ます
１２こ分です。

●青い　ひもの　４つ分の　長さが、
赤い　ひもと　同じ　長さです。
だから、赤い　ひもの　長さは、
青い　ひもの　長さの
４ばいです。

●青い　ひもの　長さは、
赤い　ひもの　長さの　$\frac{1}{4}$ です。

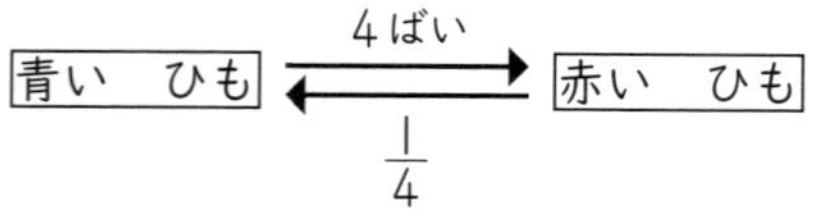

ぴったり3　102~103ページ

知識・技能　／70点

1 長方形《ちょうほうけい》の　紙《かみ》を　同《おな》じ　大きさに　2つに　分《わ》けた　1つ分《ぶん》の　大きさは、もとの　大きさの　何分《なんぶん》の一《いち》ですか。分数《ぶんすう》で　答《こた》えましょう。（10点）

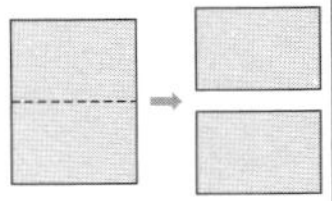

（ $\frac{1}{2}$ ）

2 もとの　大きさの　$\frac{1}{2}$ や　$\frac{1}{4}$ を　㋐、㋑、㋒、㋓から　えらびましょう。　1つ10点(20点)

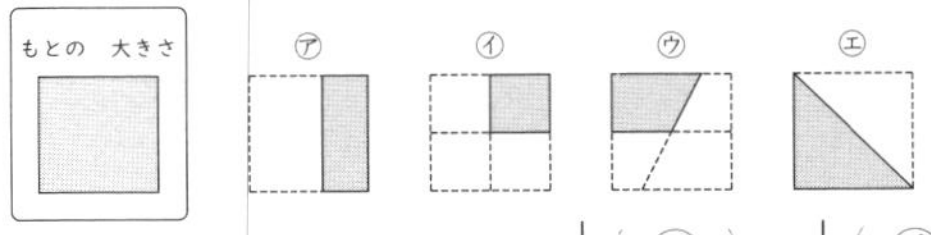

$\frac{1}{2}$（ ㋓ ）　$\frac{1}{4}$（ ㋑ ）

3 つぎの　もんだいに　答えましょう。答えは　㋕、㋖、㋗、㋘から　えらびましょう。　1つ10点(20点)

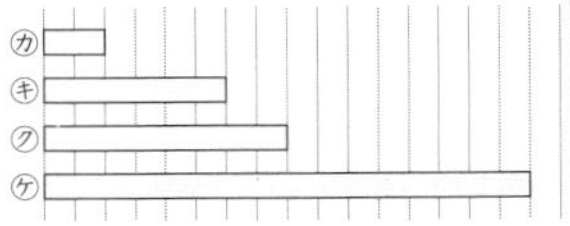

① ㋘の　長《なが》さの　$\frac{1}{8}$ に　なって　いるのは　どれですか。（ ㋕ ）

② ㋕は、ある　テープの　長さの　$\frac{1}{3}$ です。もとの　長さは　どれですか。（ ㋖ ）

4 2本の　テープの　長さを　くらべます。□に　あてはまる　数《かず》を　書《か》きましょう。　1つ10点(20点)

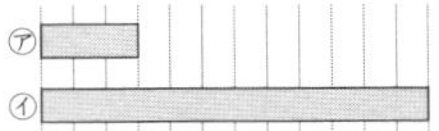

▶㋑の　長さは、㋐の　長さの　①［4］ばい。

▶㋐の　長さは、㋑の　長さの　②［$\frac{1}{4}$］。

思考・判断・表現　／30点

5 同じ　長さに　なるように、テープを　4つに　分けます。　③はぜんぶできて　1もん10点(30点)

① ㋕の　テープの　$\frac{1}{4}$ の　長さに　色《いろ》を　ぬりましょう。

② ㋖の　テープの　$\frac{1}{4}$ の　長さに　色を　ぬりましょう。

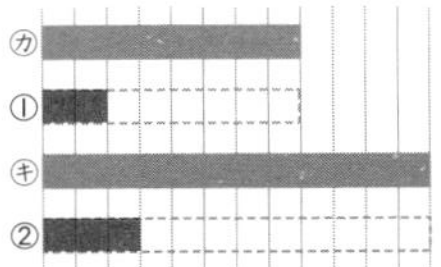

できたらスゴイ！

③ ①で　ぬった　長さは　㋕の　テープの　$\frac{1}{4}$、②で　ぬった　長さは　㋖の　テープの　$\frac{1}{4}$ ですが、長さが　ちがいます。その　わけを　せつ明《めい》しました。□に　あてはまる　数や　ことばを　書きましょう。

$\frac{1}{4}$ の　長さは、もとの　長さを　同じ　長さに［4］つに　分けた［1］つ分の　長さです。①、②では、もとの　長さが［ちがう］ので、$\frac{1}{4}$ の　長さも　ちがいます。

17 はこの　形

ぴったり1　104ページ

つぎの　□に　あてはまる　ことばや　数を　書きましょう。

めあて　はこの面《めん》の形《かたち》や、面の数がわかるようになろう。　れんしゅう 1 2

はこの　面の　形は、正方形《せいほうけい》か　長方形《ちょうほうけい》で、数は　6つです。

1 右の　はこに　ついて　答《こた》えましょう。

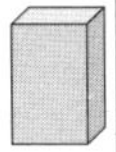

(1) 面の　形は、何《なん》と　いう　四角形《しかくけい》ですか。

(2) 面は　いくつ　ありますか。

(3) 形も　大きさも　同《おな》じ　面は、いくつずつ　ありますか。

とき方　面の　形を　紙《かみ》に　うつしとって　みます。

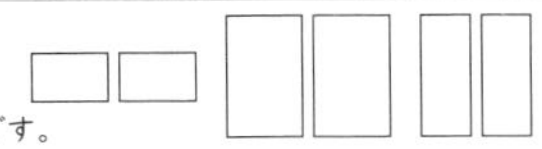

(1) 面の　形は［長方形］です。

(2) 面は［6］つ　あります。

(3) 形も　大きさも　同じ　面は［2］つずつ　あります。

めあて　はこのへんやちょう点《てん》がわかるようになろう。　れんしゅう 3

はこの　形には、へんが　12、ちょう点が　8つ　あります。

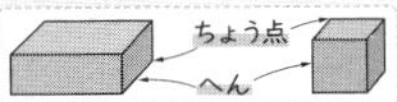

2 ひごと　ねん土玉を　つかって、右の　はこの　形を　作《つく》ります。1cm、3cm、4cmの　ひごが、何本ずつ　ひつようですか。

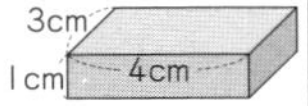

とき方　ひごの　数と　へんの　数は　同じです。1cm、3cm、4cmの　ひごは、［4］本ずつ　ひつようです。

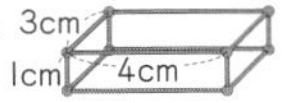

ぴったり2　105ページ

1 下の　図《ず》は、はこの　面の　形を　うつしとった　ものです。あ、い、うの　どの　はこの　面を　うつしとった　ものですか。　教科書 91ページ 1

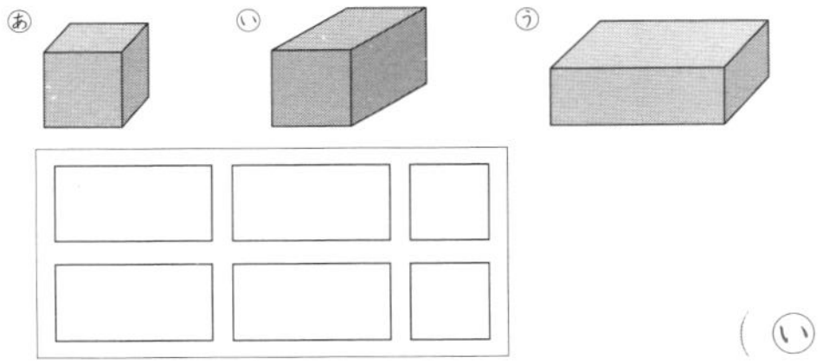

（ い ）

2 下のように　6つの　面を　つないで　組《く》み立てると、はこの　形に　なるのは、あ、いの　どちらですか。　教科書 93ページ 2

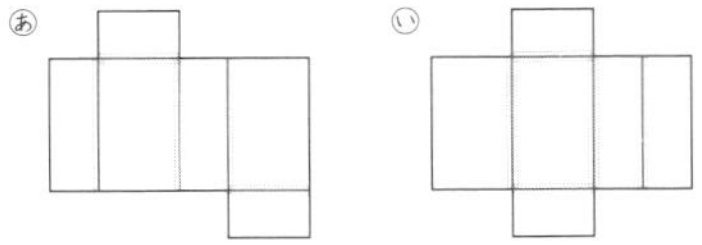

（ あ ）

3 ひごと　ねん土玉を　つかって、右のような　さいころの　形を　作ります。　教科書 94ページ 3

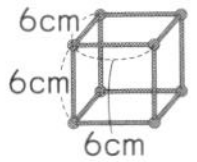

① どんな　長《なが》さの　ひごが、何本　ひつようですか。

（ 6 cmの　ひごが、12 本　ひつようです。）

② ねん土玉は、何こ　ひつようですか。（ 8こ ）

ぴったり3

おうちのかたへ

例えば、$\frac{1}{2}$ とは、ただ2つに分けた1つ分ではなく、同じ大きさに分けた1つ分であることを理解することが大切です。また、Mサイズのピザの $\frac{1}{4}$ とLサイズのピザの $\frac{1}{4}$ では大きさがちがうように、同じ $\frac{1}{4}$ でも、「もとにする大きさ」がちがうと、大きさがちがうことを捉えられるようにしましょう。

3 ①㋘の　長さを、同じ　長さに　8つに　分けた　1つ分の　長さを　さがします。

②$\frac{1}{3}$ の　3つ分は、もとの　長さに　なります。

4

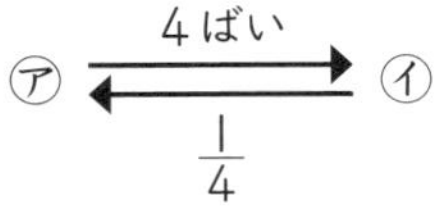

5 ①㋕の　テープの　長さを、同じ　長さに　4つに　分けた　1つ分の　長さに　色《いろ》を　ぬります。

③もとの　長さが　ちがうと、その　$\frac{1}{4}$ の　長さも　ちがいます。

ぴったり2

はこの　形《かたち》の　むかい合《あ》った　面《めん》は　同じ　形だよ。はこの　形に　なるように　面を　つなぐ　ときは、むかい合った　面が　となりどうしに　ならないように　つなぐよ。

1 あの　はこの　面の　形は、ぜんぶ　正方形《せいほうけい》です。

いの　はこの　面の　形は、正方形と　長方形《ちょうほうけい》です。

うの　はこの　面の　形は、ぜんぶ　長方形です。

2 はこの　形には、面は　ぜんぶで　6つ　あります。

いむかい合った　面が　同じ　形では　ないので、はこに　なりません。

3 ①はこの　形を　作《つく》る　とき、ひごは　へんに　なります。はこに　へんは　12　あります。

②はこの　形を　作る　とき、ねん土玉は　ちょう点《てん》に　なります。はこに　ちょう点は　8つ　あります。

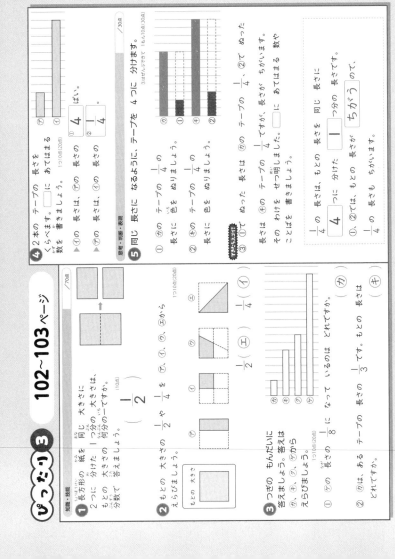

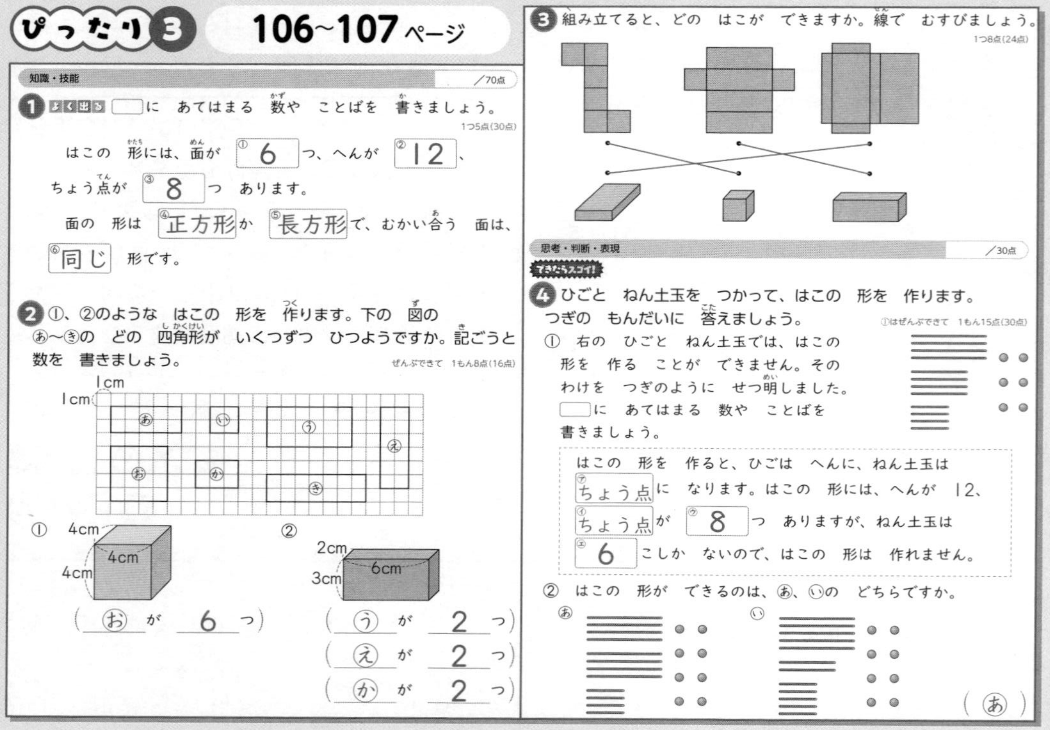
ぴったり3 106~107ページ

知識・技能 /70点

1 よくでる □に あてはまる 数《かず》や ことばを 書《か》きましょう。 1つ5点(30点)

はこの 形《かたち》には、面《めん》が ① 6 つ、へんが ② 12、ちょう点《てん》が ③ 8 つ あります。

面の 形は ④正方形か ⑤長方形で、むかい合《あ》う 面は、⑥同じ 形です。

2 ①、②のような はこの 形を 作《つく》ります。下の 図《ず》の あ～きの どの 四角形《しかくけい》が いくつずつ ひつようですか。記《き》ごうと 数を 書きましょう。 ぜんぶできて 1もん8点(16点)

1cm 1cm

① 4cm 4cm 4cm （お が 6 つ）

② 2cm 6cm 3cm （う が 2 つ）（え が 2 つ）（か が 2 つ）

3 組み立てると、どの はこが できますか。線《せん》で むすびましょう。 1つ8点(24点)

思考・判断・表現 /30点

できたらスゴイ!

4 ひごと ねん土玉を つかって、はこの 形を 作ります。つぎの もんだいに 答《こた》えましょう。 ①はぜんぶできて 1もん15点(30点)

① 右の ひごと ねん土玉では、はこの 形を 作る ことが できません。その わけを つぎのように せつ明《めい》しました。□に あてはまる 数や ことばを 書きましょう。

はこの 形を 作ると、ひごは へんに、ねん土玉は ㋐ちょう点に なります。はこの 形には、へんが 12、㋑ちょう点が ㋒ 8 つ ありますが、ねん土玉は ㋓ 6 こしか ないので、はこの 形は 作れません。

② はこの 形が できるのは、あ、いの どちらですか。

（あ）

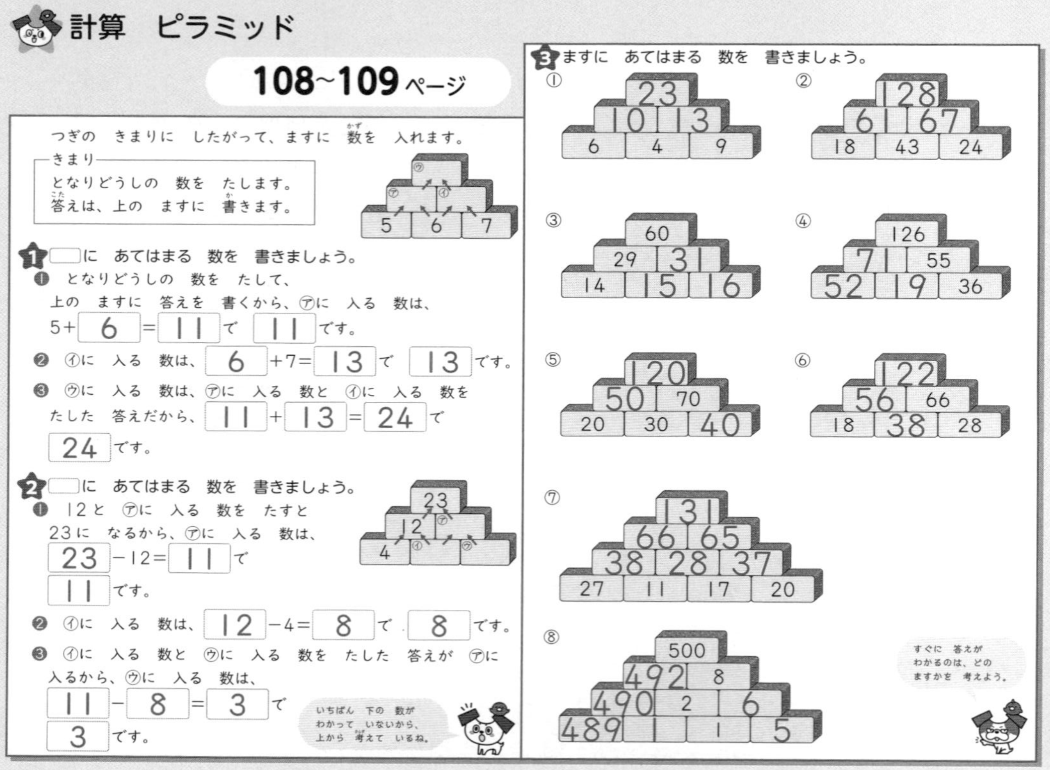
計算 ピラミッド 108~109ページ

つぎの きまりに したがって、ますに 数《かず》を 入れます。

きまり
となりどうしの 数を たします。
答《こた》えは、上の ますに 書きます。

1 □に あてはまる 数を 書きましょう。
❶ となりどうしの 数を たして、上の ますに 答えを 書くから、㋐に 入る 数は、5+ 6 = 11 で 11 です。
❷ ㋑に 入る 数は、 6 +7= 13 で 13 です。
❸ ㋒に 入る 数は、㋐に 入る 数と ㋑に 入る 数を たした 答えだから、 11 + 13 = 24 で 24 です。

2 □に あてはまる 数を 書きましょう。
❶ 12と ㋐に 入る 数を たすと 23に なるから、㋐に 入る 数は、 23 −12= 11 で 11 です。
❷ ㋑に 入る 数は、 12 −4= 8 で 8 です。
❸ ㋑に 入る 数と ㋒に 入る 数を たした 答えが ㋐に 入るから、㋒に 入る 数は、 11 − 8 = 3 で 3 です。

いちばん 下の 数が わかって いないから、上から 考《かんが》えて いるね。

3 ますに あてはまる 数を 書きましょう。
① 23 / 10 13 / 6 4 9
② 128 / 61 67 / 18 43 24
③ 60 / 29 31 / 14 15 16
④ 126 / 71 55 / 52 19 36
⑤ 120 / 50 70 / 20 30 40
⑥ 122 / 56 66 / 18 38 28
⑦ 131 / 66 65 / 38 28 37 / 27 11 17 20
⑧ 500 / 492 8 / 490 2 6 / 489 1 1 5

すぐに 答えが わかるのは、どの ますかを 考えよう。

ぴったり3

❶ ④⑤じゅんじょが ちがって いても 正かいです。

❷ はこの 形《かたち》には、面《めん》は ぜんぶで 6つあります。

①はこの 面の 形は、ぜんぶ 1つの へんの 長《なが》さが 4cmの 正方形《せいほうけい》です。

②はこの 面の 形は、へんの 長さが 3cm、6cmの 長方形《ちょうほうけい》と、へんの 長さが 2cm、6cmの 長方形と、へんの 長さが 3cm、2cmの 長方形です。

じゅんじょが ちがって いても 正かいです。

❹ はこの 形を 作《つく》る とき、ひごは へんに、ねん土玉は ちょう点《てん》に なります。同《おな》じ 長さの ひごが 4本ずつ 3組《くみ》と、ねん土玉が 8こ あれば、はこの 形は 作れます。

②いは、同じ 長さの ひごが 4本ずつ ありません。

1 下から じゅんに 考《かんが》えて いきます。

2 いちばん 下の 数《かず》が わからないから、上から 考えて いきます。

3 ㋐→㋑→㋒→㋓→㋔→㋕の じゅんに ますに 入る 数を 考えて いきます。

①㋐6＋4＝10
㋑4＋9＝13
㋒10＋13＝23

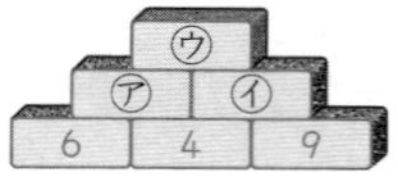

③㋐60−29＝31
㋑29−14＝15
㋒31−15＝16

⑧㋐500−8＝492 ㋑8−2＝6
㋒492−2＝490 ㋓6−1＝5
㋔2−1＝1 ㋕490−1＝489

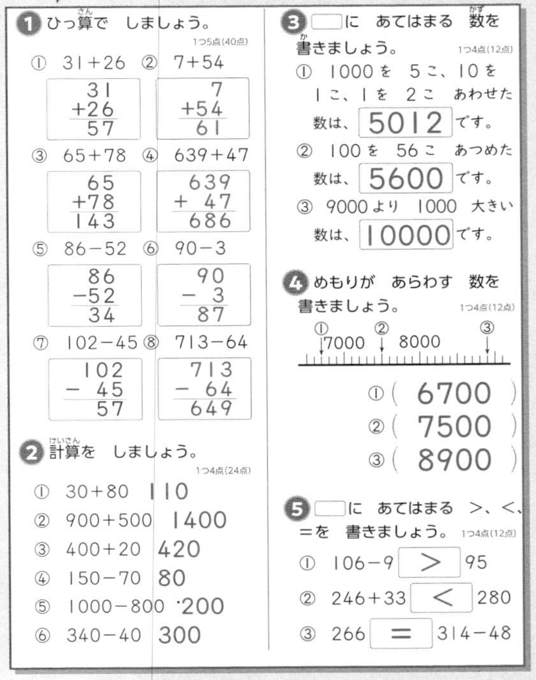
まとめのテスト 110ページ

❶ ひっ算《さん》で　しましょう。　1つ5点(40点)
① 31+26　② 7+54
$31+26=57$　$7+54=61$
③ 65+78　④ 639+47
$65+78=143$　$639+47=686$
⑤ 86−52　⑥ 90−3
$86-52=34$　$90-3=87$
⑦ 102−45　⑧ 713−64
$102-45=57$　$713-64=649$

❷ 計算《けいさん》を　しましょう。　1つ4点(24点)
① 30+80　110
② 900+500　1400
③ 400+20　420
④ 150−70　80
⑤ 1000−800　200
⑥ 340−40　300

❸ □に　あてはまる　数《かず》を　書《か》きましょう。　1つ4点(12点)
① 1000を　5こ、10を　1こ、1を　2こ　あわせた　数は、5012 です。
② 100を　56こ　あつめた　数は、5600 です。
③ 9000より　1000　大きい　数は、10000 です。

❹ めもりが　あらわす　数を　書きましょう。　1つ4点(12点)
7000　8000
①(6700)
②(7500)
③(8900)

❺ □に　あてはまる　>、<、=を　書きましょう。　1つ4点(12点)
① 106−9 > 95
② 246+33 < 280
③ 266 = 314−48

❶ ひっ算《さん》で　書《か》く　ときに、くらいを　そろえるように　ちゅういしましょう。
⑤〜⑧は、ひき算《ざん》の　答《こた》えに　ひく数を　たすと、ひかれる数に　なる　ことを　りようして、答えの　たしかめを　しましょう。

❷ ①10の　3こ分《ぶん》と　8こ分だから、
3+8=11で、10の
11こ分です。
②100の　9こ分と　5こ分だから、
9+5=14で、100の
14こ分です。
③400と　20で　420だから、
400+20=420です。
④10の　15こ分から　7こ分を
ひくから、15−7=8で、10の
8こ分です。
⑤100の　10こ分から　8こ分を
ひくから、10−8=2で、100の
2こ分です。
⑥340は　300と　40だから、
340−40=300です。

❸ ①

千のくらい	百のくらい	十のくらい	一のくらい
5	0	1	2

②100が　56こ＜100が　50こ→5000／100が　6こ→600
5000と　600で、5600
③6000　7000　8000　9000　10000
1000

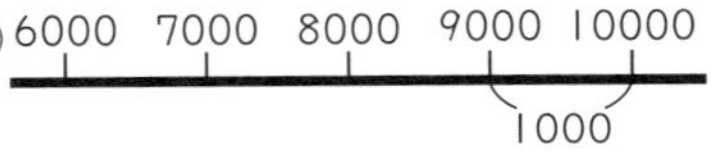

❹ 1めもりは　100です。

❺ ①106−9=97だから、97と
95を　くらべます。十のくらいの
数は　同じだから、一のくらいの
数で　くらべます。
97>95
②246+33=279だから、279と
280を　くらべます。
百のくらいの　数は　同じだから、
十のくらいの　数で　くらべます。
279<280
③314−48=266です。同じ
大きさだから、266=314−48

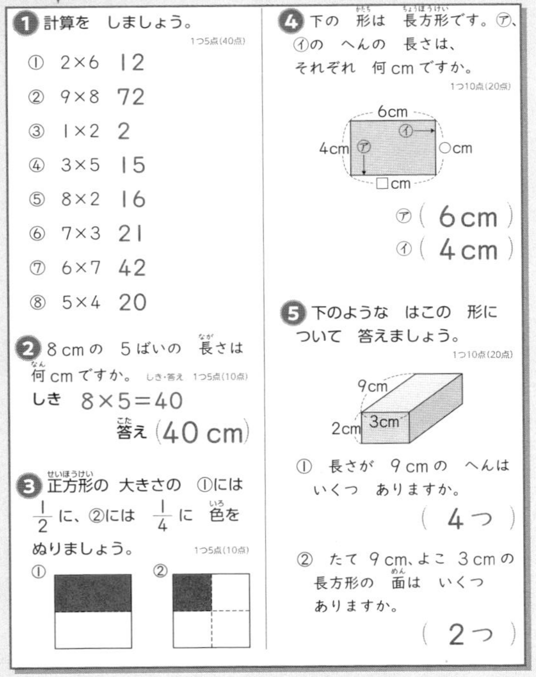
まとめのテスト 111ページ

❶ 計算を　しましょう。　1つ5点(40点)
① 2×6　12
② 9×8　72
③ 1×2　2
④ 3×5　15
⑤ 8×2　16
⑥ 7×3　21
⑦ 6×7　42
⑧ 5×4　20

❷ 8cmの　5ばいの　長《なが》さは　何《なん》cmですか。　しき・答え　1つ5点(10点)
しき　8×5=40
答《こた》え（40cm）

❸ 正方形《せいほうけい》の　大きさの　①には　$\frac{1}{2}$に、②には　$\frac{1}{4}$に　色《いろ》を　ぬりましょう。　1つ5点(10点)
①　②

❹ 下の　形《かたち》は　長方形《ちょうほうけい》です。㋐、㋑の　へんの　長さは、それぞれ　何cmですか。　1つ10点(20点)
6cm　㋑　4cm　㋐　○cm　□cm
㋐（6cm）
㋑（4cm）

❺ 下のような　はこの　形に　ついて　答えましょう。　1つ10点(20点)
9cm　2cm　3cm
① 長さが　9cmの　へんは　いくつ　ありますか。
（4つ）
② たて　9cm、よこ　3cmの　長方形の　面《めん》は　いくつ　ありますか。
（2つ）

九九の　じゅんばんどおりで　なくても、答えが　いえるように　れんしゅうしよう。

❷ 8cmの　5ばいは、8cmの
5つ分の　長さの　ことだから、
●ばいの　数を　もとめるときは、
かけ算の　しきに　なります。

❸ ①同じ　大きさに　2つに　分《わ》けた
1つ分の　大きさに　色《いろ》を
ぬります。
図《ず》の　上でも　下でも　どちらかを
ぬって　いれば　正かいです。
②同じ　大きさに　4つに　分けた
1つ分の　大きさに　色を
ぬります。
図の　4つの　ますの　1つ分に
色を　ぬって　いれば
正かいです。

❹ 4つの　かどが、みんな　直角《ちょっかく》に
なって　いる　四角形《しかくけい》を　長方形と
いいます。長方形の　むかい合《あ》う
へんの　長さは　同じです。

❺ 図の　見えない　ところにも、
へんや　面は　あります。
はこの　形には、へんは　12
あります。
9cmの　長さの　へんは　4つ、
3cmの　長さの　へんは　4つ、
2cmの　長さの　へんは　4つ
あります。
はこの　形に、面は　6つ、
ちょう点は　8つ　あります。

まとめのテスト　112ページ

❶ 今《いま》の　時《じ》こくは
9時45分《ふん》です。30分前《ぷんまえ》、
10分後《あと》、1時間《じかん》後の　時こくを
答《こた》えましょう。　1つ10点(30点)

① 30分前　(9時15分)
② 10分後　(9時55分)
③ 1時間後　(10時45分)

❷ □に　あてはまる　数《かず》を
書《か》きましょう。　①、③はぜんぶできて1もん5点(30点)

① 45mm=[4]cm[5]mm
② 8cm3mm=[83]mm
③ 240cm=[2]m[40]cm
④ 3m8cm=[308]cm
⑤ 2L=[20]dL
⑥ 1L=[1000]mL

❸ おかしの　数を　しらべます。　①、②はぜんぶできて　1もん10点(40点)

① グラフに　あらわしましょう。

おかしの　数

ケーキ	あめ	プリン	クッキー	だんご
	○			
	○		○	
	○	○	○	
○	○	○	○	○
○	○	○	○	○

② ひょうに　あらわしましょう。

おかしの　数

おかし	ケーキ	あめ	プリン	クッキー	だんご
数	2	5	3	4	2

③ いちばん　多《おお》い　おかしは
何《なん》ですか。
(　あめ　)

④ 数が　3この　おかしは
何ですか。
(　プリン　)

❶

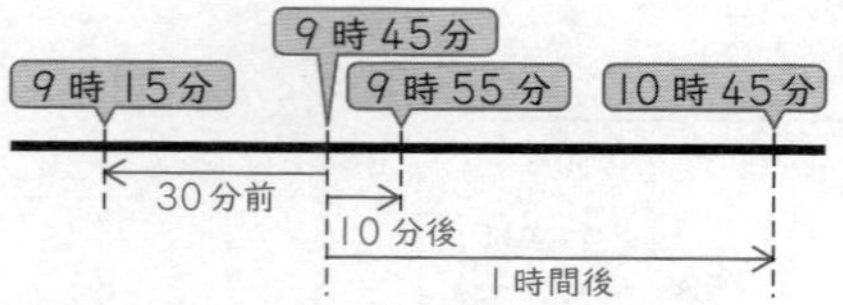

❷ ①② 1cm＝10mmです。
①45mm → 40mm と　5mm
　　　4cm5mm
②8cm3mm → 80mm と　3mm
　　　83mm
③④ 1m＝100cmです。
③240cm → 200cm と　40cm
　　　2m40cm
④3m8cm → 300cm と　8cm
　　　308cm
⑤1L＝10dLです。
⑥1L＝1000mLです。

❸ ①おかしの　数《かず》を、しゅるいべつに
グラフに　あらわしましょう。
まず、絵《え》の　中から　ケーキを
見つけて、しるしを　つけて、
しるしの　数だけ　グラフに
下から　○を　かいて
いきます。
ほかの　おかしも、同《おな》じように
○を　かきます。
②グラフを　見て、それぞれの
おかしの　○の　数を　数《かぞ》えて、
ひょうに　数を　書《か》きましょう。
③グラフで　ならんで　いる
○の　高《たか》さが　いちばん
高いのは　あめです。
④ひょうで　「3」の　おかしを
見ます。

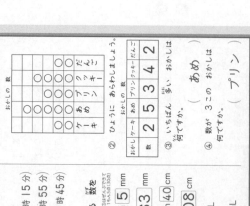

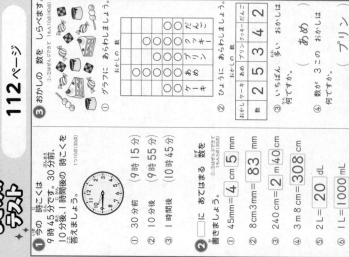

夏のチャレンジテスト

教科書 上8〜79ページ

名前　　月　日

時間 40分

ごうかく80点　／100

答え 31ページ

知識・技能　／70点

1 □に　あてはまる　数《かず》を　書《か》きましょう。　1つ3点(12点)

① 100を　8こ、1を　9こ　あわせた　数は 809 です。

② 10を　52こ　あつめた　数は 520 です。

③ 300は、10を 30 こ　あつめた　数です。

④ 1000より　100　小さい　数は 900 です。

2 □に　あてはまる　>、<、=を　書きましょう。　1つ2点(4点)

① 365 < 402

② 60+70 = 130

3 □に　あてはまる　数を　書きましょう。　1つ3点(12点)

①

②

4 計算《けいさん》を　しましょう。　1つ2点(12点)

① $32+26=58$	② $17+48=65$	③ $6+75=81$
④ $68-23=45$	⑤ $83-37=46$	⑥ $60-7=53$

5 つぎの　時《じ》こくを　もとめましょう。　1つ3点(6点)

今《いま》の　時こく

① 20分前《ぶんまえ》

(10時5分)

② 30分後《あと》

(10時55分)

6 □に　あてはまる　数を　書きましょう。　1つ2点(6点)

① 1時間《じかん》= 60 分

② 1cm= 10 mm

③ 1L= 10 dL

---

1 ①

百のくらい	十のくらい	一のくらい
8	0	9

② 10が　52こ < 10が　50こ→500 / 10が　2こ→　20 > 520

③100は　10が　10こ
3こ分↓　↓3こ分
300は　10が　30こ

④

2 数の　大小は、大きい　くらいの　数字《すうじ》から　くらべます。

①百のくらいの　数字で　くらべます。

3は　4より　小さいから、365<402と　なります。

②まず、たし算《ざん》の　答《こた》えを　もとめてから、大きさを　くらべます。

60+70=130です。同じ　大きさだから、60+70=130と　なります。

3 数の線《せん》を　よむ　ときは、いちばん　小さい　1めもりが　いくつに　なるかを　考《かんが》えます。

①0から　100までが　10こに　分《わ》かれて　いるから、いちばん　小さい　1めもりは、10です。

②290から　300までが　10こに　分かれて　いるから、いちばん　小さい　1めもりは、1です。

5 ①
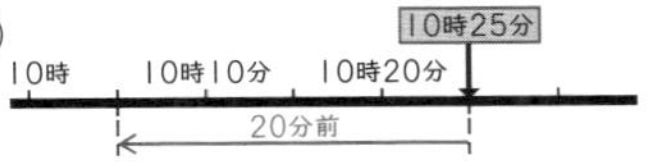

②
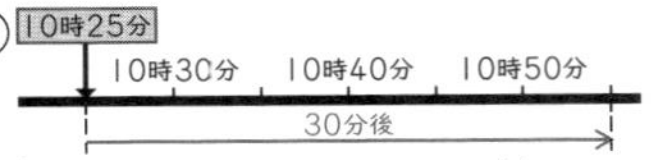

6 ①長《なが》い　はりが　ひと回《まわ》り　する　時間《じかん》は、1時間です。

②1cmを　同じ　長さに、10に　分けた　1つ分《ぶん》の　長さを　1mmと　いいます。

③1Lの　ますには、1dLの　ますで　10ぱい分　入ります。

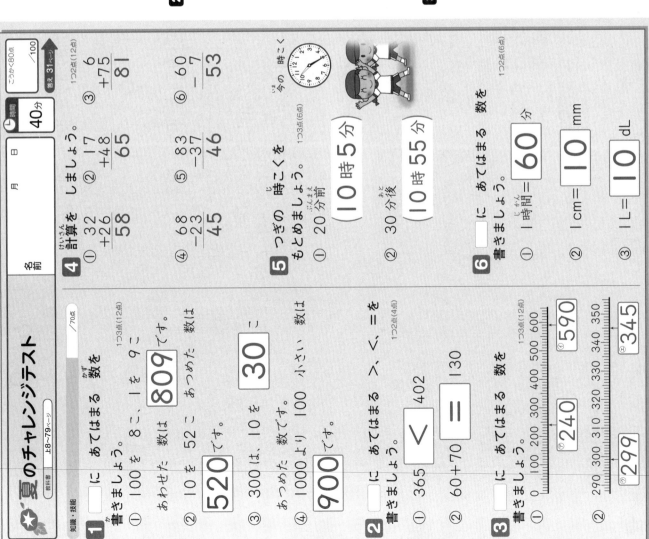

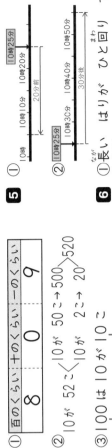

7 計算《けいさん》を　しましょう。　1つ3点(12点)

① 12cm3mm－4cm
8cm3mm

② 6mm＋9cm2mm
9cm8mm

③ 7L4dL＋2L
9L4dL

④ 3L8dL－5dL
3L3dL

8 下の　ひょうと　グラフを　見て
答《こた》えましょう。　1つ3点(6点)

かいたい　どうぶつと　人数《にんずう》

どうぶつ	ねこ	犬	鳥《とり》	うさぎ	ハムスター
人数	6	8	3	5	4

かいたい
どうぶつと　人数

	○			
	○			
○	○			
○	○		○	
○	○		○	○
○	○	○	○	○
○	○	○	○	○
○	○	○	○	○
ねこ	犬	鳥	うさぎ	ハムスター

① うさぎを　かいたい
人は　何人《なんにん》ですか。
（5人）

② かいたい　人数が
いちばん　多《おお》い
どうぶつは　何ですか。
（犬）

思考・判断・表現　／30点

9 □に　入る　数字《すうじ》を　ぜんぶ
書《か》きましょう。　(6点)
372＜3□2
（8、9）

10 赤い　色紙《いろがみ》が　28まい、青い
色紙が　35まい　あります。
あわせて　何まい　ありますか。
しき・答え　1つ3点(6点)

しき　**28＋35＝63**

答え　**（63まい）**

11 貝がらを　そうたさんは　62こ、
ゆいなさんは　46こ　ひろいました。
どちらが　何こ　多く　ひろいましたか。
しき・答え　1つ3点(6点)

しき　**62－46＝16**

答え　（**そうたさん**が　**16**こ
多く　ひろった。）

12 1L2dLの　牛《ぎゅう》にゅうに　4dLの
コーヒーを　入れて、
コーヒー牛にゅうを　作《つく》りました。
しき・答え　1つ3点(12点)

① コーヒー牛にゅうは　何L何dL
できましたか。
しき　**1L2dL＋4dL＝1L6dL**

答え　（**1** L **6** dL）

② 3dL　のむと、のこりは
どれだけですか。
しき　**1L6dL－3dL＝1L3dL**

答え　**（1L3dL）**

7 同《おな》じ　たんいの　数《かず》どうしを
計算《けいさん》します。
①12cm3mm－4cm＝8cm3mm
②6mm＋9cm2mm
＝9cm8mm
③7L4dL＋2L＝9L4dL
④3L8dL－5dL＝3L3dL

8 ①ひょうで　「うさぎ」の　人数《にんずう》を
見ます。
②グラフで、ならんで　いる　○の
高《たか》さが　いちばん　高いのは、
犬です。

9 百のくらいの　数字《すうじ》が　同じだから、
数の　大小は、十のくらいの
数字で　きまります。

10 「あわせて」だから、たし算《ざん》の
しきに　なります。

11 「ちがい」を　もとめるので、
ひき算の　しきに　なります。

12 同じ　たんいの　数どうしを
計算します。
②コーヒー牛《ぎゅう》にゅうは　1L6dL
できたので、そこから　3dLを
ひきます。

冬のチャレンジテスト

教科書 上81～下48ページ　◎用意《ようい》する もの…ものさし

名前　　月　日　　時間 40分　　ごうかく80点　／100

答え 33ページ

知識・技能　／70点

1 計算《けいさん》を しましょう。　1つ4点(16点)

① 59 + 47 = 106

② 331 + 59 = 390

③ 104 − 88 = 16

④ 531 − 37 = 494

2 計算を しましょう。　1つ4点(24点)

① 5×3　15

② 3×7　21

③ 2×6　12

④ 8×4　32

⑤ 1×8　8

⑥ 9×5　45

3 つぎの しきで、先に 計算するのは、㋐、㋑の どちらですか。　1つ3点(6点)

① 7+(3+5)　（㋐ 7、㋑ 3+5）　（ ㋑ ）

② (7+3)+5　（㋐ 7+3、㋑ 5）　（ ㋐ ）

4 □に あてはまる 数《かず》を 書《か》きましょう。　1つ3点(6点)

① 9×3=9×2+ 9

② 4×5= 5 ×4

5 下の 図《ず》で 長方形《ちょうほうけい》、正方形《せいほうけい》は それぞれ どれですか。　1つ2点(8点)

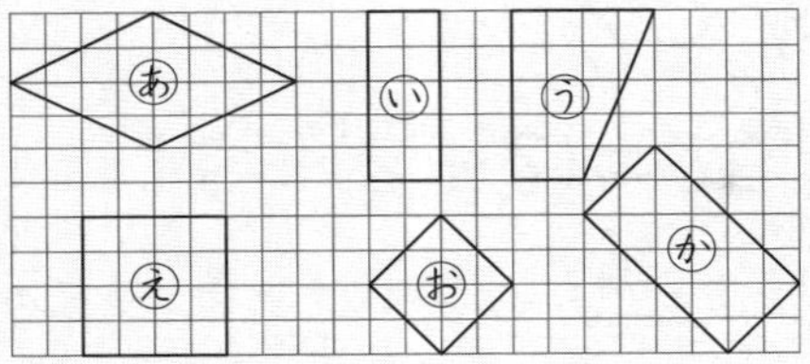

① 長方形（ ㋑ ）と（ ㋕ ）

② 正方形（ ㋓ ）と（ ㋔ ）

1 ①十のくらいに くり上げた 1を たすのを わすれないように しましょう。
一のくらいの 計算
9+7=16
十のくらいに 1 くり上げます。
十のくらいの 計算
くり上げた 1と 5で 6
6+4=10
③十のくらいから 一のくらいに くり下げられないので、まず、百のくらいから、十のくらいに 1 くり下げてから 計算します。

3 （ ）は ひとまとまりの 数を あらわし、先に 計算します。

4 かけ算の きまりを つかって 考《かんが》えます。
①かける数が 1 へって いるので、かけられる数を たすと、答《こた》えが 同じに なります。
②かけられる数と かける数を 入れかえて 計算しても、答えは 同じに なります。

5 ①長方形《ちょうほうけい》は、4つの かどが みんな 直角《ちょっかく》になって いる 四角形《しかくけい》です。
じゅんじょが ちがって いても 正かいです。
②正方形《せいほうけい》は、4つの かどが みんな 直角で、4つの へんの 長《なが》さが みんな 同じに なって いる 四角形です。
じゅんじょが ちがって いても 正かいです。

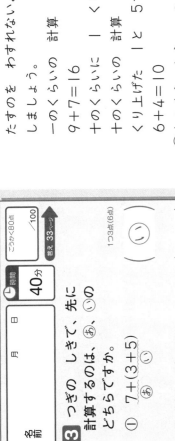

6 下の 形《かたち》を 方《ほう》がん紙《し》に かきましょう。 1つ5点(10点)

① たて 3cm、よこ 4cmの 長方形《ちょうほうけい》

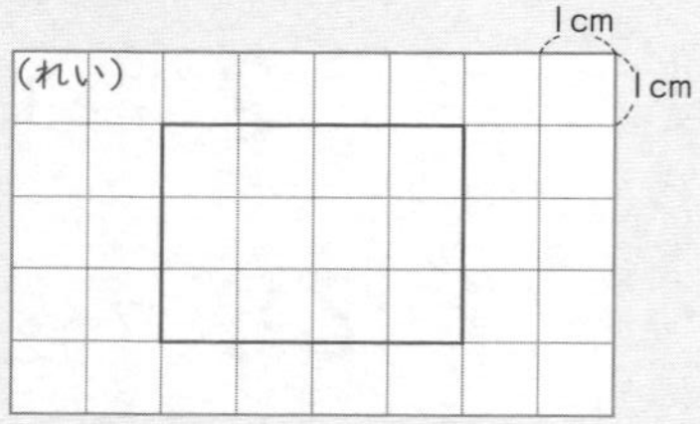

② 2cmの へんと 5cmの へんの 間《あいだ》に、直角《ちょっかく》の かどが ある 直角三角形《ちょっかくさんかくけい》

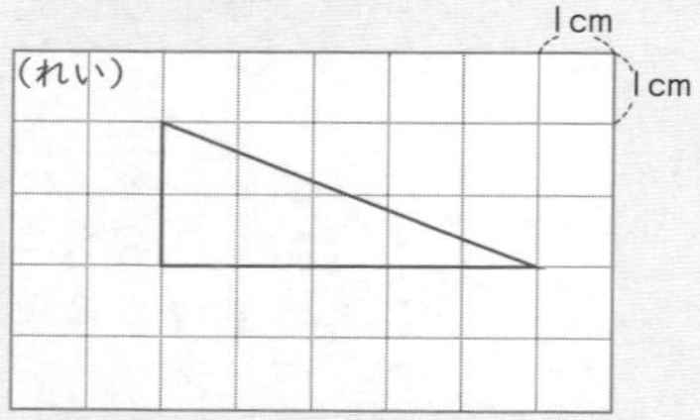

思考・判断・表現 ／30点

7 おかしが 9こずつ 入った はこが、7はこ あります。 しき・答え 1つ3点(9点)

① おかしは ぜんぶで 何《なん》こ ありますか。

しき $9 \times 7 = 63$

答《こた》え (63こ)

② もう 1はこ ふえると、おかしは 何こ ふえますか。

(9こ)

8 1年生が 15人、2年生が 8人 あそんで います。2年生が 2人《ふたり》 来《き》ました。みんなで 何人に なりましたか。2年生の 人数《にんずう》を 先に 計算《けいさん》すると 考《かん》えて、1つの しきに あらわして もとめましょう。 しき・答え 1つ3点(6点)

しき $15 + (8 + 2) = 25$

答え (25人)

9 ●の 数《かず》を くふうして もとめます。2とおりの もとめ方《かた》を 考えましょう。 しき・答え 1つ3点(9点)

しき (れい) $4 \times 5 = 20$ $2 \times 4 = 8$
$20 + 8 = 28$

しき (れい) $4 \times 9 = 36$ $2 \times 4 = 8$
$36 - 8 = 28$

答え (28こ)

10 かけ算《ざん》の しきに なる もんだいを 下の あ、い、うから えらびましょう。 (6点)

あ 150円 もって います。65円 つかうと のこりは いくらですか。

い 3cmの 5ばいの 長《なが》さは 何cmですか。

う 赤い 花が 58本、白い 花が 47本 あります。花は ぜんぶで 何本 ありますか。

(い)

6 ①方《ほう》がん紙《し》の ますが 正方形《せいほうけい》に なって いる ことを つかって、かきます。

②方がん紙の ますが 正方形に なって いる ことを つかって、2cmと 5cmの へんを きめれば、のこりの へんの 長《なが》さが わからなくても、直角三角形《ちょっかくさんかくけい》を かく ことが できます。

7 ①1はこに 9こ 入った おかし 7はこ分《ぶん》の 数《かず》だから、

$9 \times 7 = 63$(九七《くしち》 63)

9のだんの 九九

②おかしは 1はこに 9こ 入って いるから、もう 1はこ ふえると、9こ ふえます。

8 みんなで 何人《なんにん》に なるかを もとめる しきは、$15 + 8 + 2$ に なります。先に 計算《けいさん》する ところに ( )を つけます。2年生の 人数《にんずう》を もとめる しきは、$8 + 2$ だから、

$15 + (8 + 2) = 25$

9

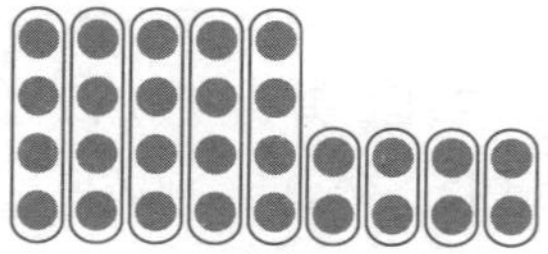

4この まとまりと 2この まとまりに 分《わ》けます。

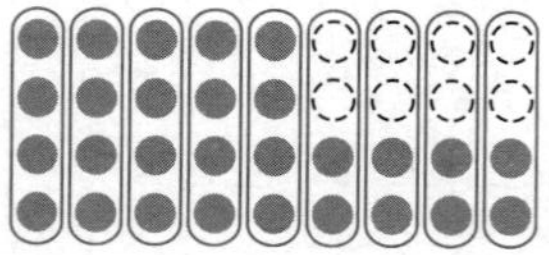

あとから ◌を ひきます。

べつの 考《かんが》え

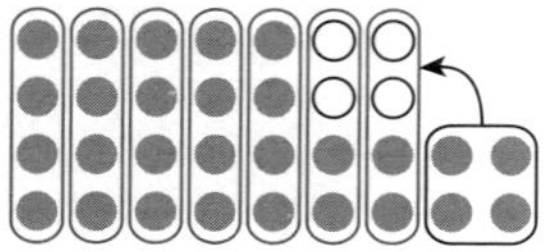

うごかします。

$4 \times 7 = 28$

べつの 考え

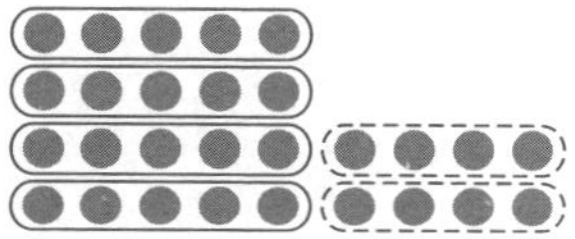

5この まとまりと 4この まとまりに 分けます。

$5 \times 4 = 20$ $4 \times 2 = 8$

$20 + 8 = 28$

10 あのこりを もとめるから、ひき算《ざん》の しきに なります。

い何ばいかの 大きさを もとめるから、かけ算の しきに なります。

うぜんぶを もとめるから、たし算の しきに なります。

春のチャレンジテスト

教科書 下50〜97ページ

名前　　月　　日

時間 40分　ごうかく80点　／100

答え 35ページ

知識・技能　／70点

1 □に　あてはまる　数《かず》を　書《か》きましょう。　1つ3点(9点)

① 8275の　千のくらいの　数字《すうじ》は　[8]　です。

② 6200は、100を　[62]　こ　あつめた　数です。

③ 1000を　[10]　こ　あつめた　数は　10000です。

2 □に　あてはまる　数を　書きましょう。　1つ4点(24点)

① [5700]　5800　5900　[6000]　6100

② 8310　8320　[8330]　8340　[8350]

③ 9996　[9997]　9998　9999　[10000]

3 色《いろ》を　ぬった　ところは、もとの　大きさの　何分《なんぶん》の一《いち》ですか。分数《ぶんすう》で　答《こた》えましょう。　1つ2点(4点)

① 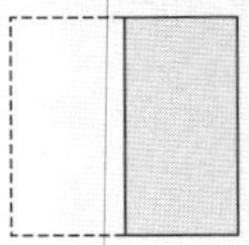

($\frac{1}{2}$)

② 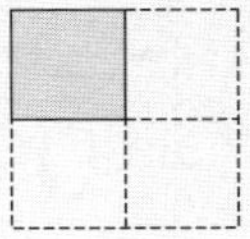

($\frac{1}{4}$)

4 ひごと　ねん土玉を　つかって、右のような　はこの　形《かたち》を　作《つく》ります。　1つ4点(12点)

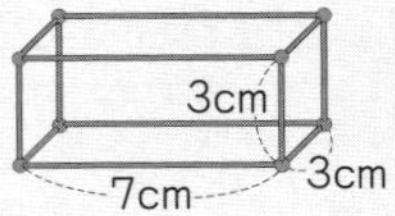

① つぎの　長《なが》さの　ひごは、何本　ひつようですか。

3cm（8本）　7cm（4本）

② ねん土玉は　何こ　ひつようですか。

（8こ）

5 □に　あてはまる　数を　書きましょう。　③はぜんぶできて　1もん3点(9点)

① 1mは、1cmが　[100]　あつまった　長さです。

② 3mは、1mの　[3]　つ分《ぶん》の　長さです。

③ 1mの　ものさしで　5つ分と、あと　40cmの　長さは、[5] m [40] cmです。

1 ①

千のくらい	百のくらい	十のくらい	一のくらい
8	2	7	5

② 6200 ＜ 6000→100が　60こ ／ 200→100が　2こ ＞ 100が　62こ

③ 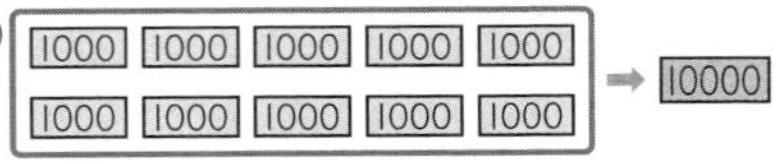

2 数の線《せん》を　よむ　ときは、1めもりが　いくつに　なるかを　考えます。

①1めもりは　100です。

②1めもりは　10です。

③1めもりは　1です。

3 ①もとの　大きさを　同《おな》じ　大きさに　2つに　分けた　1つ分の　大きさです。

②もとの　大きさを　同じ　大きさに　4つに　分けた　1つ分の　大きさです。

4 ①はこの　形《かたち》を　作《つく》る　とき、ひごは　へんに　なります。はこの　形には、同じ　長さの　へんが　4本ずつ　3組《くみ》　あります。3cmの　へんは　2組だから、4＋4＝8で、8本　ひつようです。7cmの　へんは　1組だから、4本　ひつようです。

②はこの　形を　作る　とき、ねん土玉は　ちょう点《てん》に　なります。はこの　形には、ちょう点が　8つ　あります。

5 ①1mは　100cmです。

② 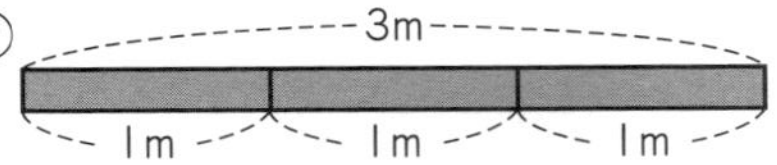

6 □に　あてはまる　数《かず》を　書《か》きましょう。　②はぜんぶできて 1もん2点(4点)

① 3m 60 cm＝**360** cm

② 208 cm＝**2** m **8** cm

7 計算《けいさん》を　しましょう。　1つ4点(8点)

① 3m 80 cm＋2m
5m 80 cm

② 7m 60 cm－40 cm
7m 20 cm

思考・判断・表現　／30点

8 クッキーが　何《なん》まいか　あります。15まい　買《か》って　きたので、ぜんぶで　32まいに　なりました。
クッキーは　はじめに　何まい　ありましたか。　図・しき・答え 1つ4点(16点)

① □に　あてはまる　数を　書きましょう。

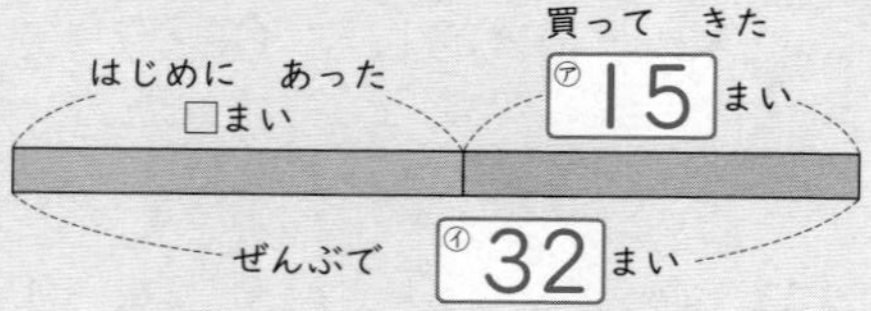

② 答《こた》えを　もとめる　しきと、答えを　書きましょう。

しき　**32－15＝17**

答え（**17まい**）

9 右の　4まいの　カードを　ぜんぶ　ならべて、つぎの　数を　つくりましょう。　1つ4点(8点)

0　6　3　7

① いちばん　大きい　4けたの　数
（**7630**）

② いちばん　小さい　4けたの　数
（**3067**）

10 右の　図《ず》のような　はこを　作《つく》ります。
はこの　形《かたち》が　できるのは、㋐、㋑、㋒の　どれですか。　(6点)

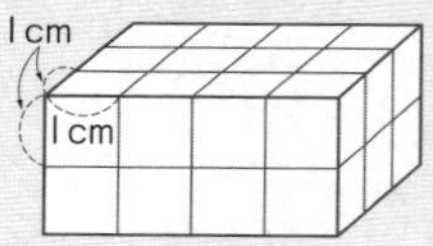

㋐
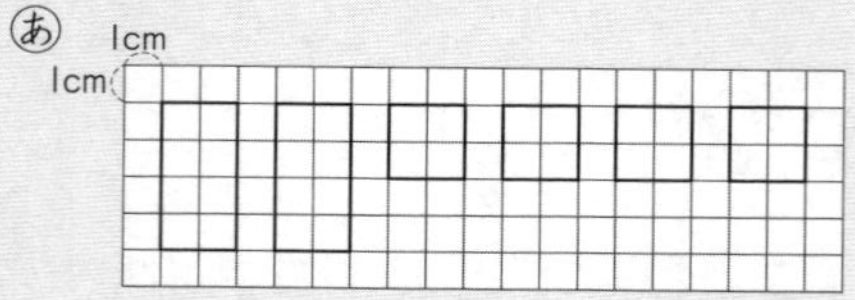

㋑
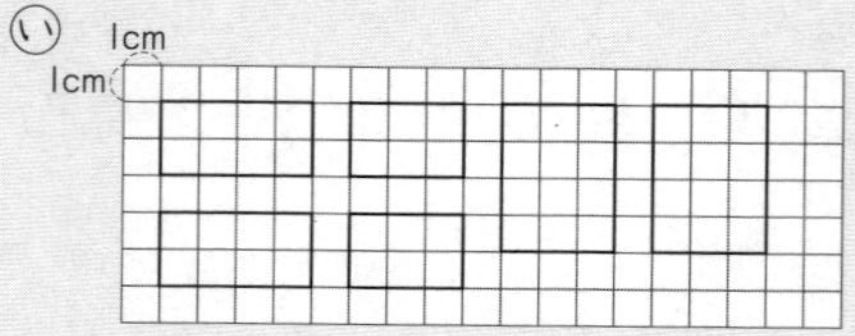

㋒
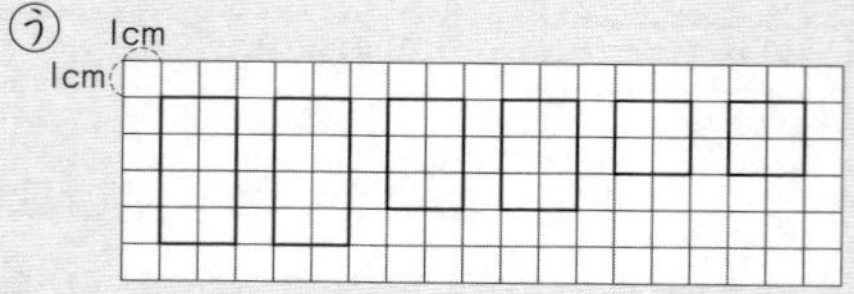

（**㋑**）

7 同《おな》じ　たんいの　数《かず》どうしを　計算《けいさん》します。

8 ②わからない　数を　□として　しきに　あらわすと、
□＋15＝32に　なります。
もんだいの　図《ず》を　見ると、
もとめる　ところは　ぶぶんだと　わかるから、
□＋15＝32 → 32－15＝17に　なります。

9 4まいの　カードを　ぜんぶ　ならべると、4けたの　数が　できます。くらいは、左から　じゅんに、千のくらい、百のくらい、十のくらい、一のくらいです。
①千のくらいから　じゅんに、数の　大きい　カードを　ならべます。
②千のくらいには、0は　入りません。千のくらいには　0を　のぞいた　いちばん　小さい　数の　カードを　ならべて、百のくらいから　じゅんに、のこった　カードを　数の　小さい　じゅんに　ならべます。

10 図の　はこの　面《めん》は、へんの　長《なが》さが　2cm、4cmの　長方形《ちょうほうけい》が　2つと、へんの　長さが　2cm、3cmの　長方形が　2つと、へんの　長さが　3cm、4cmの　長方形が　2つです。

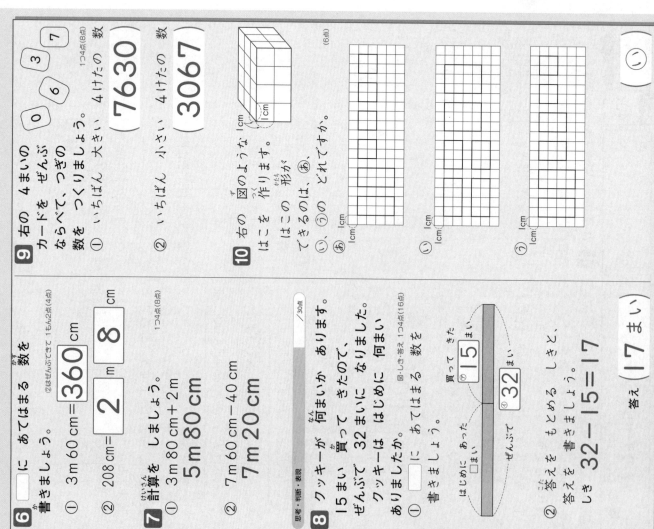

2年 算数のまとめ 学力しんだんテスト

名前　　月　日

時間 40分　ごうかく80点　／100

答え 37ページ

1 つぎの　数《かず》を　書《か》きましょう。　1つ3点(6点)

① 100を　3こ、1を　6こ　あわせた数　(306)

② 1000を　10こ　あつめた　数　(10000)

2 色《いろ》を　ぬった　ところは　もとの　大きさの　何分《なんぶん》の一ですか。　1つ3点(6点)

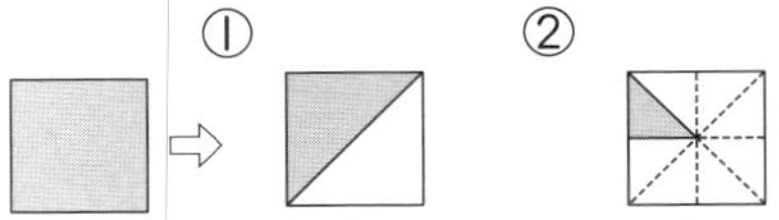

① ($\frac{1}{2}$)　② ($\frac{1}{8}$)

3 計算《けいさん》を　しましょう。　1つ3点(12点)

① 214 + 57 = 271

② 546 − 27 = 519

③ 4×8　32

④ 7×6　42

4 あめを　3こずつ　6つの　ふくろに　入れると、2こ　のこりました。
あめは　ぜんぶで　何こ　ありましたか。　しき・答え　1つ3点(6点)

しき　3×6+2=20

答《こた》え　(20こ)

5 すずめが　14わ　いました。そこへ　9わ　とんで　きました。また　11わ　とんで　きました。すずめは　何わに　なりましたか。とんで　きた　すずめを　まとめて　たす　考《かんが》え方《かた》で　1つの　しきに　書いて　もとめましょう。　しき・答え　1つ3点(6点)

しき　14+(9+11)=34

答え　(34わ)

6 □に　>か、<か、=を　書きましょう。　(2点)

25 dL [>] 2 L

7 □に　あてはまる　長《なが》さの　たんいを　書きましょう。　1つ3点(9点)

① ノートの　あつさ…5 [mm]

② プールの　たての　長さ…25 [m]

③ テレビの　よこの　長さ…95 [cm]

8 右の　時計《とけい》を　みて　つぎの　時《じ》こくを　書きましょう。　1つ3点(6点)

① 1時間《じかん》あと　(5時50分)

② 30分前《ぶんまえ》　(4時20分)

---

1 ①100を　3こ　あつめた　300と、6とで　306です。
②1000を　10こ　あつめた　数《かず》は　10000です。

2 ②もとの　大きさを　同《おな》じ　大きさに　8つに　分《わ》けた　1つ分《ぶん》　だから、$\frac{1}{8}$です。

3 ①②ひっ算《さん》は　くらいを　そろえて　計算《けいさん》します。くり上がりや　くり下がりに　ちゅういして、計算しましょう。

4 3こずつ　6つの　ふくろに　はいって　いる　あめの　数は、かけ算《さん》で　もとめます。ぜんぶの　数は、ふくろに　はいって　いる　数と　のこって　いる　数を　たした　数に　なります。
3×6+2=18+2=20

5 まとめて　たす　ときは、(　)を　つかって　1つの　しきに　あらわします。
14+(9+11)=14+20=34

6 2 L=20 dL だから、
25 dL>20 dL になります。

7 それぞれの　長《なが》さを　思《おも》いうかべて　考《かんが》えます。
1 mm、1 cm、1 m が、およそ　どれくらいの　長さかを　おぼえて　おきましょう。

8 時計《とけい》は　4時《じ》50分《ぶん》を　さして　います。
②30分前《まえ》は、時計の　長い　はりを　ぎゃくに　まわして　考えます。

9 つぎの 三角形《さんかくけい》や 四角形《しかくけい》の 名前《なまえ》を 書《か》きましょう。 1つ3点(9点)

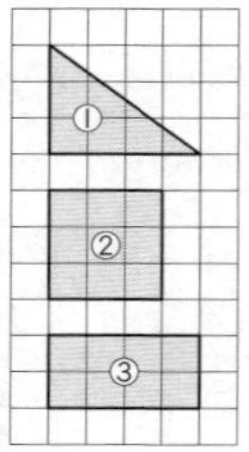

① (直角三角形)

② (正方形)

③ (長方形)

10 ひごと ねん土玉を つかって、右のような はこの 形《かたち》を つくります。 1つ3点(6点)

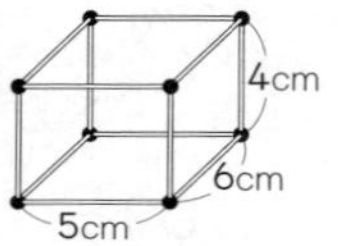

① ねん土玉は 何《なん》こ いりますか。

(8こ)

② 6cmの ひごは 何本 いりますか。

(4本)

11 すきな くだものしらべを しました。 1つ4点(8点)

すきな くだものしらべ

すきな くだもの	りんご	みかん	いちご	スイカ
人数《にんずう》(人)	3	1	5	2

すきな くだものしらべ

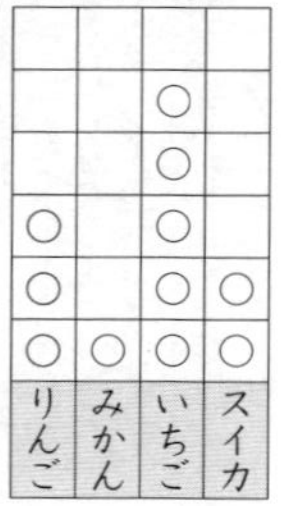

① りんごが すきな 人の 人数を、○を つかって、右の グラフに あらわしましょう。

② すきな 人が いちばん 多《おお》い くだものと、いちばん 少《すく》ない くだものの 人数の ちがいは 何人ですか。

(4人)

活用力をみる

12 さいころを 右のように して、かさなりあった 面《めん》の 目の 数《かず》を たすと 9に なるように つみかさねます。

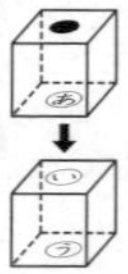

さいころは むかいあった 面の 目の 数を たすと、7に なって います。図《ず》の (あ)～(う)に あてはまる 目の 数を 書きましょう。 1つ4点(12点)

(あ)… 6 (い)… 3 (う)… 4

13 ゆうまさんは、まとあてゲームを しました。3回《かい》 ボールを なげて、点《てん》数《すう》を 出します。 ①しき・答え 1つ3点、②1つ3点(12点)

① ゆうまさんは あと 5点で 30点でした。ゆうまさんの 点数は 何点でしたか。

しき $30-5=25$

答《こた》え (25点)

② ゆうまさんの まとは 下の (あ)、(い)の どちらですか。その わけも 書きましょう。

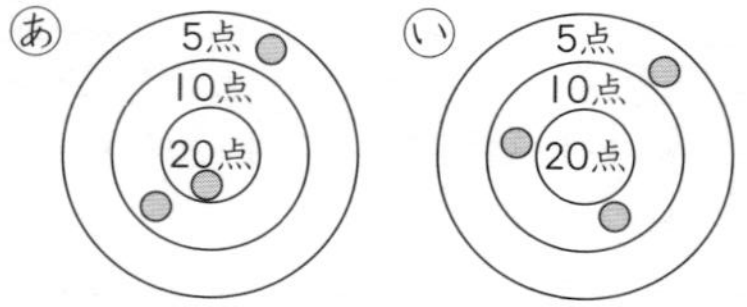

ゆうまさんの まとは [い] です。

わけ ((れい)(あ)の まとは 35点、(い)の まとは 25点 だから。)

9 へんの 数《かず》や 長《なが》さ、かどの 形《かたち》に ちゅういして 考《かんが》えます。

①1つの かどが 直角《ちょっかく》に なって いる 三角形《さんかくけい》だから、直角三角形です。

②かどが みんな 直角で、へんの 長さが みんな 同《おな》じ 四角形《しかくけい》だから、正方形《せいほうけい》です。

③かどが みんな 直角に なって いて、むかいあう 2つの へんの 長さが 同じだから、長方形《ちょうほうけい》です。

10 ねん土玉は ちょう点《てん》、ひごは へんを あらわします。

図《ず》を よく 見て 答えます。

11 ②すきな 人が いちばん 多《おお》い くだものは いちごで 5人、いちばん 少ない くだものは みかんで 1人です。

ちがいは、$5-1=4$ で、4人です。

12 右の 図の ように なります。

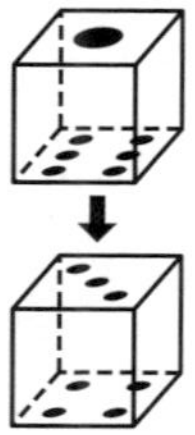

かさね方《かた》の きまりを、もんだい文から 読《よ》みとりましょう。

(あ)$7-1=6$

(い)$9-6=3$

(う)$7-3=4$

13 それぞれの まとの 点数《てんすう》を、計算《けいさん》で もとめます。

わけは、(あ)と (い)の まとの 点数を それぞれ もとめ、(い)の まとが 「25点だから」「30点に 5点たりないから」という わけが 書《か》けていれば 正かいです。

メモ

ふろく　とりはずしておつかいください。

計算せんもんドリル

2年

2年　　組《くみ》

特色《とくしょく》と使《つか》い方《かた》

- このドリルは、計算力《けいさんりょく》を付《つ》けるための計算問題《もんだい》をせんもんにあつかったドリルです。
- 教科書《きょうかしょ》ぴったりトレーニングに、このドリルの何《なん》ページをすればよいのかが書《か》いてあります。教科書ぴったりトレーニングにあわせてお使《つか》いください。

教科書ぴったり
トレーニングの
ここを　見てね

もくじ

おうちのかたへ

- お子さまがお使いの教科書や学校の学習状況により、ドリルのページが前後したり、学習されていない問題が含まれている場合がございます。お子さまの学習状況に応じてお使いください。
- お子さまがお使いの教科書により、教科書ぴったりトレーニングと対応していないページがある場合がございますが、お子さまの興味・関心に応じてお使いください。

1 100までの　たし算の　ひっ算①

★できた　もんだいには、「た」を　かこう！

1 た　2

1 つぎの　たし算の　ひっ算を　しましょう。

月　　日

①
```
  57
+41
```

②
```
  22
+64
```

③
```
  13
+78
```

④
```
  25
+47
```

⑤
```
  29
+27
```

⑥
```
  48
+38
```

⑦
```
  28
+30
```

⑧
```
  44
+46
```

⑨
```
  48
+ 5
```

⑩
```
   4
+55
```

2 つぎの　たし算を　ひっ算で　しましょう。

月　　日

① 17＋64

ダメ!!
```
 17
+ 64
```

② 46＋18

③ 21＋6

ダメ!!
```
  21
+6
```

④ 8＋42

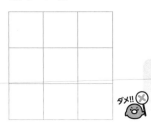

2　100までの　たし算の　ひっ算②

★できた　もんだいには、「た」を　かこう！

1 でき　2 でき

1　つぎの　たし算の　ひっ算を　しましょう。　　月　　日

① 32 +33

② 22 +56

③ 27 +36

④ 32 +19

⑤ 46 +26

⑥ 18 +37

⑦ 27 +60

⑧ 47 +33

⑨ 61 + 4

⑩ 9 +71

2　つぎの　たし算を　ひっ算で　しましょう。　　月　　日

① 57+12

② 66+24

③ 69+5

④ 3+79

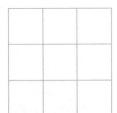

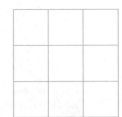

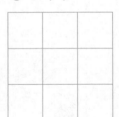

3 100までの　たし算の ひっ算③

★できた　もんだいには、「た」を　かこう！

1 でき　2 でき

1 つぎの　たし算の　ひっ算を　しましょう。

月　日

①
  58
+11

②
  23
+73

③
  19
+39

④
  35
+56

⑤
  58
+34

⑥
  36
+59

⑦
  70
+26

⑧
  31
+49

⑨
  16
+ 7

⑩
   5
+49

2 つぎの　たし算を　ひっ算で　しましょう。

月　日

① 68＋16

② 54＋38

③ 63＋7

④ 4＋52

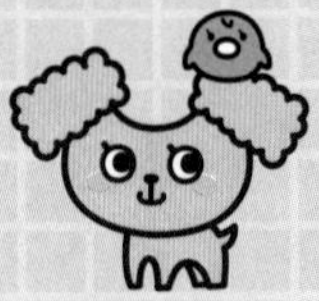

4 100までの　ひき算の ひっ算①

★できた　もんだいには、「た」を　かこう！

1 でき　2 でき

1 つぎの　ひき算の　ひっ算を　しましょう。

月　　日

① 56 − 33

② 68 − 50

③ 89 − 83

④ 37 − 6

⑤ 36 − 17

⑥ 93 − 68

⑦ 61 − 34

⑧ 52 − 29

⑨ 40 − 24

⑩ 33 − 4

2 つぎの　ひき算を　ひっ算で　しましょう。

月　　日

① 72−53

② 81−79

③ 60−32

④ 56−8

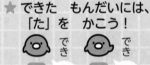

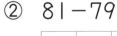

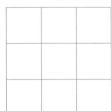

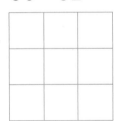

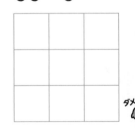

5 100までの　ひき算の　ひっ算②

★できた　もんだいには、「た」を　かこう！

1 でき　2 でき

1 つぎの　ひき算の　ひっ算を　しましょう。

月　　日

① $\begin{array}{r} 87 \\ -24 \\ \hline \end{array}$　② $\begin{array}{r} 73 \\ -13 \\ \hline \end{array}$　③ $\begin{array}{r} 69 \\ -60 \\ \hline \end{array}$　④ $\begin{array}{r} 48 \\ -5 \\ \hline \end{array}$

⑤ $\begin{array}{r} 74 \\ -36 \\ \hline \end{array}$　⑥ $\begin{array}{r} 68 \\ -49 \\ \hline \end{array}$　⑦ $\begin{array}{r} 92 \\ -37 \\ \hline \end{array}$　⑧ $\begin{array}{r} 75 \\ -46 \\ \hline \end{array}$

⑨ $\begin{array}{r} 21 \\ -17 \\ \hline \end{array}$　⑩ $\begin{array}{r} 30 \\ -2 \\ \hline \end{array}$

2 つぎの　ひき算を　ひっ算で　しましょう。

月　　日

① 96－47

② 61－55

③ 40－31

④ 92－5

6 100までの　ひき算の　ひっ算③

★できた　もんだいには、「た」を　かこう！

1 でき　2 でき

1 つぎの　ひき算の　ひっ算を　しましょう。

月　　日

① $\begin{array}{r} 59 \\ -44 \\ \hline \end{array}$　② $\begin{array}{r} 96 \\ -20 \\ \hline \end{array}$　③ $\begin{array}{r} 71 \\ -61 \\ \hline \end{array}$　④ $\begin{array}{r} 56 \\ -\ \ 5 \\ \hline \end{array}$

⑤ $\begin{array}{r} 65 \\ -37 \\ \hline \end{array}$　⑥ $\begin{array}{r} 93 \\ -19 \\ \hline \end{array}$　⑦ $\begin{array}{r} 75 \\ -16 \\ \hline \end{array}$　⑧ $\begin{array}{r} 33 \\ -15 \\ \hline \end{array}$

⑨ $\begin{array}{r} 32 \\ -26 \\ \hline \end{array}$　⑩ $\begin{array}{r} 37 \\ -\ \ 9 \\ \hline \end{array}$

2 つぎの　ひき算を　ひっ算で　しましょう。

月　　日

① 92－69

② 97－88

③ 80－78

④ 50－4

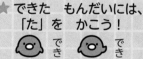

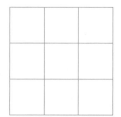

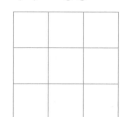

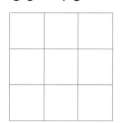

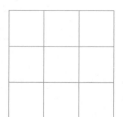

7 何十の　計算

★できた　もんだいには、「た」を　かこう！

1 でき　2 でき

1 つぎの　計算を　しましょう。　　月　　日

① 80＋50＝□　　② 40＋90＝□

③ 60＋60＝□　　④ 90＋80＝□

⑤ 50＋70＝□　　⑥ 90＋20＝□

⑦ 70＋80＝□　　⑧ 30＋80＝□

⑨ 60＋90＝□　　⑩ 90＋50＝□

2 つぎの　計算を　しましょう。　　月　　日

① 120－80＝□　　② 140－50＝□

③ 150－90＝□　　④ 140－70＝□

⑤ 110－40＝□　　⑥ 130－80＝□

⑦ 170－80＝□　　⑧ 120－30＝□

⑨ 180－90＝□　　⑩ 130－90＝□

8 何百の　計算

★できた　もんだいには、「た」を　かこう！

1 でき　2 でき

1 つぎの　計算を　しましょう。　　月　　日

① 600＋200＝□　　② 300＋600＝□

③ 100＋700＝□　　④ 200＋300＝□

⑤ 500＋200＝□　　⑥ 300＋400＝□

⑦ 700＋200＝□　　⑧ 400＋500＝□

⑨ 800＋100＝□　　⑩ 500＋500＝□

2 つぎの　計算を　しましょう。　　月　　日

① 500－100＝□　　② 900－600＝□

③ 300－200＝□　　④ 800－300＝□

⑤ 600－500＝□　　⑥ 900－200＝□

⑦ 700－100＝□　　⑧ 800－400＝□

⑨ 900－500＝□　　⑩ 1000－700＝□

9 たし算の　あん算

★できた　もんだいには、「た」を　かこう！

1 でき　2 でき

1 つぎの　たし算を　しましょう。

月　日

① 11＋9＝　　② 34＋6＝

③ 55＋5＝　　④ 64＋6＝

⑤ 43＋7＝　　⑥ 26＋4＝

⑦ 89＋1＝　　⑧ 27＋3＝

⑨ 72＋8＝　　⑩ 59＋1＝

2 つぎの　たし算を　しましょう。

月　日

① 15＋6＝　　② 26＋9＝

③ 57＋8＝　　④ 74＋9＝

⑤ 37＋7＝　　⑥ 24＋7＝

⑦ 83＋9＝　　⑧ 59＋5＝

⑨ 45＋8＝　　⑩ 68＋4＝

10 ひき算の　あん算

★できた　もんだいには、「た」を　かこう！

でき 1　でき 2

1 つぎの　ひき算を　しましょう。　　月　　日

① 20－7＝　　② 80－2＝

③ 40－9＝　　④ 70－5＝

⑤ 50－3＝　　⑥ 60－6＝

⑦ 30－1＝　　⑧ 90－8＝

⑨ 40－5＝　　⑩ 20－4＝

2 つぎの　ひき算を　しましょう。　　月　　日

① 25－8＝　　② 33－4＝

③ 72－6＝　　④ 47－8＝

⑤ 52－3＝　　⑥ 36－9＝

⑦ 65－6＝　　⑧ 78－9＝

⑨ 82－7＝　　⑩ 31－4＝

11 たし算の　ひっ算①

★できた　もんだいには、「た」を　かこう！

1 でき　2 でき

1 つぎの　たし算の　ひっ算を　しましょう。

月　日

①
```
  43
+71
```
②
```
  54
+65
```
③
```
  80
+67
```
④
```
  23
+84
```
⑤
```
  38
+95
```
⑥
```
  73
+89
```
⑦
```
  29
+99
```
⑧
```
  74
+36
```
⑨
```
  12
+89
```
⑩
```
   5
+97
```

2 つぎの　たし算を　ひっ算で　しましょう。

月　日

① 76＋57

```
  76
+57
123
```

② 31＋89

③ 67＋35

④ 95＋6

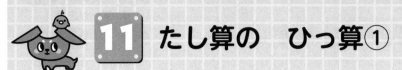

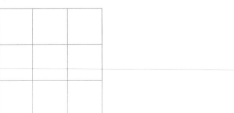

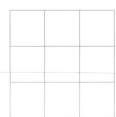

12 たし算の　ひっ算②

★できた　もんだいには、
「た」を　かこう！

1 でき　2 でき

1 つぎの　たし算の　ひっ算を　しましょう。

月　　日

①
  98
+21

②
  82
+36

③
  40
+71

④
  74
+33

⑤
  47
+84

⑥
  93
+28

⑦
  85
+39

⑧
  81
+49

⑨
  17
+86

⑩
  98
+ 4

2 つぎの　たし算を　ひっ算で　しましょう。

月　　日

① 67+87

② 68+42

③ 59+49

④ 6+97

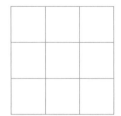

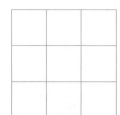

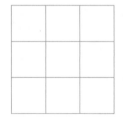

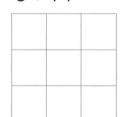

13 たし算の　ひっ算③

★できた　もんだいには、「た」を　かこう！

1 できた　2 できた

1 つぎの　たし算の　ひっ算を　しましょう。　　月　　日

①
```
  81
+37
```

②
```
  81
+75
```

③
```
  99
+50
```

④
```
  87
+22
```

⑤
```
  69
+65
```

⑥
```
  85
+38
```

⑦
```
  68
+75
```

⑧
```
  92
+38
```

⑨
```
  87
+16
```

⑩
```
   4
+99
```

2 つぎの　たし算を　ひっ算で　しましょう。　　月　　日

① 57＋69

② 77＋73

③ 66＋38

④ 93＋8

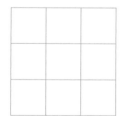

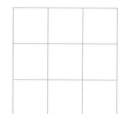

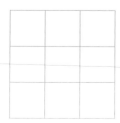

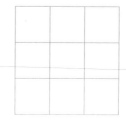

14 たし算の　ひっ算④

★ できた　もんだいには、「た」を　かこう！
でき 1　でき 2

月　　日

1 つぎの　たし算の　ひっ算を　しましょう。

① 　74
+41

② 　91
+81

③ 　90
+33

④ 　72
+35

⑤ 　66
+56

⑥ 　78
+63

⑦ 　82
+49

⑧ 　95
+45

⑨ 　59
+46

⑩ 　97
+　7

月　　日

2 つぎの　たし算を　ひっ算で　しましょう。

① 37+84

② 64+36

③ 87+15

④ 9+93

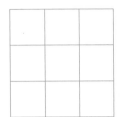

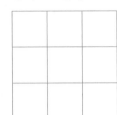

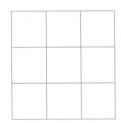

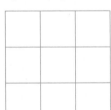

15 たし算の　ひっ算⑤

★できた　もんだいには、「た」を　かこう！

1 できた　2 できた

1 つぎの　たし算の　ひっ算を　しましょう。

月　日

①
```
  73
+55
```

②
```
  54
+92
```

③
```
  58
+70
```

④
```
  20
+89
```

⑤
```
  66
+58
```

⑥
```
  94
+59
```

⑦
```
  35
+97
```

⑧
```
  87
+13
```

⑨
```
  49
+55
```

⑩
```
   5
+99
```

2 つぎの　たし算を　ひっ算で　しましょう。

月　日

① 84＋68

② 62＋78

③ 35＋66

④ 96＋8

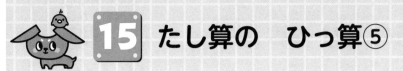

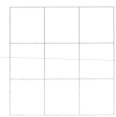

16 ひき算の　ひっ算①

★できた　もんだいには、
「た」を　かこう！

1 でき　2 でき

1 つぎの　ひき算の　ひっ算を　しましょう。

月　　日

① 117 − 55

② 122 − 31

③ 178 − 88

④ 106 − 93

⑤ 154 − 88

⑥ 173 − 99

⑦ 161 − 95

⑧ 103 − 54

⑨ 105 − 97

⑩ 100 − 6

2 つぎの　ひき算を　ひっ算で　しましょう。

月　　日

① 132−84

② 102−85

 132
− 84
 58

③ 106−8

④ 100−72

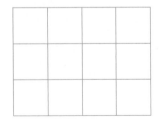

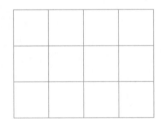

17 ひき算の　ひっ算②

★できた　もんだいには、「た」を　かこう！

1 でき　2 でき

1 つぎの　ひき算の　ひっ算を　しましょう。

月　　日

①
```
  139
－ 68
```

②
```
  145
－ 80
```

③
```
  142
－ 82
```

④
```
  102
－ 31
```

⑤
```
  151
－ 73
```

⑥
```
  117
－ 68
```

⑦
```
  133
－ 64
```

⑧
```
  105
－  7
```

⑨
```
  102
－ 96
```

⑩
```
  100
－ 53
```

2 つぎの　ひき算を　ひっ算で　しましょう。

月　　日

① 141－87

② 108－29

③ 104－48

④ 100－7

18 ひき算の　ひっ算③

★できた　もんだいには、「た」を　かこう！

1 でき　2 でき

1 つぎの　ひき算の　ひっ算を　しましょう。

月　　日

① 124 − 33

② 113 − 41

③ 119 − 29

④ 103 − 22

⑤ 115 − 38

⑥ 131 − 77

⑦ 136 − 89

⑧ 102 − 46

⑨ 106 − 98

⑩ 100 − 3

2 つぎの　ひき算を　ひっ算で　しましょう。

月　　日

① 121−72

② 106−18

③ 102−5

④ 100−14

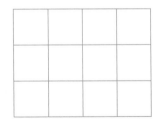

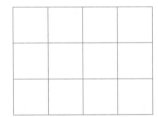

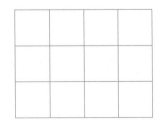

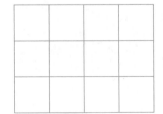

19 ひき算の　ひっ算④

★できた　もんだいには、「た」を　かこう！

でき 1　でき 2

1 つぎの　ひき算の　ひっ算を　しましょう。

月　　日

① 159
−　87

② 123
−　60

③ 141
−　81

④ 108
−　27

⑤ 112
−　39

⑥ 115
−　28

⑦ 151
−　65

⑧ 104
−　 6

⑨ 103
−　99

⑩ 100
−　85

2 つぎの　ひき算を　ひっ算で　しましょう。

月　　日

① 146−97

② 108−39

③ 101−53

④ 100−2

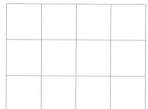

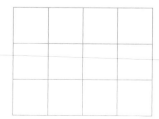

20 ひき算の　ひっ算⑤

★できた　もんだいには、「た」を　かこう！

1 でき　2 でき

1 つぎの　ひき算の　ひっ算を　しましょう。　　月　　日

① $\begin{array}{r} 138 \\ -\ \ 54 \\ \hline \end{array}$　② $\begin{array}{r} 135 \\ -\ \ 93 \\ \hline \end{array}$　③ $\begin{array}{r} 124 \\ -\ \ 34 \\ \hline \end{array}$　④ $\begin{array}{r} 106 \\ -\ \ 55 \\ \hline \end{array}$

⑤ $\begin{array}{r} 155 \\ -\ \ 76 \\ \hline \end{array}$　⑥ $\begin{array}{r} 126 \\ -\ \ 48 \\ \hline \end{array}$　⑦ $\begin{array}{r} 131 \\ -\ \ 74 \\ \hline \end{array}$　⑧ $\begin{array}{r} 107 \\ -\ \ 58 \\ \hline \end{array}$

⑨ $\begin{array}{r} 104 \\ -\ \ 95 \\ \hline \end{array}$　⑩ $\begin{array}{r} 100 \\ -\ \ \ \ 5 \\ \hline \end{array}$

2 つぎの　ひき算を　ひっ算で　しましょう。　　月　　日

① 122−45

② 103−69

③ 103−4

④ 100−93

21 3けたの　数の　たし算の　ひっ算

★できた　もんだいには、「た」を　かこう！

でき 1　でき 2

1 つぎの　たし算の　ひっ算を　しましょう。

月　日

① 243 + 36

② 516 + 61

③ 358 + 38

④ 459 + 33

⑤ 358 + 35

⑥ 205 + 77

⑦ 338 + 52

⑧ 259 + 20

⑨ 249 + 5

⑩ 666 + 8

2 つぎの　たし算を　ひっ算で　しましょう。

月　日

① 535+46

② 315+80

③ 487+6

④ 353+7

22 3けたの　数の　ひき算の　ひっ算

★できた　もんだいには、「た」を　かこう！

1 でき　2 でき

1 つぎの　ひき算の　ひっ算を　しましょう。

月　　日

① $\begin{array}{r} 535 \\ -\quad 23 \\ \hline \end{array}$　② $\begin{array}{r} 759 \\ -\quad 12 \\ \hline \end{array}$　③ $\begin{array}{r} 278 \\ -\quad 59 \\ \hline \end{array}$　④ $\begin{array}{r} 696 \\ -\quad 28 \\ \hline \end{array}$

⑤ $\begin{array}{r} 573 \\ -\quad 47 \\ \hline \end{array}$　⑥ $\begin{array}{r} 881 \\ -\quad 46 \\ \hline \end{array}$　⑦ $\begin{array}{r} 424 \\ -\quad 19 \\ \hline \end{array}$　⑧ $\begin{array}{r} 695 \\ -\quad 95 \\ \hline \end{array}$

⑨ $\begin{array}{r} 757 \\ -\quad\ \ 9 \\ \hline \end{array}$　⑩ $\begin{array}{r} 414 \\ -\quad\ \ 8 \\ \hline \end{array}$

2 つぎの　ひき算を　ひっ算で　しましょう。

月　　日

① 775－26　　② 531－31

③ 362－5　　④ 813－7

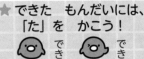

23 九九①

★できた　もんだいには、「た」を　かこう！

でき 1　でき 2

1 つぎの　計算を　しましょう。

月　日

① $8 \times 5 = \square$

② $5 \times 2 = \square$

③ $6 \times 3 = \square$

④ $9 \times 8 = \square$

⑤ $7 \times 5 = \square$

⑥ $1 \times 6 = \square$

⑦ $2 \times 9 = \square$

⑧ $3 \times 3 = \square$

⑨ $4 \times 1 = \square$

⑩ $9 \times 4 = \square$

2 つぎの　計算を　しましょう。

月　日

① $4 \times 8 = \square$

② $5 \times 6 = \square$

③ $6 \times 9 = \square$

④ $7 \times 2 = \square$

⑤ $1 \times 2 = \square$

⑥ $6 \times 7 = \square$

⑦ $8 \times 6 = \square$

⑧ $9 \times 1 = \square$

⑨ $2 \times 4 = \square$

⑩ $3 \times 5 = \square$

24 九九②

★できた　もんだいには、「た」を　かこう！

1 でき　2 でき

月　　日

1 つぎの　計算を　しましょう。

① 7×6＝□　② 4×3＝□

③ 5×9＝□　④ 2×8＝□

⑤ 8×8＝□　⑥ 1×4＝□

⑦ 3×9＝□　⑧ 6×5＝□

⑨ 8×1＝□　⑩ 9×6＝□

月　　日

2 つぎの　計算を　しましょう。

① 6×8＝□　② 7×4＝□

③ 2×5＝□　④ 3×6＝□

⑤ 6×2＝□　⑥ 4×5＝□

⑦ 2×1＝□　⑧ 8×4＝□

⑨ 7×9＝□　⑩ 9×9＝□

25 九九③

★できた　もんだいには、「た」を　かこう！

1 でき　2 でき

1 つぎの　計算を　しましょう。

月　　日

① $4 \times 2 =$

② $1 \times 8 =$

③ $9 \times 5 =$

④ $6 \times 6 =$

⑤ $7 \times 3 =$

⑥ $2 \times 6 =$

⑦ $4 \times 9 =$

⑧ $5 \times 5 =$

⑨ $3 \times 4 =$

⑩ $6 \times 1 =$

2 つぎの　計算を　しましょう。

月　　日

① $1 \times 1 =$

② $4 \times 7 =$

③ $7 \times 7 =$

④ $5 \times 1 =$

⑤ $6 \times 4 =$

⑥ $8 \times 7 =$

⑦ $3 \times 1 =$

⑧ $9 \times 3 =$

⑨ $8 \times 2 =$

⑩ $5 \times 8 =$

26 九九④

★できた　もんだいには、「た」を　かこう！

1 でき　2 でき

1 つぎの　計算を　しましょう。

月　　日

① 3×2＝□　　② 5×4＝□

③ 4×6＝□　　④ 2×9＝□

⑤ 7×1＝□　　⑥ 7×8＝□

⑦ 6×7＝□　　⑧ 4×3＝□

⑨ 1×3＝□　　⑩ 3×7＝□

2 つぎの　計算を　しましょう。

月　　日

① 8×6＝□　　② 5×5＝□

③ 9×6＝□　　④ 9×8＝□

⑤ 6×2＝□　　⑥ 3×6＝□

⑦ 7×4＝□　　⑧ 8×2＝□

⑨ 2×5＝□　　⑩ 1×9＝□

27 九九⑤

★できた　もんだいには、「た」を　かこう！

でき 1　でき 2

1 つぎの　計算を　しましょう。

月　日

① 4×2＝□　② 9×5＝□

③ 8×4＝□　④ 5×3＝□

⑤ 6×9＝□　⑥ 3×4＝□

⑦ 2×7＝□　⑧ 1×5＝□

⑨ 8×9＝□　⑩ 9×7＝□

2 つぎの　計算を　しましょう。

月　日

① 8×3＝□　② 2×8＝□

③ 2×2＝□　④ 3×9＝□

⑤ 9×1＝□　⑥ 4×9＝□

⑦ 5×7＝□　⑧ 7×6＝□

⑨ 8×8＝□　⑩ 1×8＝□

★できた　もんだいには、
「た」を　かこう！

1 でき　2 でき

28 九九⑥

月　　日

1 つぎの　計算を　しましょう。

① 3×3=

② 5×8=

③ 1×7=

④ 6×1=

⑤ 3×8=

⑥ 7×9=

⑦ 4×5=

⑧ 9×2=

⑨ 6×8=

⑩ 5×6=

月　　日

2 つぎの　計算を　しましょう。

① 9×4=

② 6×6=

③ 7×2=

④ 3×1=

⑤ 8×4=

⑥ 5×2=

⑦ 1×4=

⑧ 2×3=

⑨ 4×8=

⑩ 7×7=

29 九九⑦

★できた　もんだいには、
「た」を　かこう！

でき 1　でき 2

1 つぎの　計算を　しましょう。

月　　日

① 2×2=

② 5×4=

③ 8×6=

④ 1×3=

⑤ 6×7=

⑥ 3×9=

⑦ 8×3=

⑧ 4×6=

⑨ 7×1=

⑩ 9×8=

2 つぎの　計算を　しましょう。

月　　日

① 6×3=

② 2×7=

③ 7×4=

④ 4×1=

⑤ 1×6=

⑥ 3×7=

⑦ 4×4=

⑧ 2×4=

⑨ 3×5=

⑩ 5×7=

30 九九⑧

★できた　もんだいには、「た」を　かこう！

1 でき　2 でき

1 つぎの　計算を　しましょう。

月　　日

① 4×3＝　　② 6×5＝

③ 1×2＝　　④ 7×7＝

⑤ 9×3＝　　⑥ 2×6＝

⑦ 5×1＝　　⑧ 7×3＝

⑨ 3×2＝　　⑩ 9×7＝

2 つぎの　計算を　しましょう。

月　　日

① 1×1＝　　② 7×8＝

③ 2×8＝　　④ 3×6＝

⑤ 9×2＝　　⑥ 4×9＝

⑦ 8×5＝　　⑧ 6×9＝

⑨ 9×9＝　　⑩ 5×3＝

31 九九⑨

★できた　もんだいには、「た」を　かこう！

1 でき　2 でき

1 つぎの　計算を　しましょう。　　月　　日

① 2×5＝　　② 3×8＝

③ 9×4＝　　④ 4×7＝

⑤ 1×5＝　　⑥ 6×2＝

⑦ 8×7＝　　⑧ 2×3＝

⑨ 5×8＝　　⑩ 7×6＝

2 つぎの　計算を　しましょう。　　月　　日

① 5×6＝　　② 6×4＝

③ 1×7＝　　④ 2×1＝

⑤ 5×9＝　　⑥ 7×2＝

⑦ 4×8＝　　⑧ 8×1＝

⑨ 3×3＝　　⑩ 8×9＝

32 九九⑩

★できた　もんだいには、「た」を　かこう！

1 でき　2 でき

1 つぎの　計算を　しましょう。

月　　日

① $7 \times 3 =$ □　　② $9 \times 7 =$ □

③ $4 \times 4 =$ □　　④ $2 \times 9 =$ □

⑤ $6 \times 1 =$ □　　⑥ $3 \times 4 =$ □

⑦ $8 \times 3 =$ □　　⑧ $1 \times 4 =$ □

⑨ $9 \times 3 =$ □　　⑩ $5 \times 7 =$ □

2 つぎの　計算を　しましょう。

月　　日

① $4 \times 6 =$ □　　② $2 \times 2 =$ □

③ $7 \times 8 =$ □　　④ $9 \times 5 =$ □

⑤ $1 \times 9 =$ □　　⑥ $6 \times 4 =$ □

⑦ $5 \times 4 =$ □　　⑧ $3 \times 5 =$ □

⑨ $8 \times 8 =$ □　　⑩ $7 \times 4 =$ □

答え

1 100までの　たし算の　ひっ算①

1 ①98　②86　③91　④72　⑤56　⑥86　⑦58　⑧90　⑨53　⑩59

2

①

	1	7
+	6	4
	8	1

②

	4	6
+	1	8
	6	4

③

	2	1
+		6
	2	7

④

		8
+	4	2
	5	0

2 100までの　たし算の　ひっ算②

1 ①65　②78　③63　④51　⑤72　⑥55　⑦87　⑧80　⑨65　⑩80

2

①

	5	7
+	1	2
	6	9

②

	6	6
+	2	4
	9	0

③

	6	9
+		5
	7	4

④

		3
+	7	9
	8	2

3 100までの　たし算の　ひっ算③

1 ①69　②96　③58　④91　⑤92　⑥95　⑦96　⑧80　⑨23　⑩54

2

①

	6	8
+	1	6
	8	4

②

	5	4
+	3	8
	9	2

③

	6	3
+		7
	7	0

④

		4
+	5	2
	5	6

4 100までの　ひき算の　ひっ算①

1 ①23　②18　③6　④31　⑤19　⑥25　⑦27　⑧23　⑨16　⑩29

2

①

	7	2
−	5	3
	1	9

②

	8	1
−	7	9
		2

③

	6	0
−	3	2
	2	8

④

	5	6
−		8
	4	8

5 100までの　ひき算の　ひっ算②

1 ①63　②60　③9　④43　⑤38　⑥19　⑦55　⑧29　⑨4　⑩28

2

①

	9	6
−	4	7
	4	9

②

	6	1
−	5	5
		6

③

	4	0
−	3	1
		9

④

	9	2
−		5
	8	7

6 100までの　ひき算の　ひっ算③

1 ①15　②76　③10　④51　⑤28　⑥74　⑦59　⑧18　⑨6　⑩28

2

①

	9	2
−	6	9
	2	3

②

	9	7
−	8	8
		9

③

	8	0
−	7	8
		2

④

	5	0
−		4
	4	6

7 何十の　計算

1 ①130　②130　③120　④170　⑤120　⑥110　⑦150　⑧110　⑨150　⑩140

2 ①40　②90　③60　④70　⑤70　⑥50　⑦90　⑧90　⑨90　⑩40

8 何百の　計算

1 ①800　②900　③800　④500　⑤700　⑥700　⑦900　⑧900　⑨900　⑩1000

2 ①400　②300　③100　④500　⑤100　⑥700　⑦600　⑧400　⑨400　⑩300

9 たし算の　あん算

1 ①20　②40　③60　④70　⑤50　⑥30　⑦90　⑧30　⑨80　⑩60

2 ①21　②35　③65　④83　⑤44　⑥31　⑦92　⑧64　⑨53　⑩72

10 ひき算の　あん算

1 ①13　②78　③31　④65　⑤47　⑥54　⑦29　⑧82　⑨35　⑩16

2 ①17　②29　③66　④39　⑤49　⑥27　⑦59　⑧69　⑨75　⑩27

11 たし算の　ひっ算①

1 ①114　②119　③147　④107　⑤133　⑥162　⑦128　⑧110　⑨101　⑩102

2

①

	7	6
+	5	7
1	3	3

②

	3	1
+	8	9
1	2	0

③

	6	7
+	3	5
1	0	2

④

	9	5
+		6
1	0	1

12 たし算の　ひっ算②

1 ①119　②118　③111　④107　⑤131　⑥121　⑦124　⑧130　⑨103　⑩102

2

①

	6	7
+	8	7
1	5	4

②

	6	8
+	4	2
1	1	0

③

	5	9
+	4	9
1	0	8

④

		6
+	9	7
1	0	3

13 たし算の　ひっ算③

1 ①118　②156　③149　④109　⑤134　⑥123　⑦143　⑧130　⑨103　⑩103

2

①

	5	7
+	6	9
1	2	6

②

	7	7
+	7	3
1	5	0

③

	6	6
+	3	8
1	0	4

④

	9	3
+		8
1	0	1

14 たし算の　ひっ算④

1 ①115　②172　③123　④107　⑤122　⑥141　⑦131　⑧140　⑨105　⑩104

2

①

	3	7
+	8	4
1	2	1

②

	6	4
+	3	6
1	0	0

③

	8	7
+	1	5
1	0	2

④

		9
+	9	3
1	0	2

15 たし算の　ひっ算⑤

1 ①128　②146　③128　④109　⑤124　⑥153　⑦132　⑧100　⑨104　⑩104

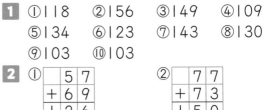

2 ①

	8	4
+	6	8
1	5	2

②

	6	2
+	7	8
1	4	0

③

	3	5
+	6	6
1	0	1

④

	9	6
+		8
1	0	4

16 ひき算の　ひっ算①

1 ①62　②91　③90　④13
⑤66　⑥74　⑦66　⑧49
⑨8　⑩94

2 ①

	1	3	2
−		8	4
		4	8

②

	1	0	2
−		8	5
		1	7

③

	1	0	6
−			8
		9	8

④

	1	0	0
−		7	2
		2	8

17 ひき算の　ひっ算②

1 ①71　②65　③60　④71
⑤78　⑥49　⑦69　⑧98
⑨6　⑩47

2 ①

	1	4	1
−		8	7
		5	4

②

	1	0	8
−		2	9
		7	9

③

	1	0	4
−		4	8
		5	6

④

	1	0	0
−			7
		9	3

18 ひき算の　ひっ算③

1 ①91　②72　③90　④81
⑤77　⑥54　⑦47　⑧56
⑨8　⑩97

2 ①

	1	2	1
−		7	2
		4	9

②

	1	0	6
−		1	8
		8	8

③

	1	0	2
−			5
		9	7

④

	1	0	0
−		1	4
		8	6

19 ひき算の　ひっ算④

1 ①72　②63　③60　④81
⑤73　⑥87　⑦86　⑧98
⑨4　⑩15

2 ①

	1	4	6
−		9	7
		4	9

②

	1	0	8
−		3	9
		6	9

③

	1	0	1
−		5	3
		4	8

④

	1	0	0
−			2
		9	8

20 ひき算の　ひっ算⑤

1 ①84　②42　③90　④51
⑤79　⑥78　⑦57　⑧49
⑨9　⑩95

2 ①

	1	2	2
−		4	5
		7	7

②

	1	0	3
−		6	9
		3	4

③

	1	0	3
−			4
		9	9

④

	1	0	0
−		9	3
			7

21 3けたの　数の　たし算の　ひっ算

1 ①279　②577　③396　④492
⑤393　⑥282　⑦390　⑧279
⑨254　⑩674

2 ①

	5	3	5
+		4	6
	5	8	1

②

	3	1	5
+		8	0
	3	9	5

③

	4	8	7
+			6
	4	9	3

④

	3	5	3
+			7
	3	6	0

22 3けたの　数の　ひき算の　ひっ算

1 ①512　②747　③219　④668
⑤526　⑥835　⑦405　⑧600
⑨748　⑩406

2 ①

	7	7	5
−		2	6
	7	4	9

②

	5	3	1
−		3	1
	5	0	0

③

	3	6	2
−			5
	3	5	7

④

	8	1	3
−			7
	8	0	6

23 九九①

1
①40　②10
③18　④72
⑤35　⑥6
⑦18　⑧9
⑨4　⑩36

2
①32　②30
③54　④14
⑤2　⑥42
⑦48　⑧9
⑨8　⑩15

24 九九②

1
①42　②12
③45　④16
⑤64　⑥4
⑦27　⑧30
⑨8　⑩54

2
①48　②28
③10　④18
⑤12　⑥20
⑦2　⑧32
⑨63　⑩81

25 九九③

1
①8　②8
③45　④36
⑤21　⑥12
⑦36　⑧25
⑨12　⑩6

2
①1　②28
③49　④5
⑤24　⑥56
⑦3　⑧27
⑨16　⑩40

26 九九④

1
①6　②20
③24　④18
⑤7　⑥56
⑦42　⑧12
⑨3　⑩21

2
①48　②25
③54　④72
⑤12　⑥18
⑦28　⑧16
⑨10　⑩9

27 九九⑤

1
①8　②45
③32　④15
⑤54　⑥12
⑦14　⑧5
⑨72　⑩63

2
①24　②16
③4　④27
⑤9　⑥36
⑦35　⑧42
⑨64　⑩8

28 九九⑥

1
①9　②40
③7　④6
⑤24　⑥63
⑦20　⑧18
⑨48　⑩30

2
①36　②36
③14　④3
⑤32　⑥10
⑦4　⑧6
⑨32　⑩49

29 九九⑦

1
①4　②20
③48　④3
⑤42　⑥27
⑦24　⑧24
⑨7　⑩72

2
①18　②14
③28　④4
⑤6　⑥21
⑦16　⑧8
⑨15　⑩35

30 九九⑧

1 ①12 ②30
③2 ④49
⑤27 ⑥12
⑦5 ⑧21
⑨6 ⑩63

2 ①1 ②56
③16 ④18
⑤18 ⑥36
⑦40 ⑧54
⑨81 ⑩15

31 九九⑨

1 ①10 ②24
③36 ④28
⑤5 ⑥12
⑦56 ⑧6
⑨40 ⑩42

2 ①30 ②24
③7 ④2
⑤45 ⑥14
⑦32 ⑧8
⑨9 ⑩72

32 九九⑩

1 ①21 ②63
③16 ④18
⑤6 ⑥12
⑦24 ⑧4
⑨27 ⑩35

2 ①24 ②4
③56 ④45
⑤9 ⑥24
⑦20 ⑧15
⑨64 ⑩28